種苗工場システム

Production System for Clonal Plants Seedlings

編 集／高山眞策

シーエムシー出版

普及版の刊行にあたって

　近年の，農業人口の減少や農産物輸入自由化，作物の多品種生産へのシフトの中で，専業農家兼業農家にかかわらず農家はその経営の合理化を迫られている。

　一方，1980年代以降急速に発展したバイオテクノロジー，新素材技術，コンピューターによるシステム制御技術，そして現在ではロボティクスなどが，農業にも確実に反映されている。野菜工場にはじまる農業における生産システム高度化は，現在種苗工場として受け継がれつつあり，農家と企業との連携により，新たな農業のあり方を示すものとして注目されている。すなわち，農業と工業との融合であり，本書ではその工業化技術を中心に解説することをねらいとした。

　本書の前半では種苗工場の求められる所以を解説し，後半ではでは種苗工場に求められる技術―すなわち細胞培養技術，プラグシステム，ロボティクス―，および地球環境との関わり，種苗に関する法的保護についてまとめている。

　弊社では過去，この分野において最先端の技術書を刊行しつつ現在に至っている。最近では，これらの普及版として「植物遺伝子工学と育種技術」(1986年初版・2002年普及版)，「植物工場システム」(1987年初版・2001年普及版) を《CMCテクニカルライブラリー》のシリーズとして刊行，幸いにも好評を博している。

　本書は1992年，東海大学高山眞策先生をはじめとする第一線で研究されている方々のご助力を得て『種苗工場開発マニュアル』として刊行された。種苗関連産業に参入されるすべての方の参考となれば幸いである。

　なおこの度，縮刷版を刊行するにあたり，記述内容は何ら手を加えておらず，当時のままであることをご了承願いたい。

2002年10月

㈱シーエムシー出版　編集部

―――― 執筆者一覧(執筆順) ――――

高 山 眞 策	東海大学　開発工学部
塚 田 元 尚	長野県野菜花き試験場
原 田 　 久	静岡大学　農学部
安 藤 敏 夫	千葉大学　園芸学部
兎 沢 　 邵	ダイヤトピー農芸㈱　技術部
柑 本 　 進	住化農業開発㈱　営業本部
石 堂 恒 通	井関農機㈱　プラント事業部
	(現)アグリテクノコンサルタント
小保内 康 弘	㈲向山蘭園　培養部
大 城 　 閑	福井県立短期大学　農学科
	(現)福井県立大学　生物資源学部
妻 木 直 子	東海大学　開発工学部
鳥 居 　 徹	東京大学　農学部
中 園 敦 之	㈱ナーサリーテクノロジー　第三研究センター
林 　 真紀夫	東海大学　開発工学部
輪 竹 宏 昭	㈱東芝　電機・計装事業部
大 政 謙 次	国立環境研究所　生物圏環境部
	(現)東京大学大学院　農学生命科学研究科
山 下 　 洌	住友化学工業㈱　特許室

(執筆者の所属は、注記以外は1992年当時のものです)

目　　次

刊行のねらい

第1章　種苗生産技術の現状と種苗工場の展望　　高山眞策

1　種苗生産の工場化への潮流……………　1
2　種苗生産の工程………………………　2
3　種苗工場の技術課題と将来展望………　2

第2章　種苗工場開発の社会的・技術的背景　　塚田元尚

1　はじめに………………………………　4
2　社会的背景……………………………　4
　2.1　農業生産をめぐる構造的諸問題…　4
　　2.1.1　生産者の高齢化………………　4
　　2.1.2　若い専業農家への負担増……　4
　　2.1.3　兼業農家の増加と効率的な生産手段の提供………………　4
　　2.1.4　大規模経営における労力配分………………………………　5
　2.2　農産物の国際的な流通と技術，情報の流入……………………　5
　　2.2.1　農産物輸入の拡大……………　5
　　2.2.2　先進技術，情報の導入………　5
　2.3　農産物の消費動向………………　5
　　2.3.1　多様性および区別性…………　5
　　2.3.2　均質性および供給の安定性…　5
　　2.3.3　高品質および安全性…………　5
3　技術的背景……………………………　6
　3.1　農業生産の技術革新による生産のシステム化への指向…………　6
　3.2　バイオテクノロジーなど新しい技術による生産のプロセス化……　6
　3.3　高品質生産および付加価値を高める手段として…………………　6
　3.4　工場的種苗生産の効果…………　8

第3章　種苗生産の基礎

1　組織培養による分化発育の制御
　………高山眞策…　9
　1.1　はじめに…………………………　9
　1.2　植物組織培養における分化現象とクローン植物大量増殖への利用……………………………………　9

1.3	腋芽分化………………………	10
1.4	不定芽分化……………………	10
1.5	不定胚分化……………………	11
1.6	植物組織培養における分化発育に影響する要因…………………	11
1.7	物理的環境に対する反応………	12
1.7.1	温度…………………………	12
1.7.2	光……………………………	15
1.7.3	pH…………………………	16
1.7.4	通気…………………………	17
1.8	化学的環境に対する反応………	20
1.8.1	窒素源………………………	21
1.8.2	リン酸………………………	22
1.8.3	カルシウム…………………	22
1.8.4	炭素源………………………	23

1.8.5	植物成長調節物質…………	24
1.8.6	活性炭………………………	25
1.9	培養方法ならびに培養装置の差に対する反応………………………	25
1.9.1	培養方法……………………	26
1.9.2	培養装置……………………	26
1.10	おわりに………………………	27
2	さし木，接ぎ木の生理……原田 久…	28
2.1	さし木発根の形態と生理………	28
2.1.1	発根に影響する要因………	29
2.1.2	さし木発根とさし穂内の成分との関係……………………	30
2.2	接ぎ木活着の形態と生理………	31
2.2.1	接ぎ木の活着過程…………	32
2.2.2	接ぎ木不親和性……………	32

第4章　種苗工場技術システム

1	プラグシステム…………安藤敏夫…	35
1.1	はじめに………………………	35
1.2	用語……………………………	35
1.3	プラグシステムにおける環境制御の捉え方………………………	36
1.4	プラグシステムにおける種子の捉え方…………………………	36
1.5	プラグシステムの得失…………	37
1.6	プラグシステムにおける機械化の捉え方………………………	38
1.7	プラグがらみの戦略……………	39
1.8	装置等…………………………	39
1.9	プラグ苗の付加価値……………	43
2	サニープラグ苗…………兎沢 邵…	44
2.1	はじめに………………………	44

2.2	プラグシステムとは……………	44
2.3	プラグシステム苗の特徴………	44
2.3.1	機能的特徴…………………	44
2.3.2	プラグシステム苗のメリット…………………………	44
2.4	サニープラグ苗の生産と出荷…	45
2.5	利用上の留意点…………………	48
2.6	これからの役割と課題…………	50
3	セル成型苗生産…………塚田元尚…	52
3.1	セル成型苗生産 ― その意義と形態……………………………	52
3.2	育菌品目とセル成型育苗の成立…	52
3.3	セル成型菌生産の組み立て……	53
3.3.1	育苗資材……………………	53
3.3.2	養水分管理…………………	57

3.3.3	システム成立のためのマニュアルの作成………	58	6.2.1 台木の生産………………	86
			6.2.2 接ぎ木…………………	86
3.4	セル成型菌の生育特性と評価……	59	6.2.3 中間台木を利用した苗木の生産………………………	87
4	コート種子生産システム……柑本 進…	62		
4.1	はじめに………………………	62	6.3 組織培養による苗木 ― ウイルス・フリー化と大量増殖…	87
4.2	コーティング対象種子…………	62		
4.3	コート種子に要求される性能……	63	6.4 果樹の茎頂培養法……………	88
4.3.1	一粒一種子のコーティング…	63	6.4.1 リンゴ…………………	88
4.3.2	コート倍率と強度…………	63	6.4.2 モモ……………………	88
4.3.3	発芽性能…………………	64	6.4.3 ブドウ…………………	88
4.3.4	保存性……………………	64	6.4.4 ナシ……………………	89
4.3.5	異種子混入の防止…………	64	6.4.5 カキ……………………	89
4.4	住化式コート種子………………	64	6.4.6 カンキツ………………	89
4.4.1	種子の種類と規格…………	64	6.5 おわりに………………………	90
4.4.2	住化式コート種子の発芽性能……………………………	65	7 組織培養によるラン種苗の大量生産システム………小保内 康弘…	92
4.4.3	住化式コート種子の保存性…	66	7.1 はじめに………………………	92
4.5	栽培への適用とメリット………	67	7.2 シンビジウム…………………	93
4.5.1	レタス……………………	67	7.3 カトレヤ類……………………	97
4.5.2	キャベツ…………………	67	7.4 デンドロビウム………………	98
4.5.3	ニンジン…………………	68	7.5 オドントグロッサム類, ミルトニヤ, オンシジウム…………	99
4.5.4	ダイコン…………………	70		
4.5.5	果菜類……………………	70	7.6 ファレノプシス………………	101
4.6	おわりに………………………	70	8 組織培養による野菜種苗の大量生産 ………大城 閑…	104
5	水稲育苗システム………石堂恒通…	72		
5.1	はじめに………………………	72	8.1 はじめに………………………	104
5.2	育苗の準備………………………	72	8.2 メロン…………………………	104
5.3	育苗……………………………	74	8.2.1 組織培養による増殖……	104
5.4	水稲育苗システム設計…………	75	8.2.2 発根と順化……………	106
6	果樹苗生産システム………原田 久…	85	8.2.3 培養苗の栽培…………	107
6.1	はじめに………………………	85	8.3 トマト…………………………	107
6.2	従来の苗木生産システム ― 接ぎ木繁殖による苗木の生産…	86	8.3.1 組織培養による増殖を前提とした品種育成………………	107

8.3.2　組織培養による増殖………… 108
8.3.3　発根と順化………………… 109
8.3.4　培養苗の栽培……………… 110
9　組織培養による花き・観葉植物の大量生産システムの現状
　………妻木直子，高山眞策… 112
9.1　はじめに………………………… 112
9.2　植物における大量生産システム… 113
9.3　組織培養による花き・観葉植物の大量生産システムの現状……… 113
9.3.1　花き……………………… 113
9.3.2　観葉植物………………… 121
9.4　おわりに………………………… 122
10　種苗工場のための自動化・ロボット化……………………鳥居　徹… 124

10.1　はじめに……………………… 124
10.2　培地が土やピートモスの場合… 124
10.2.1　播種…………………… 126
10.2.2　発芽制御……………… 126
10.2.3　成長計測……………… 127
10.2.4　環境制御……………… 127
10.2.5　接ぎ木ロボット……… 128
10.2.6　移植…………………… 128
10.2.7　全自動化システム…… 129
10.3　培地が水耕の場合…………… 130
10.4　組織培養による無菌培地の場合… 132
10.4.1　バイオテクノロジーにおける菌移植ロボット………… 132
10.4.2　ファジィによる評価法… 132

第5章　バイオテクノロジーによる種苗工場のプロセス化

1　イネバイオ苗大量生産システムの開発………………中園敦之… 139
1.1　はじめに……………………… 139
1.1.1　研究開発目的…………… 139
1.1.2　出資法人，組織機構…… 139
1.1.3　研究の内容……………… 139
1.1.4　研究機関………………… 141
1.2　生産基礎技術………………… 141
1.2.1　カルス増殖……………… 141
1.2.2　液体再分化……………… 142
1.2.3　置床・育苗……………… 142
1.3　システム化要素技術………… 142
1.3.1　技術開発の状況………… 142
1.3.2　カルス増殖技術………… 143
1.3.3　液体再分化技術………… 145

1.3.4　置床育苗技術…………… 146
1.4　システム化技術開発………… 146
1.4.1　バイオ苗生産システムの開発………………………… 146
1.5　開発工程……………………… 147
1.6　今後の課題…………………… 147
2　光独立栄養培養，順化，栽培システム……………林　真紀夫… 150
2.1　はじめに……………………… 150
2.2　光独立栄養培養……………… 150
2.2.1　一般の培養法における苗生産過程……………………… 150
2.2.2　光独立栄養，混合栄養，従属栄養………………………… 151
2.2.3　CO_2濃度，光強度および

		培地ショ糖濃度と小植物体の生長………………………… 152
	2.2.4	培養器の大型化………… 153
	2.2.5	光独立栄養生長の促進……… 154
2.3	順化と環境調節………………… 155
	2.3.1	順化とは………………… 155
	2.3.2	なぜ順化が必要か………… 155
	2.3.3	従来の順化方法…………… 156
	2.3.4	順化の方向性……………… 156
	2.3.5	順化のための環境制御装置（順化装置）……………… 157
	2.3.6	順化環境と小植物体の生長… 159
	2.3.7	CO_2施用効果…………… 159
2.4	環境制御装置を利用した挿芽による苗生産法…………………… 160
2.5	おわりに………………………… 162
3	ジャーファーメンターによる種苗大量生産技術システム………高山眞策 163
3.1	はじめに………………………… 163
3.2	ジャーファーメンターによる大量培養は省力化のキーテクノロジー……………………………… 163
3.3	ジャーファーメンターとは……… 165
3.4	ジャーファーメンターによる種

		苗大量増殖の実例…………… 167
	3.4.1	イチゴ…………………… 167
	3.4.2	ユリ……………………… 167
	3.4.3	ヒヤシンス……………… 168
	3.4.4	アマリリス……………… 169
	3.4.5	グラジオラス…………… 169
	3.4.6	ベゴニア，セントポーリア，グロキシニア……………… 171
	3.4.7	カーネーション，キク……… 171
	3.4.8	サトイモ，カラスビシャクなど…………………… 171
	3.4.9	ジャガイモ……………… 172
3.5	今後の課題……………………… 173
4	組織培養苗生産プロセスのロボット化………………輪竹宏昭 176
4.1	はじめに………………………… 176
4.2	海外における自動生産システム… 176
4.3	挿し芽増殖ロボット…………… 178
	4.3.1	苗の認識………………… 179
	4.3.2	ソフトグリッパ…………… 180
4.4	ミニバラ挿し芽ロボット……… 182
4.5	カルス移植ロボット…………… 182
4.6	ロボット化のシステム開発……… 183

第6章　種苗工場と対象植物　　高山眞策

1	はじめに………………………… 186	4	挿木，取木，株分け……………… 187
2	種子からの育苗………………… 186	5	球根増殖………………………… 188
3	接木苗の生産…………………… 187	6	組織培養による大量増殖……… 188

v

第7章　地球環境問題と種苗工場　　大政謙次

1　はじめに……………………… 193
2　地球環境問題とは…………… 193
 2.1　温暖化………………………… 193
 2.2　砂漠化………………………… 195
 2.3　熱帯林の減少………………… 196
 2.4　オゾン層の破壊……………… 197
 2.5　酸性雨………………………… 197
3　種苗工場との関連…………… 198

第8章　種苗の法的保護の現状　　山下　洌

1　はじめに……………………… 203
2　種苗法と特許法の保護対象について… 204
 2.1　種苗法の保護対象…………… 204
 2.2　特許法の保護対象…………… 204
3　特許法による保護について… 205
 3.1　特許要件……………………… 205
4　植物特許の効力に関する問題点……… 205
5　改正UPOV条約の概要……… 206
 5.1　保護対象……………………… 206
 5.2　保護要件……………………… 206
 5.3　優先権………………………… 207
 5.4　育種権の範囲………………… 207
 5.5　仮保護の導入………………… 209
 5.6　育成者権の権利期間の延長… 209
 5.7　内国民待遇…………………… 209
6　種苗法の改正試案について… 210
7　おわりに……………………… 213

第1章　種苗生産技術の現状と種苗工場の展望

高山眞策*

1　種苗生産の工場化への潮流

　日本の農業は現在大きな転機を迎えている。後継者不足による就農者の高齢化，栽培規模が小さいための収入不足，農産物自由化による生産の圧迫など，いずれも大規模省力栽培，分業化へと大きく脱皮しなければ日本農業の継続が困難となるであろうことを示している。

　戦後の日本農業は，農地解放からスタートしたといえよう。これによって全国の農業従事者のほとんどが自作農となりえたわけであるが，同時に大規模農業が不可能になったともいえるのである。この状態は，基本的には現在も変わらない。しかし，後継者がいないという事態になってようやく日本の農業が変わりはじめた。イネの委託栽培をはじめとして大規模栽培への試みが一部で始まっているが，野菜や花きの種苗生産の分業化も急速に進んでいる。

　大規模栽培に対処するためには，種苗生産の工場化が必要である。種苗工場を実現するためには，多様な形態を有する種苗をいかに画一化して取り扱うかが大きなポイントになる。イネは栽培面積が大きく，しかも苗移植を基本作業にしているので，苗生産から田植え機まで様々な専用機械が開発されている。すでに全国各地で播種から育苗，定植までの一貫プロセス化が実現している。イネ栽培の最近の傾向は，就農者の高齢化が進み委託栽培が一般化しつつあることである。この結果，一部の農家あるいはグループが数haから大きなものは数十haを耕作するようになっており，種苗の一貫生産は大規模栽培を実現するための鍵となっている。イネ以外の野菜や花きなどの作物は，一般に栽培規模が小さいために，従来多くの農家では自家育苗が主体となっていた。しかし，イネの場合と同様に農業人口の減少が進んでいることと，栽培技術が高度化しているために苗生産から生産物の出荷までをすべて家内労働で行うことは困難になってきている。需要が多く，品種も比較的限定されているトマト，キュウリ，ナスなどの野菜や花きなどでは，ここ20年ほどの間に苗生産を専門にする農家が現れ，栽培の分業化が進行してきた。特に，最近になって野菜や花きのプラグ苗の利用が急速に進み，各地で大規模な種苗生産農家（あるいは企業）が出現して"種苗生産工場"が現実のものとなってきた。

＊　Shinsaku Takayama　　東海大学　開発工学部　生物工学科

2　種苗生産の工程

　種苗生産の工場化の基本は，なんといっても大量生産，大量消費である。そのための社会的，技術的背景は近年になって大きく変化していることについては第2章を参照されたい。種苗生産の工場化を実施するためには，種苗の生産過程から手作業をなくして省力化，自動化を進めることが必要になる。種苗を生産する主要な作業工程として，種子からの苗生産の場合には，1)培地の調整および培地詰，2)苗箱あるいはプラグトレイへの播種，3)発芽および育苗管理，4)箱苗あるいはプラグ苗のビニールポットへの移植，5)ポット苗の育苗管理，6)流通運搬，7)圃場への定植，等がある。大型のプラグトレイを使用した場合にはビニールポットへの移植は不要になる。これらの生産工程が種苗生産の基本となる。この他にウリ科のトマト，メロン，スイカなどでは接木作業が必須であり，1)台木の切断，切れ込み，2)穂木の調整，3)接木操作が行われる。果樹，林木，観葉植物などの木本植物の苗生産では挿木が必須となり，1)挿穂の調整，2)挿木，3)発根苗の移植，などが行われる。果樹類では接木苗が広く利用されており，圃場での接木作業に多大な労力を要している。また，忘れてはならないのは植物組織培養によるクローン植物の大量増殖である。

　種苗を工場的に生産するためには，これらの工程の省力化，自動化を達成することが必要である。

3　種苗工場の技術課題と将来展望

　種苗生産工程は形態と特性が異なる多くの植物を対象としているので，形状が一定しており，しかも単一品目大量生産が多い工業製品のような生産システム化，プロセス化を進めることは容易ではない。種苗の形態には，種子，組織培養株（植物体，球根，塊茎など），球根，塊茎，塊根，球茎，枝，葉，木子，ムカゴなど多様である。種子のみについても植物の種類や品種によって形態，大きさ，物性が異なるし，同じ品種の種子であっても不定形である，大きさにばらつきがある，微細である，などのために均一に播種することさえも容易ではないことが多い。そこで，種苗生産においては均一でないものを規格化（均一化）して処理する技術開発が重要になる。例えば，コート種子化は種子を均一化できるし，プラグトレーは播種機の規格化，成育した種苗の規格化に不可欠である。また，規格化ができない部分には画像処理などを含むロボット化が必要になる。また，土壌や培地資材などの取り扱いは経験を重ねて技術向上を図ることが必要である。育苗期間中の灌水，肥培管理，環境調節などにも多くの経験を背景にした自動制御が必要になる。組織培養を利用した種苗生産では，大量培養プロセスや苗化プロセスのシステム化，自動化が大きな課題となる。

3　種苗工場の技術課題と将来展望

　個別の課題については，本書でそれぞれの著者が解説されているので参照されたい。欧米で開発されているさまざまな種苗生産システムの一部は，すでに導入されているし，これらの技術を背景にして日本の生産流通に適したシステムが開発される日も遠くはなかろう。日本の農業は規模拡大が進行しつつあるとはいっても，まだまだ個々の農家は小規模である。そのため，少量多品種生産が大規模なシステム化の大きな壁となっている。このような現状に対応したシステム開発も急務であるし，また将来は文字通り大量生産，大量消費に対応した種苗工場が実現するものと期待される。

第2章　種苗工場開発の社会的・技術的背景

塚田元尚*

1　はじめに

　近年，種苗の工場的生産形態が注目され，既にセル成型苗生産システムによる苗が産地に普及し始めている。これら新しい生産形態および技術の開発，導入には，農業生産を取り巻く環境の変化が深く関わっている。本章ではこの点についての社会的，技術的背景について検討する。

2　社会的背景

2.1　農業生産をめぐる構造的諸問題

2.1.1　生産者の高齢化

　農水省「農業センサス」，総理府「国勢調査」による高齢者（65歳以上）の人口比率は，平成2年度の農家世帯では20％を占めている。昭和60年度は17.8％で，以後5年間の増加率は12.4％である。この傾向は昭和40年度以降ほぼ直線的に，年率 0.4％程度で増加している。また都市部に比較して農村部の増加率は高く，過疎的な農村部の人口減少および高齢化は社会的な課題でもある。このことによって生じる農業生産の脆弱化に対し，農業の振興と地域活性化の視点に立って，より効率的な生産手段の開発が望まれている。

2.1.2　若い専業農家への負担増

　若い専業的な中核農家の減少の中で，今後生産地域の原動力として期待が強まる一方，新しい情報，技術導入の先駆的役割がより一層求められる状況にある。また借用地の利用も含めた規模拡大，部分的生産の請負など，機械的および技術的集約が可能な部門への分担が進むことが予想される。

2.1.3　兼業農家の増加と効率的な生産手段の提供

　兼業化が進んでいる稲作にあっては，効率的な生産技術，機械化が進んでいる。一方，園芸作物では品目が多く，栽培条件が異なるため，画一的な技術の導入が難しい状況にある。しかし，既に園芸農家においても，都市部を中心に放射状に兼業化が進行しており，これらの生産者に対して，有効な土地利用および農業の生産活動の維持を図るための効率的な生産手段の提供が必要

---

*　Motohisa Tsukada　長野県野菜花き試験場

である。
2.1.4 大規模経営における労力配分
　比較的大規模経営が行われている葉菜類を中心とする露地野菜では，育苗，一般管理，収穫作業が同時進行する時期がある。この場合，労力配分は収穫，出荷作業に重点がおかれ，育苗や一般栽培管理は過重労働となりやすい。この時期の育苗の分業化は，効率的な労力配分と規模拡大への道を開く，一処方にもなりうるものと考えられる。

2.2 農産物の国際的な流通と技術，情報の流入
2.2.1 農産物輸入の拡大
　直接的な農産物および加工食品の原材料などの輸入の他，生産段階の過渡的農産物の輸入が増大する傾向にある。後者には花き類の苗の導入が相当し，これらの品目においては，今後特定の品種などが植物特許との関係から，市場を占有する可能性もありうる。このことは我が国における同類の開発を早めると同時に，より付加価値の高い種苗の生産へと進展することが予想される。
2.2.2 先進技術，情報の導入
　セル成型苗生産システムは，欧米諸国では実用的に開発が進められてから相当の年数を経ている。我が国でこれらの技術が稼動し始めた背景には，これら先進諸国からの技術および情報の導入が契機となっていることは否定できない。この中には育苗を進めるための機器類，資材の他，管理のためのマニュアルまでを含んでいる。本来我が国は技術の改良を得意としているが，より精度の高い機器類の開発とこれらを利用したシステム化のマニュアルの作成が集中的に検討されよう。

2.3 農産物の消費動向
2.3.1 多様性および区別性
　園芸作物の多くは周年出荷が確立し，季節感が消滅して久しいと言われている。このために生産事情に応じて，特定の品目に拘泥する必要はなくなったといってよい。反面，消費拡大としての手段も加わって，商品の多様性および区別性を求める声は一層強まっていると見るべきである。このことによって，生産地では農産物生産の場としてのより有利性の高い情報の入手と効率的な生産手段の模索が進められる。
2.3.2 均質性および供給の安定性
　外食産業の増加，市場外流通の増大，さらに販売形態の変化に伴って，農産物の均質性および供給の安定性がより重要となろう。
2.3.3 高品質および安全性
　形態的および成分的に優れた品種，減農薬に効果的な耐病性品種の導入。これらはいずれも新

しい品種育成を進める必要がある。品種育成が種苗生産と密接に関わっていることについては技術的背景の項でもふれなければならない。

3 技術的背景

3.1 農業生産の技術革新による生産のシステム化への指向

①省力的

機械による農業生産の省力化は不変的な基幹技術として，開発，改良が図られてきた。近年，機械化による省力化の対象が，工場生産的な精密管理の分野にまで進められ，作業の無人化や高い精度が要求される機器類の利用が検討されている。施設内における無人防除機，播種機，培養系における効率的処理システム，自動接木装置などがこれに相当する。

②機能的

機能性を高めるために，コンピューターによる精度の高い集中管理が可能な機器類の導入。

③効率的

これまで単独で行われてきた作業を関連機器の連動性，一体化を進めることにより，より効率的な生産体系を確立することができる。セル成型苗生産においては，培地詰，播種，覆土，かん水を連動処理する一体型播種機，自動養液混合散水装置などの導入によって，種苗を工場的に生産することが可能となる。

3.2 バイオテクノロジーなど新しい技術による生産のプロセス化

①培養系過程における大量増殖技術の進展

図1で苗生産を中心とする生産システムのフローチャートを示したように，培養系をとおした苗生産は，従来から行われている種子を利用ものとは系が異なる。培養系における大量増殖は，無菌的に均質苗を生産する技術として優れている。

②人工種子などの利用

本技術も機械的種子生産技術として，従来とは異なった系である。

③新品種の効率的作出技術の進展

3.3 高品質生産および付加価値を高める手段として

①培養系と生産現場をつなぐ受皿として

培養系によって生産された幼植物および人工種子などを，生産現場でも導入可能な苗にまで育成，順化するための受皿として利用。

3 技術的背景

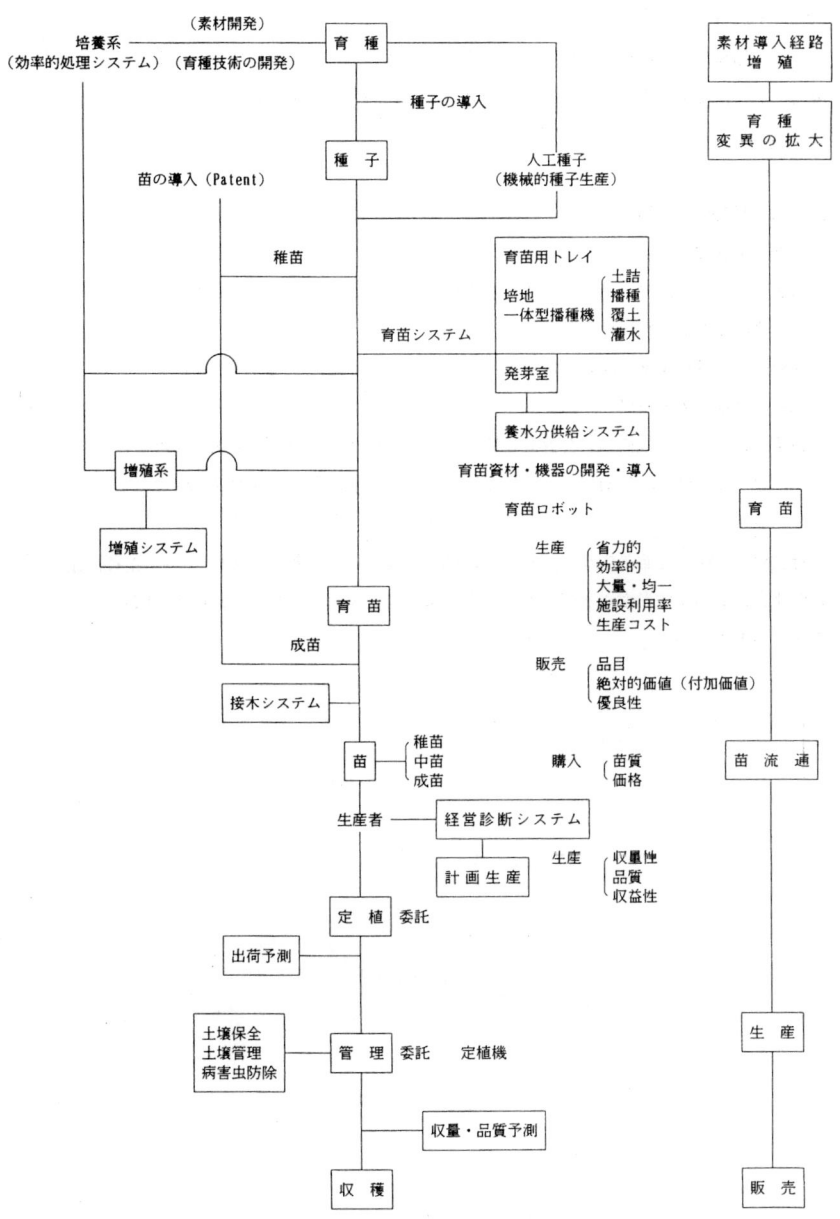

図1　苗を中心とした生産システムのフローチャート

②種子から苗の販売へと転換する場合

特殊な品種あるいは優れた形質を保有するものほど占有的効果が高まる。これらを受けて，今後種子から苗生産へと，より付加価値の高い販売形態へ転換する品目，品種が増加することが予想される。

3.4 工場的種苗生産の効果

①均質苗生産

苗質の揃った商品性の高い苗の提供および利用技術の標準化を図ることができる。

②苗質評価および利用技術のマニュアル化

共通の苗質評価基準の設定および利用技術のマニュアル化が可能である。

③他の技術への波及効果

種子の選別，管理技術および発芽に関わる基礎的研究の進展。種苗生産段階におけるケミカルコントロールの開発。定植機など苗生産以降に続く，他部門の技術開発の促進。

種苗生産を中心とする生産のプロセスには，多岐にわたる要因が関わっている（図1）。今後の評価は，この生産形態がどのような形で農業生産を高め，またいかに付加価値を生み出しうるのかが重要となろう。

第3章　種苗生産の基礎

1　組織培養による分化発育の制御

高山眞策*

1.1　はじめに

　植物組織培養によって，一個の細胞あるいは一片の組織片から植物体を分化育成することが可能である。すでに，1957年にはアメリカの SkoogとMillerとによって，培地に添加したオーキシンとサイトカイニンの濃度バランスによって不定芽，不定根，カルスの形成を制御できることが明らかにされている。この知見はクローン植物大量増殖の基本となる分化発育制御の基本技術として現在でも広く応用されている。1958年にはアメリカの Stewardがニンジンの培養細胞から不定胚を形成させることに成功し，単一の細胞に植物体を再生する能力があるという植物細胞の全能性（totipotency）が実証されるに至った。この技術は，現在では人工種子の基本技術として非常に重要なものとなっている。さらに，1960年にはフランスの Morelによってランの成長点培養で多数のクローン植物を増殖できることが報告され，クローン植物大量増殖への道が開かれた。早くも1960年代には組織培養によるランの大量増殖が実用化し，さらに1970年代になると花き，観葉植物，果樹，野菜などの大量増殖が次々実用化され，世界各地に組織培養を専門とする多数の企業が設立されて現在に至っている。これらの実用化は，いずれも植物の分化発育の制御技術が基本となっている。

1.2　植物組織培養における分化現象とクローン植物大量増殖への利用

　植物組織培養によってクローン植物を大量増殖しようとする際，最も重要なことは植物体を形成する基になる芽を分化させることである。この目的のために良く利用される分化現象として腋芽分化，不定芽分化，不定胚分化がある。腋芽分化は主としてサイトカイニンによって誘導される分化現象であり，腋芽が次々に形成された結果として多芽状になるものである。不定芽分化は，本来は芽が存在しなかった部位に芽が形成される現象であり，定まった部位ではない場所に芽が形成されるという意味で不定芽とよばれている。不定胚は，受粉受精を経ることなく，通常の細胞から直接胚が形成される現象である。これらの分化現象は，培地に添加する植物ホルモン，糖，各種無機塩類などの組成を変化することによって制御することで可能となる。しかし，培地

---

　*　Shinsaku Takayama　東海大学　開発工学部　生物工学科

条件が同じであっても必ずしも同一の分化現象が観察されるわけではない。細胞組織自体の生物的条件，例えば種類，品種，部位，齢，分化の程度と方向，休眠性，分化か脱分化か，などの違いが分化に影響するし，さらに温度，光，培地のpH，湿度，水ポテンシャルなど様々な培養環境がそれぞれ作用しあって複雑な分化生育反応を示している。

　組織培養で芽を分化させ，さらにこれを植物体にまで成育させることができればクローン植物の種苗ができあがる。ここで重要な課題は，1)いかに効率良く芽を分化させて植物体に育成するか，2)いかに変異の発生を防ぐかである。この二つの課題を共に満足するのは腋芽分化である。不定芽分化や不定胚分化は変異が発生する危険が多い。しかし，植物の種類，培養部位あるいは培地条件によっては変異がほとんど発生しないこともあるので，変異が発生しないことが確認できればクローン増殖の手段として非常に効率の良いものとなる。特に不定胚分化は人工種子の最も重要な技術であり，近年特に研究が活発化している。

1.3　腋芽分化

　植物の茎や葉の基部には芽が分化していたり，あるいは目に見える形にはなっていなくても芽の原基が分化した潜芽が存在し，茎が折れたり切り取られたりすると成育してくる。これらの芽を腋芽と呼んでいる。組織培養で腋芽の分化を促進する最も有効な方法は，前述したサイトカイニンを培地に添加する方法である。一般に，植物の腋芽は，頂芽優勢現象によって成長が抑制されている。サイトカイニンはこれを打破して腋芽を伸長させ，新たな腋芽を分化させる作用を有する。特に，培地に高濃度のサイトカイニンを添加すると茎の伸長が抑制されて著しく矮化し，腋芽の数が増えて多芽状になる。腋芽分化は，植物の本来の分化機能であり，変異の発生が少ない（母植物の変異発生率と変わらない）。組織培養による腋芽分化促進は，試験管内で非常に効率よく行われ，芽を確実に分化増殖させることができ，しかも変異が発生しないので，多くの植物のクローン増殖に広く利用されている。

1.4　不定芽分化

　不定芽分化は，本来芽がない部位に芽が形成される現象である。ベゴニアの葉挿しやユリのリン片挿しで形成される植物体の形成は不定芽分化によっている。不定芽はあらゆる組織器官の表皮，皮層細胞あるいは脱分化したカルスから誘導される。植物組織培養では，培地成分，培養環境などの培養条件を変更することによって不定芽の分化発育を人為的に制御することができる。不定芽分化にとって最も重要であるとされているのは，植物ホルモンである。スクーグとミラー (Skoog and Miller, 1957)は高濃度のサイトカイニンと低濃度のオーキシンとの組み合わせ処理により不定芽が分化することを報告している。サイトカイニンの不定芽誘導活性は，ユリのリン片誘導活性を指標にした場合には 4 P U（N-phenyl-N'-(4-pyridyl)urea），ベンジルアデニ

ン（BA），カイネチン，ゼアチンの順に弱くなる。

不定芽分化に影響する条件については，主としてクローン増殖研究の一部として多くの植物で検討されている。

1.5 不定胚分化

不定胚分化は，1958年にアメリカのスチュワート（Steward）らによってニンジン培養細胞で最初に見いだされた現象である。この現象は，受粉・受精を経ずして，種子形成の場合と同様な胚を体細胞から直接発生するものである。培養細胞から不定胚を分化させるには，一般にオーキシン添加培地で培養したのち，オーキシンを除去した培地に移植して培養することが多い。このとき，培養細胞がすべて不定胚となるのではなく，細胞内密度が大きく比重が重い細胞，すなわち液胞がほとんどなく細胞質で満たされている細胞が不定胚へと分化しやすいことが明らかにされている。このような性質の細胞を得るために，細胞の選別やパーコールを用いた密度勾配遠心などが利用されている。ニンジン，ベラドンナ，セリなどは培養細胞から不定胚を分化させることが容易であるが，多くの植物では不定胚を分化させることは容易ではない。一般に子葉を材料にすると不定胚を分化しやすいことが多い。不定胚分化が組織あるいはカルスの内部で起きた場合，外見的には不定芽形成と区別できないことがある。しかし，組織観察を行うと，芽と胚軸の2方向への分化・伸長という2極性が観察されるので判別できる。不定胚分化によるクローン植物の大量増殖に関しては，セロリー，ニンジン，イネなどで研究が進展しており，ジャーファーメンターによる不定胚の大量分化（mass embryogenesis）と，それらの人工種子への利用が検討されている。今後の研究展開が楽しみな分野である。

1.6 植物組織培養における分化発育に影響する要因

植物の細胞や組織を取り巻くあらゆる因子が培養環境となる。それらを表1にまとめた。すなわち，
1) 物理的環境
   温度，pH，光，浸透圧，水，酸素など
2) 化学的環境
   培地成分（N，P，Kその他），植物ホルモン，ビタミン類，アミノ酸など
3) 培養装置の構造的環境
   培養装置の型式，通気撹拌方法，培養方法など

に大別することができる。これらの他にも植物自身の生物的要因が特に重要である。
4) 生物的要因
   種類，品種，部位，齢，分化の程度と方向，極性，分化・脱分化，休眠性，微生物の作用など

第3章 種苗生産の基礎

表1 植物組織培養における分化発育に影響する要因

```
物理的要因
    温度
    光（日長，波長，光度）
    pH
    浸透圧
    湿度
化学的要因
    無機塩類（N, P, K, Ca, Mg, Fe, その他）
    炭素源（糖類，$CO_2$）
    ビタミン類
    アミノ酸
    植物ホルモン（オーキシン，サイトカイニンなど）
    核酸
    天然有機物質
    酸素
生物的要因
    細胞組織の部位
    細胞組織の齢
    極性
    休眠
    季節
    微生物の影響
培養工学的要因
    通気
    撹拌
    培養方法
    培養槽の形式
```

以上のような要因が複雑に作用しあって複雑な分化生育反応を示している。

1.7 物理的環境に対する反応

培養環境の物理的条件を種々変更することにより，培養細胞・組織は様々な反応を示す。

1.7.1 温　度

(1) 培養適温

植物によって異なるが，20〜30℃でほとんどの植物を培養できるようである。この場合，熱帯原産の植物は25〜30℃というように比較的高温を好み，高山性，北方性の植物は15〜20℃を好むことが多い。培養温度に対する反応は植物の種類によって異なる（ユリ属の原種20種類の培養温度に対する反応を比較検討した結果は第4章9節に示してあるので参照されたい）。培養温度に対する生育反応は，通常20℃以下あるいは30℃以上になると顕著

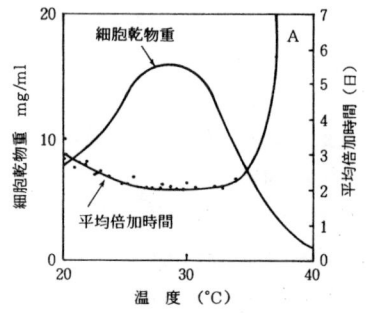

図1 培養温度に対するムギナデシコ液体培養細胞の生育反応

(Takayama *et al*., 1977)

に低下することが多い（図1）。

(2) 温度と分化特性

温度条件で分化を制御することが可能である。例えば、ベゴニアの芽の分化は20〜25℃が適しており、30℃では著しく阻害されるが、根の分化は30℃でも阻害されることはない。温度がさらに高くなると分化が抑制されてカルスのみが形成されることが多い。

(3) 恒温と変温

培養温度は恒温にするのが最も制御がやさしく、装置も簡易ですむために通常は恒温で培養することが多い。恒温と変温とで、培養植物の反応がどのように異なるのかについては十分には検討されていない。

(4) 低温培養

植物の組織を低温で培養すると細胞の増殖が遅くなり、生育期間を延長することができる。例えば、通常10日間隔で継代培養を繰り返す細胞培養株は4℃では継代間隔を1カ月以上にすることができる。イチゴのシュート培養株の場合にも、25℃では30日間隔で継代しないとシュートが次第に枯死し、100日後には80％が枯死してしまうのに対し、4℃で培養すると1年間全く継代しないでも生存率が約90％以上であった（図2）。低温培養は培養株の系統保存の手段として有効であるが、4℃では枯死してしまう植物も多い（例えば、熱帯産の観葉植物など）。このよう

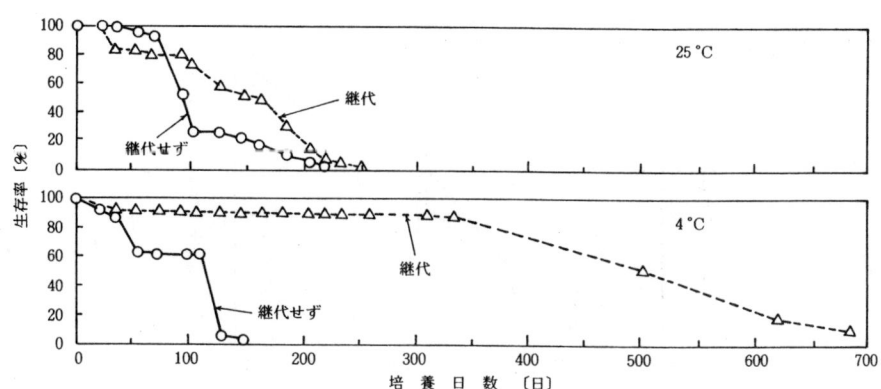

図2　培養温度がイチゴ培養株の生存期間に及ぼす影響（高山、天羽、深野、大沢、1980）
　　　試験管内で2カ月間培養したイチゴを、継代培養せずにそのまま培養を続けた場合と新しい培地に継代して培養した場合とに分け、それぞれ25℃と4℃で培養して生存率の変化を調べた。

第3章 種苗生産の基礎

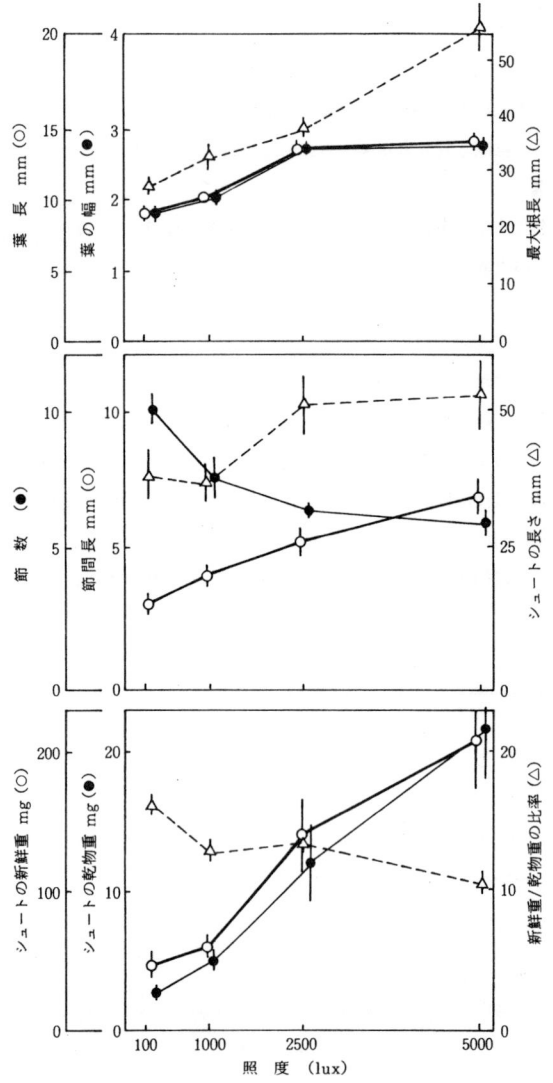

図3 異なった照度で培養したカーネーションのシュートの生育反応
(高山，天羽，深野，1984)

な植物の場合には10〜15℃で培養するとよい。低温は細胞の生育を遅くするだけではなく，分化発育を促進する作用を持つ場合もある。例えば，ユリ科の球根類では分化した芽を4℃で低温処理することによって肥大誘起し，球根を形成できることがある。また，ジャガイモの場合にも15℃で培養することによって塊茎の形成を誘導できることが報告されている（Palmer and Smith, 1970）。

(5) 高温培養

40℃以上の高温は植物細胞の異常代謝を引き起こし，分化や生育を抑制するばかりでなく，処理期間が長期にわたると枯死してしまう。短時間の処理でもheat shock proteinと呼ばれるストレスタンパクの生成が誘導される。ただし，誘導されたタンパクの機能は解明されていない。40℃以上の高温処理は，植物組織に感染した植物ウイルスを不活性化するので，ウイルスに感染した組織をウイルスフリー化する手段として成長点培養と併用されることが多い。

1.7.2 光

照度，日長，波長の3つに大別して考えることができるが，日長と波長についてはあまり厳密に検討されることは少なく，もっぱら明暗の影響，光度の影響が検討されている。

光の照度は分化発育した植物体の形態に影響し，強照度では草丈が低く葉が良く展開した強固な植物体になるが，低照度では葉が小さくもやし状に徒長して軟弱な植物体になってしまう（図3）。クロロフィル含量も低照度では低く高照度では高くなった（図4）。ベゴニアでは，光を照射することによって芽の分化が促進される（暗黒条件＝67±19，照明条件＝209±40）。光の照射方法で分化を制御することも可能である。例えば，フリージアの組織培養では，組織切片を最初暗黒で培養し，次いで光を照射することにより不定芽分化を著しく促進している。ジャガイ

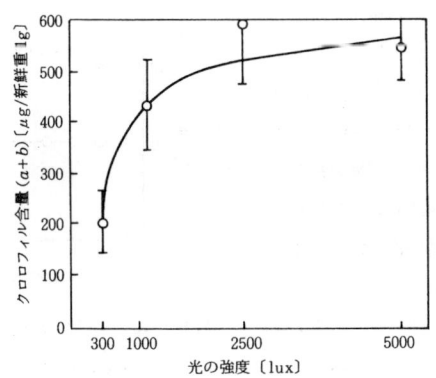

図4 ベゴニア組織のクロロフィル含量に及ぼす照度の影響

(高山，1979)

第3章　種苗生産の基礎

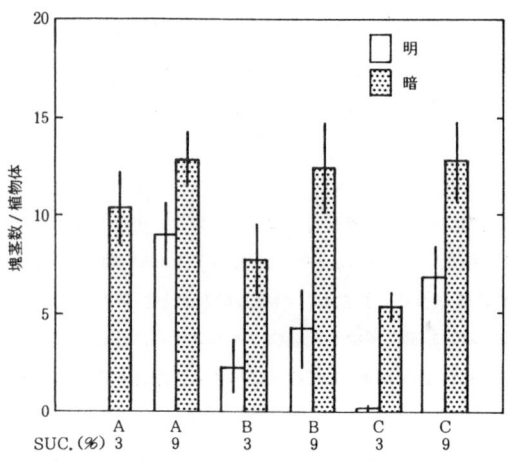

図5　ジャガイモの塊茎形成に及ぼす光とシュークロース濃度の影響
（秋田，高山，1987）

モの場合には照明条件下でシュートを生育させた後に，暗黒条件にするとシュートの節部に塊茎が誘導される（図5）。母植物の生育期間中の日長条件が，培養時の組織切片からの分化に影響することも知られている。

1.7.3　pH

　　pHの影響はさほど厳密なものではないので，オートクレーブ前に5.0～6.2の範囲に調節してあれば生育にはほとんど差がないことが多い。6.3以上になると，オートクレーブ後に不溶性の沈殿が生じ，培地中のリン酸やマグネシウムが沈殿してしまうので注意を要する。植物の細胞はかなり広範なpHで良く生育する。例えばムギナデシコの液体培養細胞の場合には，pH4～8の範囲で細胞の生育にはほとんど差がなかった。しかし，pHが9以上になると細胞の生育が顕著に抑制された（図6）。

　　pHによって分化発育に差が生ずることがある。例えば，ヤマユリの子球および根の分化

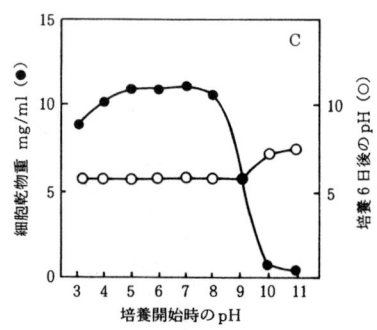

図6　ムギナデシコ液体培養細胞の生育に対するpHの影響

（Takayama, et al., 1977）

に及ぼすpHの影響について検討した結果，子球形成はpH 5 ～ 7 が適しているのに対し，根の分化はpH 6 が最適で 4 から 5 ではやや抑制され，pH 7 では子球形成は良好であるのに根の分化は顕著に抑制された（表 2 ）。

1.7.4 通　気

この分野の詳細な研究は少ない。

(1) 酸　素

植物細胞の呼吸速度は微生物に比べて著しく緩慢なので，酸素の供給も少なくて良いが，密封してしまうと生育が停止して枯死してしまう。光を照射すると光合成により酸素を発生するので，密封容器でも生育させることが可能になる。

表 2　ヤマユリの子球および根の分化に及ぼすpHの影響

(Takayama and Misawa, 1979)

初　発　pH	分　化　程　度	
	子　球	根
3	−	−
4	＋＋	＋＋
5	＋＋＋	＋＋
6	＋＋＋	＋＋＋
7	＋＋＋	＋
8	＋	−
9	−	−
10	−	−
11	−	−

分化指標：−分化せず，　＋わずかに分化，
　　　　　＋＋分化良好，　＋＋＋分化もっとも良好

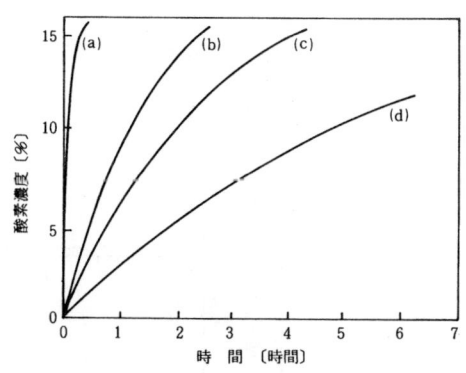

図 7　各種培養容器の通気性

(a)　試験管24φ×125mm，発泡ウレタン栓
(b)　試験管24φ×125mm，発泡シリコンゴム栓
(c)　コニカルビーカ，アルミホイル栓
(d)　ジャムビン，プラスチックキャップ
容器内のガスを窒素で完全に置換した後，ガスクロマトグラフィーで空気との交換を調べた。
空気（酸素濃度21％）に入れ替わるまでの時間は(a)〜(d)の順に長くなっておりこの順に通気が悪くなっている。

酸素の供給は培養容器と栓によって大きな差があり（図7），酸素の供給効率の高い容器ほど組織の生育が促進される傾向がある。液体培地中では酸素の供給効率が気相中に比べて著しく悪いので，テッポウユリを培養すると子球と根の形成が抑制されるが，根の形成抑制が特に顕著であった。しかし，カルスの形成は酸素の供給が少し悪い条件でむしろ促進されることが明らかになった（図8，図9）。

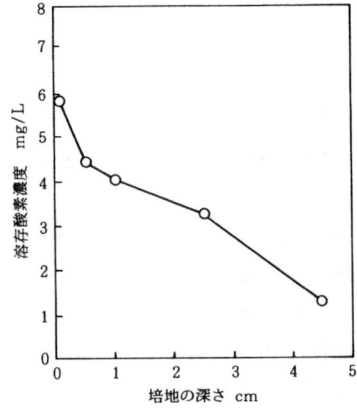

図8　液体培地の深さと溶存酸素濃度

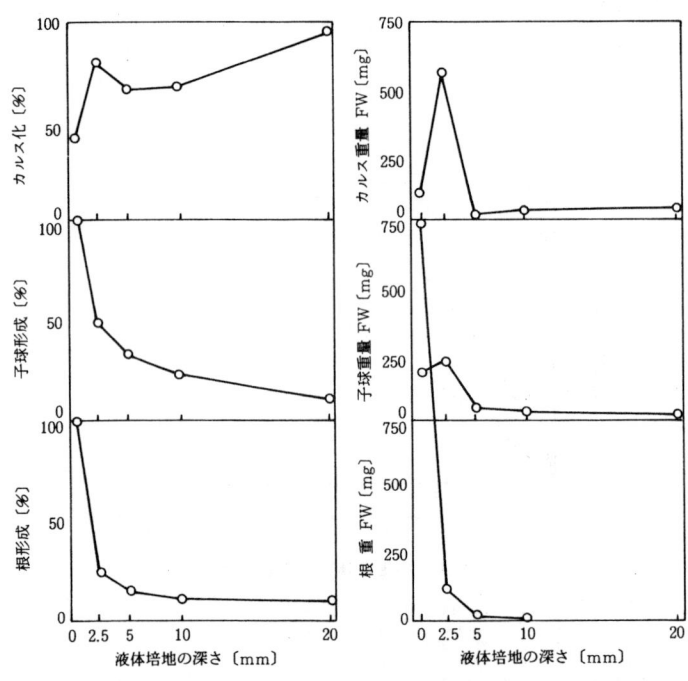

図9　テッポウユリの培養リン片からのカルス，子球，根の形成におよぼす液体培地の深さ（リン片の位置）の影響

(2) 炭酸ガス

植物の細胞組織は呼吸活動の結果炭酸ガスを放出する。通気の悪い容器内には放出された炭酸ガスが数％の濃度で蓄積することがある。しかし，炭酸ガス自体の毒性はあまり明確ではない。培養している組織がクロロフィルを含有している場合には，光を照射することによって光合成し，炭酸ガスを消費する。

通常の植物組織培養用培地には炭素源としてシュークロースが添加されているが，シュークロースはクロロフィルの生成を阻害する（図10）ので，シュークロースを添加した上にさらに炭酸ガスを供給しても培養効率は必ずしも高くならない。しかし，低濃度のシュークロースであればクロロフィル含量はかなり高く，培地中の糖を使用しながら光合成もかなり行うことができる。一定量のクロロフィル当りの光合成活性を測定してみると，培養条件にかかわらずほとんど変わらないという結果であった。

(3) エチレン

培養容器内のガス組成のうちで問題になるのは培養組織片から放出されたエチレンである。エチレンは分化を抑制し，カルス化を促進する傾向が強いので好ましくないが，培地にエチレン発生阻害剤，エチレン吸収剤などを添加して培養することにより，エチレンの阻害作用を除去したり阻害作用を軽減することができる。エチレンを人為的に与えると，植物組織の生育が抑制されることが多いが，ジャガイモの組織培養ではエチレン発生剤のエスレルを添加することによって塊茎形成を促進できることが報告されている（Gracia-Torres and Gomez-Gampo, 1973）。

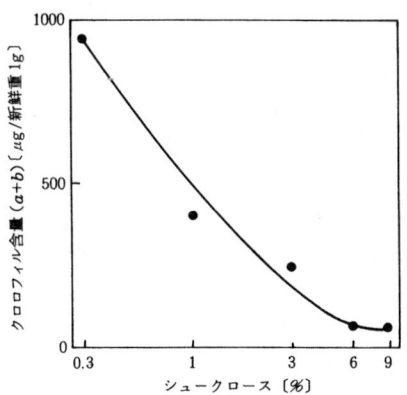

図10 培地に添加したシュークロース濃度がカーネーションの組織のクロロフィル含量におよぼす影響（高山，1977）

第3章　種苗生産の基礎

表3　ムラシゲ・スクーグ培地

MS培地成分	MS培地成分濃度 mg/L	MS培地作成用原液の成分濃度				
		500ml	1 L	5 L	10 L	20 L
溶液（A）						
NH_4NO_3	1,650mg	—	82.5g	412.5g	825g	1,650g
KNO_3	1,900	—	95.0	475.0	950	1,900
$CaCl_2 \cdot 2H_2O$	440	—	22.0	110.0	220	440
溶液（B）						
$MgSO_4 \cdot 7H_2O$	370mg	18.5g	37g	185g	370g	740g
KH_2PO_4	170	8.5	17	85	170	340
溶液（C）						
$Na_2 \cdot EDTA2H_2O$	37.3mg	—	1.865g	9.325g	18.65g	37.3g
$FeSO_4 \cdot 7H_2O$	27.8	—	1.390	6.95	13.9	27.8
溶液（D）						
H_3BO_3	6.2mg	310mg	620mg	3,100mg	6,200mg	12,400mg
$MnSO_4 \cdot 4H_2O$	22.3	1,115	2,230	11,150	22,300	44,600
$ZnSO_4 \cdot 7H_2O$	8.6	430	860	4,300	8,600	17,200
KI	0.83	41.5	83	415	830	1,660
＊＊ $Na_2MoO_4 \cdot 2H_2O$	0.25	0.5ml	1ml	5ml	10ml	20ml
＊＊ $CuSO_4 \cdot 5H_2O$	0.025	0.5	1	5	10	20
＊＊ $CoCl_2 \cdot 6H_2O$	0.025	0.5	1	5	10	20
＊＊これらの成分は原液を調整しておく						
$NaMoO_4 \cdot 2H_2O$	2,500mg/100ml					
$CuSO_4 \cdot 5H_2O$	250mg/100ml					
$CoCl_2 \cdot 6H_2O$	250mg/100ml					
溶液（E）						
Thiamine-HCl	0.4mg	20mg	40mg	200mg	400mg	800mg
Myo-inositol	100	5,000	10,000	50,000	100,000	200,000
Pyridoxin-HCl	0.5	25	50	250	500	1,000
Nicotinic acid	0.5	25	50	250	500	1,000
Glycine	2.0	100	200	1,000	2,000	4,000

Murashige and Skoog 培地の成分をA－Eの5つに大別して作成し，それぞれを冷室（4℃）で保存しておく。原液は2カ月で使い終るくらいの量を一度に作成するようにする。
原液からMurashige and Skoog 培地を調整するためには；
A＝20ml　B＝10ml　C＝20ml　D＝10ml　E＝10ml
を混合し，シュークロース，寒天，植物ホルモンを加えたのちに 0.1N-NaOHでpH5.7～6.2に調整する。

1.8　化学的環境に対する反応

　分化発育に影響する諸条件のうち，培地の化学的組成の影響は最も重要である。植物組織培養に用いる培地には化学組成によってムラシゲ・スクーグ培地（表3），ホワイト培地，エリックソン培地などがあり，塩類強度に差があるので，分化生育特性は異なってくる。種類の異なる培地を常に準備しておくのは大変なことなので，良く使用する培地を一種類に決めておき，植物の種類によって成分の一部を変更しながら培養すると実験操作が容易である。筆者らの経験では，ムラシゲ・スクーグ培地をそのまま，あるいは成分の全部あるいは一部の濃度を変更して用いることにより実験も容易となるし，ほとんどの植物を培養できるようである。

1 組織培養による分化発育の制御

　植物の組織培養を行う時，実際的な場面では脱分化した細胞培養と分化した器官培養とが目標となるが，その制御因子としては植物ホルモンが重要である。

1.8.1　窒素源

　NH_4NO_3，KNO_3などが培地に添加されており，その最適濃度は植物により異なるが，様々な植物の培養を手掛けてきた結果から見ると，窒素源の濃度を下げると発根が促進され，濃度を高くすると芽の分化を促進する傾向がある。濃度をさらに高くするとカルスの発生が促進される（図11）。これらの現象は主としてNH_4の働きによるところが大きい。

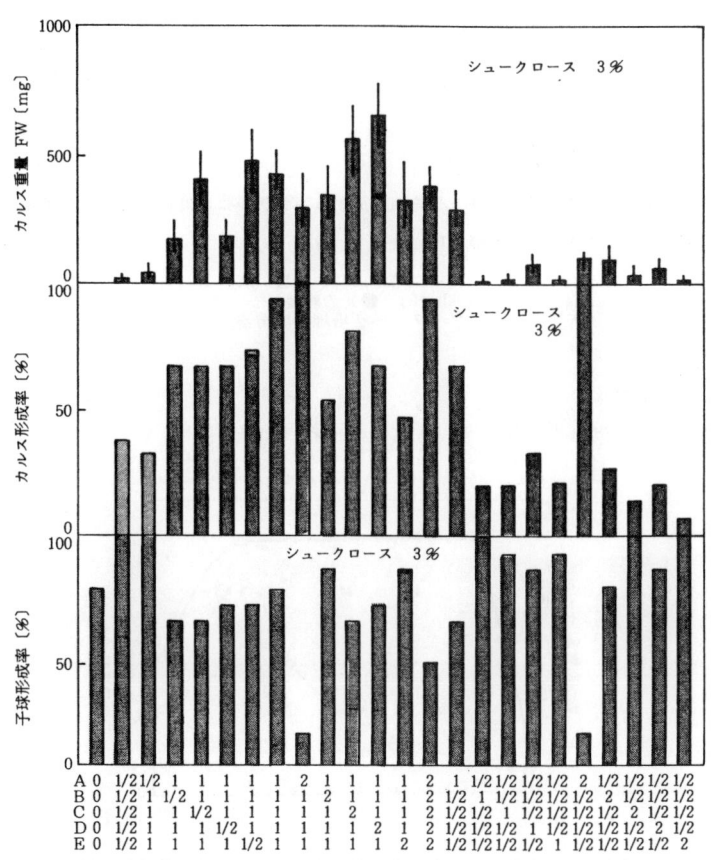

図11　テッポウユリのリン片培養における子球とカルスの形成におよぼすMS培地成分の影響

1.8.2 リン酸

リン酸濃度を2～3倍に高めると生育を速くすることができる（図12）。培養細胞のリン酸要求量は多く、ムラシゲ・スクーグ培地では細胞が最大生育量に達する前に培地中のリン酸が完全に消費されてしまうほどである。

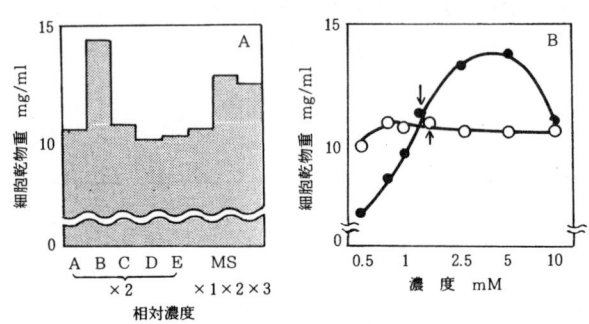

図12　ムラシゲ・スクーグ培地成分がムギナデシコの液体培養細胞の生育におよぼす影響（Takayama et al., 1977）
A：ムラシゲ・スクーグ培地成分の影響（A～Eは表3（下注）参照）
B：$MgSO_4$（○）とKH_2PO_4（●）の影響
　　矢印はムラシゲ・スクーグ培地の成分濃度

1.8.3 カルシウム

培地に添加したカルシウムは、主としてペクチンのゲル化に関与していると考えられる。培地

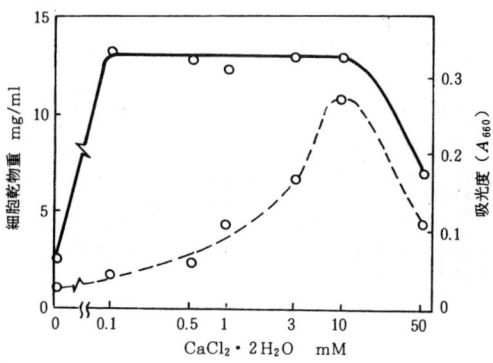

図13　培地中のカルシウム濃度がムギナデシコ液体培養細胞の生育におよぼす影響（Takayama, Misawa, Ko, Misato, 1977）

からカルシウムを除去したり顕著に減量すると，細胞の生育をほとんど低下させることなく液体細胞培養で問題になる培養液の発泡や培養器壁への細胞接着を顕著に抑制することができる(図13，図14)。カルシウムは分化に対しても重要な役割を果たしているらしい。例えば，谷本(1986)の実験結果によればカルシウムイオンのキャリアーであるカルシウムイオノフォアA23187を培地に添加すると，サイトカイニン無添加の場合にもトレニアの不定芽が誘導され，しかも，この作用はカルシウムキレート剤やカルシウムイオンチャンネルの阻害剤で打ち消される。その他のデータからも，植物の分化現象にカルシウム－カルモデュリン系が関与していることを示唆しているという。

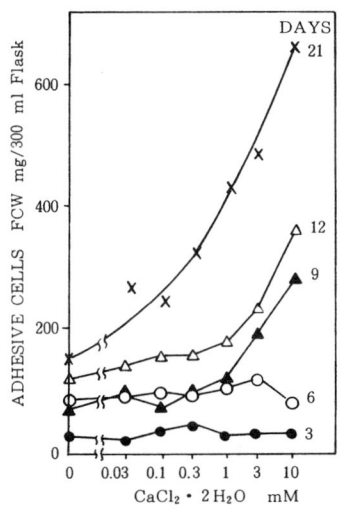

図14 培養中のカルシウム濃度がムギナデシコ液体培養細胞の培養器壁への細胞接着におよぼす影響 (Takayama et al., 1977)

1.8.4 炭素源

培地には炭素源として糖が添加される。なかでもシュークロース，グルコース，フラクトースなどは細胞によって利用されやすく生育を促進するのに対し，キシロース，ラクトース，イヌリ

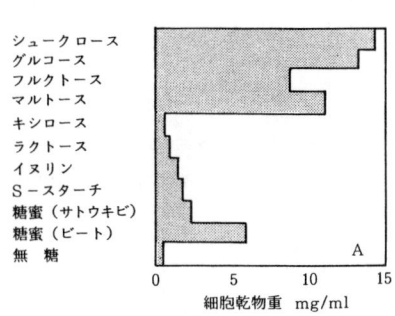
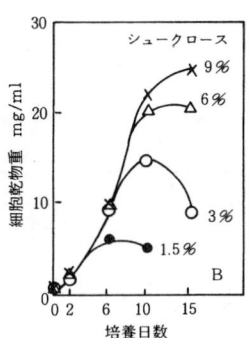

図15 ムギナデシコ液体培養細胞の生育におよぼす糖の影響
(Takayama et al., 1977)
A：各種糖類の影響
B：シュークロース濃度の影響

ン，マニトールなどはほとんど利用されず細胞が生育しないことが多い（図15A）。細胞の最大生育量は添加した糖の量に依存して高まる（図15B）。しかし，例えばシュークロースの場合には9％以上になると浸透圧が高くなりすぎて生育が抑制されてしまう。シュークロース添加濃度は1～3％とすることが多いが，濃度を低くする（3％以下）と芽の分化が促進され，濃度を高くする（3～9％）と発根が促進される傾向が多くの植物で認められる。

1.8.5 植物成長調節物質

植物の細胞組織を人為的に培養するためには植物ホルモンを培地に添加することが重要である。植物ホルモンの種類は多い（図16）が，なかでもオーキシンとサイトカイニンが重要である。脱分化は，オーキシンの一種である2,4-DやNAAなどを培地に添加するだけで起こることが多く，一般に比較的容易な培養技術である。オーキシンのみでは脱分化しない場合でも，培地の塩類濃度（特にアンモニウムイオン濃度）や糖濃度を高めるというような培地の改変とオーキシン処理とを組み合わせると脱分化が促進されたりもする。これに対して分化させるのは決して簡単な技術ではない。SkoogとMiller（1957）はオーキシンとサイトカイニンの組み合わせによって芽や根やカルスの形成を人為的に制御できることを報告しており，これがその後の植物組織の分化発

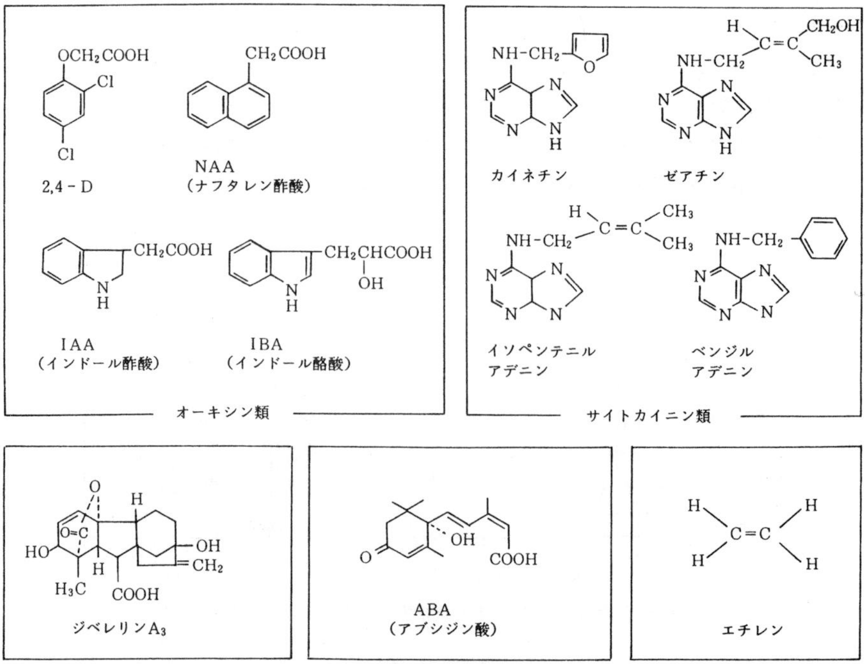

図16 主要な植物ホルモン

育の制御の基盤になっているが，要するにサイトカイニンが重要な役割を果たしているといえる。サイトカイニンによって芽の分化が促進されることが多いが，その一例としてヤマユリのリン片分化におよぼす影響を検討した結果を図17に示した。

この他の植物ホルモンでは，アブシジン酸はカルスの形成や生育を抑制して不定胚や芽の分化を促進する作用を有することが報告されている。

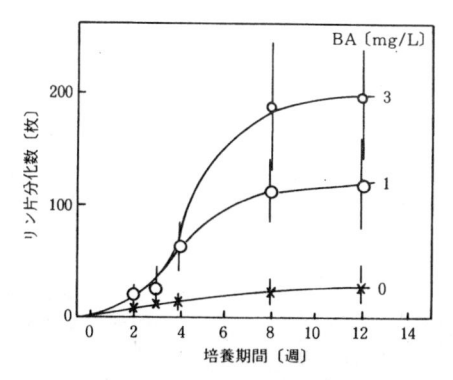

図17 ヤマユリのリン片分化におよぼすBAの影響

(Takayama and Misawa, 1979)

1.8.6 活性炭

培地に活性炭を添加すると芽や根の分化発育を促進することが多い。活性炭によるこれらの効果は，1)培養物から発生，分泌されたガスや抑制物質の吸着，2)培地を暗くすることによる発根促進，3)培地中のオーキシン類やサイトカイニン類の吸着，というような作用によって生じるものらしい。活性炭の添加法は結構難しく，植物ホルモンを添加してもすべて活性炭に吸着されてしまうことから，ホルモンを作用させて分化を促進しようとする場合には，ホルモンの作用が発現するに十分な処理時間を経た後に，培地に活性炭を添加して活性炭の効果を発現させるようにしなければならない。面倒なようであるが，ホルモンの作用が過剰にならずに最適処理濃度，処理時間を厳密に規定できる利点を有している。分化発育を制御する上で，ホルモン処理と活性炭処理を組み合わせることは非常に重要な技術である。

1.9 培養方法ならびに培養装置の差に対する反応

培養方法ならびに培養装置の差などが細胞組織の生育分化に影響する。

1.9.1 培養方法

培養方法は固体培養（寒天培養）と液体培養に大別される。細胞培養の場合には固体培養法が確立できると液体培養を行うことが多いが，シュートや根が分化した器官培養は固体培養で確立できてもかならずしも同じ培地条件で液体培養が成功するわけではない。例えば，テッポウユリのリン片を寒天培地で培養するとシュークロース濃度0〜9％の範囲で子球形成が良好であるが，同じ組成の培地で液体通気培養（小型のジャーファーメンターのモデル）で培養するとシュークロース濃度3％以上では子球形成が顕著に抑制されてカルスの生育が促進されてしまう。液体培養で子球形成を成功させるためには培地の強度を1/2に減量することが必要であった（図18）。このように固体培養と液体培養では分化した器官の培養特性に大きな差が認められる。しかも，植物の種類によっては，培地条件をどのように検討しても液体培地で分化した器官の培養ができないこともある。例えば，筆者らはイヌガヤのシュートの液体培養条件を種々検討したが，いまだに液体培養には成功していない。いろいろな植物について検討してみると，液体培地が適している植物，軟らかい寒天培地が適している植物，固い寒天培地が適している植物というように特性が異なるので，それぞれの植物の特性を把握した上で最適培養方法を採用することが必要であろう。いずれにしてもどのような培養方法が優れているのかは今後の重要な検討課題である。

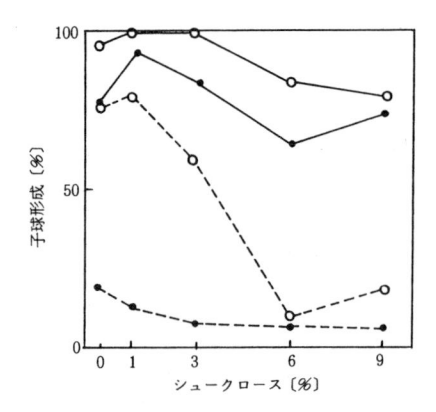

図18 寒天培養と液体培養の差がテッポウユリの子球形成におよぼす影響
○×1/2 MS培地，●MS培地
――――― 寒天培養
------- 液体振とう培養

1.9.2 培養装置

植物組織培養は試験管やフラスコを用い，寒天培地で行われることが多いが，大量培養を目的とする場合には液体培地

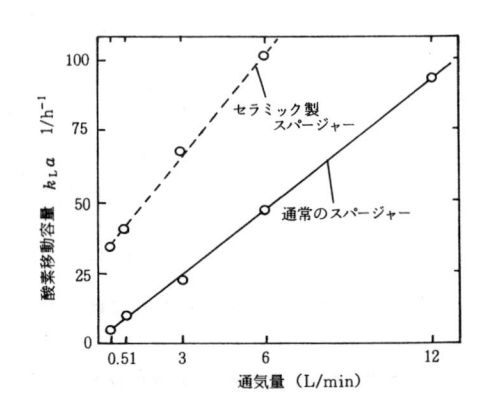

図19 エアースパージャーの型式と通気特性との関係（Takayama, 1987）

を入れたフラスコで振とう培養したり，各種培養槽（第5章3節参照）で通気培養する。培養槽の種類によって通気特性，撹拌特性，光の照射の有無などが大きく異なるので，培養される細胞組織の反応も異なってくる。一例としてスパージャーの型式と通気特性との関係（図19）を見ると，大きな泡の出る通常のスパージャーと比較して微細な泡の出るセラミックス製スパージャーは非常に効率良く培地に酸素を供給できることが分かる。しかも，通常のスパージャーは大きな泡が発生し培地が強く撹拌されるのに対し，セラミック製スパージャーは培地の撹拌が非常に穏やかなので，細胞組織に対して撹拌に伴う剪断応力がほとんど生じないというメリットがある。その結果，生育や代謝が効率良く行われることにもなる。

1.10 おわりに

　植物組織培養における分化現象とその制御について概略を述べてきたが，これらはこれまでに研究発表されているほんの一部の現象にすぎない。さらに多くの現象が知られているし，またその一部には反応が生じるメカニズムについて研究されているものもある。特に，分化を制御している遺伝子群について，不定胚分化モデルやアラビドプシス（*Arabidopsis thaliana*）などを用いて解析が進められている。これらの知見が蓄積して，将来は分化に関与する遺伝子の構造やそれらの発現制御について明らかにされ，より効率の良い制御技術が開発されるかもしれない。植物の分化現象は現状では非常に複雑な現象なので，遺伝子の解析が進み，さらにあらゆる環境因子について培養組織の反応が多面的に明らかにされたとしても，人為的制御によって目的とする植物の細胞組織レベルでの分化反応を自由に制御する技術を確立することは容易なことではなかろう。さらに広範かつ専門的な研究の展開の中から総合的な制御技術の開発を試みる必要があろう。

2 さし木,接ぎ木の生理

原田 久*

2.1 さし木発根の形態と生理

さし木は葉,茎,根など植物体の一部から不定根,不定芽を発生させ,独立した一個体に養成する栄養繁殖法であり,草木性植物から樹木までの多くの植物で用いられる。そして,さし木に用いる器官によって,枝ざし,葉ざし,根ざしなどの方法がある[1]。また従来のように,さし穂をさし床にさす方法と *in vitro* でmicrocuttingを発根させる組織培養法に分けられる。

さし木発根には,種や品種によって難易がみられるが,同じ品種でも,さし穂の採取部位や採取時期によって発根性が大きく異なる。

さらに,植物の種類やエイジによって発根過程に形態的な違いのみられる場合も少なくない[1,2]。したがって,発根要因を生理学的に検討する場合にも,不定根形成過程の形態的特徴を明らかにしておくことが必要である。

(1) 不定根形成部位

通常,さし穂作成後,さし穂基部付近に根の原基が形成されるが,植物によってはインタクトな植物体の時に,根原体の形成がみられる。このような植物には,*Salix* 属,*Populus* 属など発根の容易なものが多いが,中には *Malus* 属のように発根の比較的難しい植物も存在する[1]。

根原体が前もって形成される植物では,その形成部位は茎の枝隙,葉隙に関係する部位が多い。さし木後,根原体が形成されるものでは,茎の内鞘,形成層,未分化の二次師部,葉隙の柔組織,髄の組織,さし穂基部に形成されるカルス組織などから分化する[3]。

(2) 不定根分化の組織学的観察

不定根形成過程は不定根の分化と発達という少なくとも二つの過程に分けられる。

不定根分化の最初に,大きな核をもつ分裂細胞の出現がみられる。この分裂細胞群は分裂を続けて根原体を形成する。形成された根原体は分裂数を増して塊となって発達し,やがて厚膜繊維組織などの硬い組織を避けて皮層,表皮の方向に発達・伸長して発根に至る[1]。

そのため,さし穂内の組織が物理的なバリアーになって発根の難易を左右しているという考えが出されている[2]。しかし,Kachechebaはハイビスカスでバリアーとなる組織と発根性の間には関係のないことを示している[4]。

図1には,WhiteとLovellによって研究された,*Griselinia* のさし木発根にともなう形態的現象のフローチャートを示した[5]。

---

* Hisashi Harada 静岡大学 農学部

2.1.1 発根に影響する要因

(1) 水分ストレス

水分ストレスの影響はさし穂を採取する親木に与えた場合と，さし穂に与えた場合とで異なった結果を示す。また，水分ストレスの影響が温度や光といった外部条件の違いによって異なることも多い。たとえば，エンドウでは強光下で親木を育成した場合，短期間のストレスは発根を促進する。

しかし弱光下で育成した場合には水分ストレスの影響はみられない[6]。ドイツトウヒのさし穂では水分ストレスを与えると発根は減少するが[7]，キクではストレスの結果，発根が促進される。

(2) 温　度

親木の育成温度はさし穂の発根に影響を与える。Veierskovらによると，親木の育成温度はさし穂の炭水化物含量を決定する重要な要因である[9]。

シロガラシの子葉の発根も温度の影響を受けるが，この場合，温度は発根要因の転流や発根部位の細胞分裂に影響を与える[10]。また，ツバキやキクの発根に対する温度の影響は炭水化物の代謝の変化にともなって現れることが示されている[11]。さらに，Dykemanはキクなどの実験から，発根過程の各段階で最適な温度が異なることを示した[12]。

(3) 酸　素

さし穂への酸素の供給は発根に影響する大きな要因である[13]。エアレーションが発根を促進する例も多い。酸素の吸収とIAA oxidaseの活性および発根に正の相関がみられるという報告もある[14]。しかし，不定根形成のすべての段階に酸素を必要とするのかは不明である。

(4) 親木の生理的齢

親木の生理的齢はさし穂の発根に大きな影響を与える。このため発根の困難な木本性樹種では強いせん定によって基部から若い枝を発生させ，それをさし穂に用いている。

Hedera helixはGAによって成木相から幼木相への転換が起こるが，GAは成熟したHederaの

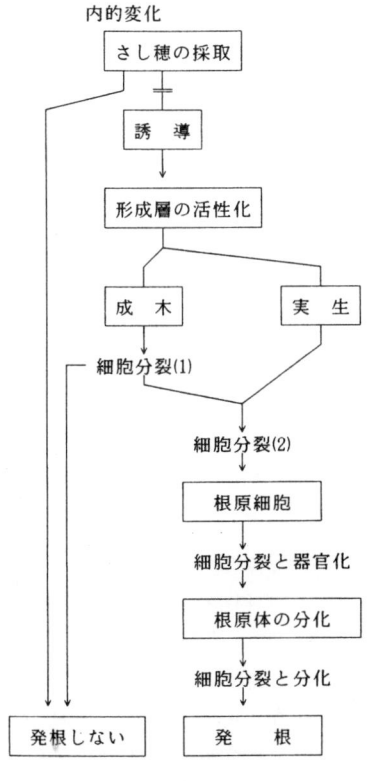

図1　さし木発根にともなって，さし穂基部で起こる現象　：植物，*Griselinia*，
(White & Lovell, 1984)

発根を促進する[15]。また組織培養では増殖培地での継代培養を繰り返すと発根性が向上することが知られている[16]。

2.1.2 さし木発根とさし穂内の成分との関係

(1) 炭水化物

発根のためのエネルギー源として炭水化物は重要であろうと考えられているが、炭水化物の直接的な役割については明らかではない。

また、さし穂の光合成が必ずしも発根に必要でないことは暗黒でも発根がみられることから明らかである。しかし、DavisとPotterは光合成を抑えると発根率が低下すること、それに従って、さし穂の炭水化物量が発根前に減少することを明らかにしている[17]。しかし、BreenとMuraokaはプラムの挿し木では光合成によって固定された^{14}Cの5％しか発根部位に送られないことを示している[18]。

(2) 窒素成分

さし穂の窒素成分と発根との関係には不明な点が多い。さし木中に、いろいろな窒素成分がさし穂基部に送られる[1]。しかし、窒素のさし穂内での再配分は植物の種類やさし穂の状況によって異なることが多い[19]。

Welanderはsugar beetのIAAで誘起される発根がアンモニア態、硝酸態窒素を与えることでさらに促進されることを示した[20]。また、Jarvisらはポリアミンが発根の初期の過程に関与すると述べている[21]。

核酸塩基が発根を促進する例も見られる[22),23]。しかし、核酸やタンパクの代謝阻害剤の効果には一定の傾向がみられない。アクチノマイシンDは一定期間内に与えた場合、アズキの発根を促進するが[24]、インゲンの葉ざしでは発根を抑制する[25]。

(3) フェノール物質

フェノール物質が発根に関与することを示す報告は多い[26]。また、フェノール物質の代謝に関与する酵素であるPeroxidaseと発根との関係を示す報告も多い[27]。フェノール物質は直接または間接的にオーキシンの代謝に関与することによって発根に影響すると考えられる。

(4) オーキシン

オーキシンは発根を促進する最も重要な要因であると考えられている。これはオーキシンを与えた場合、不定根分化が促進されること、オーキシンを豊富に含む葉や芽の存在が発根に必要なこと、この葉や芽の効果はオーキシンによって代替できることから推察されている[1),28]。

オーキシンはさし穂調整直後に与えた場合に効果が大きい[29]。しかし、外から与えたオーキシンが高濃度で発根部位に存在することが根の分化に必要なわけではなく、高濃度のオーキシンは、かえって根の生長ばかりか根の分化も抑える[30]。

発根部位のオーキシン含量の変化をエンザイムイムノアッセイで測定した結果では、さし穂作

成後, IAAは増加するが, 発根後は急激に低下することが示された[31]。これらの結果から, 根の分化の第一段階でのオーキシン量は高く, 形態的な根の分化の前にオーキシンの減少が起こると考えられている。さらにこのオーキシンの減少とperoxidaseやIAA oxidase の活性増大が一致することも明らかにされている[30]。

(5) オーキシン以外の生長調節物質

さし穂へのサイトカイニンの処理は一般に, 不定根形成を阻害する。ジベレリンも多くの植物で不定根の分化を抑制する[32],[33]。

オーキシンで誘起される発根がエチレンの作用によって起こっている可能性が考えられる。しかし, エチレンやエセフォンの効果には一定の傾向がみられない。またIAAやIBAに反応して発根する場合にエチレン発生量やエチレン濃度と発根数には相関がみられない場合もある[34]。

今までに得られた知見をもとに, Jarvisは発根に関する要因を図2のように示した[26]。

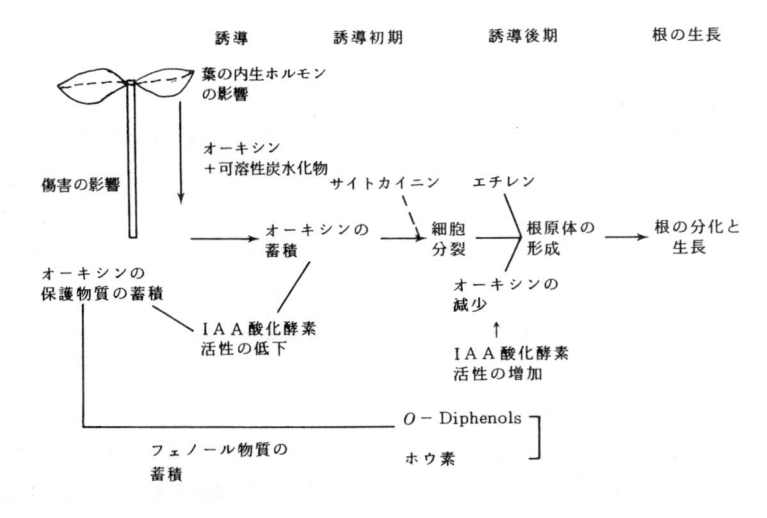

図2　不定根形成のいろいろな段階で起こる現象とその要因(Jarvis, 1986)

2.2 接ぎ木活着の形態と生理

接ぎ木は増殖を目的とする植物の芽, 茎などを他の植物に接ぎ合わせ, 1本の独立した植物体とする方法である。

この接ぎ木は果樹, 野菜などで一般的に用いられている。接ぎ木が行われる理由は, 果樹などでは一般に栽培品種の発根が劣ること, 台木の持つ病害抵抗性, 環境適応性, わい化性などを利用するためである。接ぎ木は園芸植物の繁殖や栽培にとって重要な技術であるが, 接ぎ木に関す

第3章　種苗生産の基礎

る研究は非常に少ない。

2.2.1　接ぎ木の活着過程

接ぎ木では台木，穂木それぞれの形成層同士を密着させる。接ぎ木後，切り口からカルスが形成され，空隙を埋めるように発達し，カルス同士が抱合する。カルス中にはその後，双方の形成層を結ぶ連絡形成層が分化し，内側に木部，外側に師部を形成し，接ぎ木が完成する[35]。

Moore らは *Sedum telephoides* の同種同士の接ぎ木を電子顕微鏡によって観察し，接ぎ木活着の過程を以下のような段階に分けている[36]。

1) 接ぎ木後，穂木，台木の切り口の細胞は崩壊してnecrotic layerを形成する。
2) 切り口に近接する細胞の細胞壁に沿って細胞質の活性化が見られ，接ぎ木6時間後にはdictysome の著しい蓄積がみられる。
3) 台木と穂木で細胞分裂がみられ，接ぎ木2，3日で接ぎ木境界面のnecrotic layerが部分的に消失する。形成されたカルス細胞は老化の兆候を示すが，この兆候は初期の段階で停止する。
4) 接ぎ木面で前形成層の分化がみられる。
5) 3，4週で接ぎ木面は不鮮明になる。

接ぎ木後のカルス形成は切断による傷害反応であって，親和性の接ぎ木に限られるわけではない。しかし，接ぎ木活着が成功しないときや，遠縁な植物での接ぎ木ではカルス形成が劣ることが知られている。接ぎ木のカルス形成，活着に影響する要因としては温度と湿度が重要である[37]。

カルスの維管束分化を誘導する要因は明らかではないが，穂木のオーキシンが重要であると考えられている。下村らはサボテンの接ぎ木においてカルスの接触がオーキシン反応性を変化させている可能性を示している。また，オーキシン処理が維管束分化を促進することも明らかにしている[38]。

図3に親和性の接ぎ木で起こる現象のフローチャートを示した[39]。この図では，カルスの外部細胞の変化は湿度によって異なり，高湿度では外部細胞も維管束形成能を有したまま維持され，より低湿度ではスベリン化した表皮を形成し，その結果，内部細胞の乾燥が防がれ，維管束再生が起こることが考えられる。

2.2.2　接ぎ木不親和性

近縁な植物間の接ぎ木でも組み合わせによっては，接ぎ木活着に成功しない場合があり，接ぎ木不親和と呼ばれる。

Moore らは接ぎ木不親和の起こる組み合わせである *Sedum* と *Solanum* の接ぎ木を電子顕微鏡で観察し，以下のことを明らかにしている[40]。

1) 接ぎ木境界面でのnecrotic layerの形成，カルス形成，necrotic layerの部分的消滅は親和性の組み合わせと変わりがないこと。

2 さし木，接ぎ木の生理

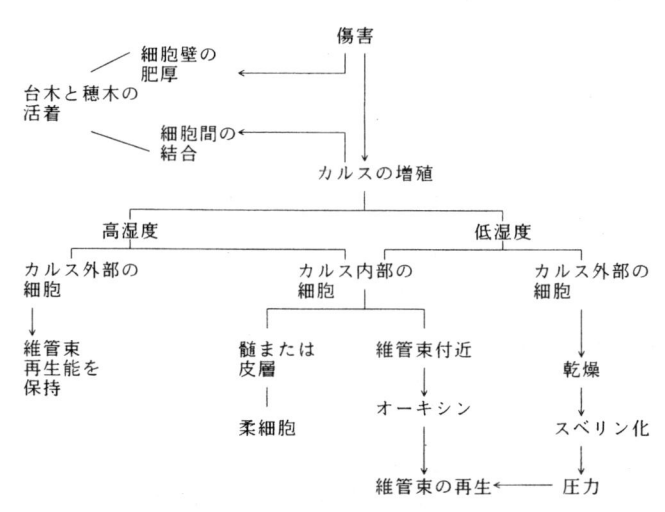

```
                          傷害
         ┌─ 細胞壁の ←──┤
         │   肥厚
台木と穂木の│
活着      │   細胞間の ←──┤
         └─ 結合
                   カルスの増殖
         ┌──────────┴──────────┐
       高湿度                 低湿度
    ┌────┴────┐         ┌────┴────┐
カルス外部の  カルス内部の          カルス外部の
  細胞         細胞                  細胞
    │      ┌──┴──┐                  │
  維管束   髄または 維管束付近         乾燥
  再生能を 皮層      │                │
  保持      │     オーキシン        スベリン化
           柔細胞    │                │
                  維管束の再生 ←─── 圧力
```

図3 親和性の接ぎ木活着にともなう現象(Moore, 1984)

2) 台木切断面での *Sedum* の細胞老化がさらに起こり，necrotic layerが厚くなること。
3) 維管束の再生が起こらないこと。

したがって，切断面付近の細胞老化が停止しないことや維管束の形成が起こらないことが不親和性に特徴的な現象であるとしている。

Yeomanらはこの不親和性が異なった細胞間の認識反応によって起こると考えている[41]。また接ぎ木不親和が台木のもつ毒物質によって起こるという報告も多い。たとえば　セイヨウナシとマルメロの接ぎ木不親和はマルメロのもつ青酸配糖体によって起こるとされている[42]。

文　献

1) 町田英夫, さし木のすべて, 誠文堂新光社 (1974)
2) P. H. Lovell & J. White, "New root formation in plants and cuttings"., ed. M. B. Jackson, Martinus Nijhoff Publishers (1986)
3) 熊沢正夫, 植物器官学, 裳華房, p. 326 (1979)
4) J. L. Kachecheba, *Hort. Res.*, **14**, 57 (1975)
5) J. White & P. H. Lovell, *Ann. Bot.*, **54**, 7 (1984)
6) V. Rajagopal & A. S. Andersen, *Physiol. Plant.*, **48**, 144 (1980)
7) L. H. Stromquist & L. Eliasson, *Can. J. Bot.*, **57**, 1314 (1979)

8) P. J. Orton, *J.Hort.Sci.*, **54**, 171 (1979)
9) B. Veierskov et al., *Physiol.Plant.*, **55**, 174 (1982)
10) K. G. Moore et al., *Ann.Bot.*, **39**, 657 (1975)
11) 大石 惇ほか, 園学雑, **47**, 243 (1978)
12) B. Dykeman, *Pro.Inter.Plant Propagator Soc.*, **26**, 201 (1976)
13) P. W. Zimmerman, *Amer.J.Bot.*, **17**, 842 (1930)
14) U. Pingel, *Z.Pflanzenphysiol.*, **79**, 109 (1976)
15) V. T. Stoutemyer et al., *Pro.Amer.Soc.Hort.Sci.*, **77**, 552 (1961)
16) R. H. Zimmerman, "Handbook of Plant Cell Culture", Vol. 2, p. 390, eds. W. R. Sharp et al., MacMillan Inc. (1984)
17) T. D. Davis & J. R. Potter, *J.Amer.Soc.Hort.Sci.*, **106**, 278 (1981)
18) P. J. Breen & T. Muraoka, *J.Amer.Soc.Hort.Sci.*, **98**, 436 (1973)
19) B. E. Hassig, *Forest Sci.*, **28**, 813 (1974)
20) T. Welander, *Physiol.Plant.*, **43**, 136 (1978)
21) B. C. Jarvis et al., *Plant Cell Physiol.*, **24**, 677 (1983)
22) S. Bhatttacharya & K. K. Nanda, *Z.Pflanzenphysiol.*, **88**, 283 (1978)
23) M. Jordan et al., *Gartenbauwissenshaft*, **47**, 46 (1982)
24) M. Mitsuhashi-Kato et al., *Plant Cell Physiol.*, **19**, 393 (1978)
25) J. M. Oppenoorth, *Physiol.Plant.*, **47**, 134 (1979)
26) B. C. Jarvis, "New root formation in plants and cuttings", p. 213, ed. M. B. Jackson, Martinus Nijhoff Publishers (1986)
27) P. Druart et al., *Z.Pflanzenphysiol.*, **108**, 429 (1982)
28) H. T. Hartmann & D. Kester, "Plant Propagation", 3rd. ed., p. 241, Prentice-Hall Inc. (1975)
29) H. Shibaoka, *Plant Cell Physiol.*, **12**, 193 (1971)
30) H. Brunner, *Z.Pflanzenphysiol.*, **88**, 13 (1978)
31) U. Weigel et al., *Physiol.Plant.*, **61**, 422 (1984)
32) E. N. Eriksen, *Physiol.Plant.*, **30**, 163 (1974)
33) P. W. Brian et al., *Ann.Bot.*, **24**, 407 (1960)
34) R. L. Geneva & C. W. Heuser, *J.Amer.Sor.Hort.Sci.*, **107**, 202 (1982)
35) 町田英夫, 接ぎ木のすべて, 誠文堂新光社 (1978)
36) R. Moore & D. B. Walker, *Amer.J.Bot.*, **68**, 820 (1981)
37) 庵原 遜, 園学雑, **35**, 253 (1966)
38) 下村 孝, 生物科学, **31**, 14 (1974)
39) R. Moore, *Amer.J.Bot.*, **71**, 756 (1984)
40) R. Moore & D. B. Walker, *Amer.J.Bot.*, **68**, 831 (1981)
41) M. M. Yeoman & R. Brown, *Ann.Bot.*, **40**, 1265 (1976)
42) A. Gur et al., *Hort.Res.*, **8**, 113 (1968)

第4章　種苗工場技術システム

1　プラグシステム

安藤敏夫*

1.1　はじめに

「プラグシステム」は，既に旧聞の部類であろう。国内のプラグシステムは「導入段階」を終え，「独自開発段階」を迎えるに至って，新たな課題が生まれている。当初予想もしなかったような展開もあり，ここで再度プラグシステムの原点を整理すると共に，現状を紹介し，将来展望をまとめてみたい。

1.2　用　　語

「プラグシステム」とは，プラグ苗を生産するシステムのことである。かつてアメリカで盛んに使われていたPlugという単語が，時にはPlug seedling（プラグ苗）そのものを指し，時にはPlug seedling を作るシステムを指す場合とがあって，紛らわしいので，前者をPlug，後者をPlug system と呼ぶことを主張してきたが，最近ではこの用法が内外で定着している。

国内では，「プラグ苗」が商標として押さえられている点は注意しなければならないが，ここではPlug seedling の訳として「プラグ苗」を使うこととする。抵触をおそれる向きには「セル成型苗」あるいは「セル苗」の語が農水サイドから用意されている。厳密にはこれらの用語の包含関係は以下の通りである。

　　　　　プラグ苗　＜　セル成型苗（＝セル苗）　＜　成型苗

つまり，プラグ苗はセル成型苗の一形態であり，セル成型苗は成型苗の一形態である。

プラグシステムで使うトレイを「プラグトレイ」，個々の鉢を「セル」，専用培地を「プラグミックス」と呼ぶ。プラグトレイを「セルトレイ」と呼ぶこともできる。

プラグトレイは国内ではもっぱら種子系苗生産に用いられるが，もともとは栄養系苗生産用として開発されたものである。欧米では栄養系苗生産用プラグトレイも発達しているが，まだ国内には導入されておらず，我々はプラグの半面を眺めていることになる。以下は種子系苗生産用のプラグシステムである。

＊　Toshio Ando　　千葉大学　園芸学部

1.3 プラグシステムにおける環境制御の捉え方

プラグといっても普通の種まきの過程を踏まえるわけで，播種 ─→発芽 ─→育苗の流れに変わりはない。ただ，これらの流れを細分化し，各段階別に最適環境を与え，整一で旺盛な生長を引き出すことに傾注するのである。そこでは「発育相」の認識が有効である。

例えば，Koranski(1987)は下記のような発育相（ステージ）の区分を提唱し，品目毎に相別最適環境を提示している。
1） 発芽（発芽の最初の兆候～子葉展開開始）
2） Stage A （本葉展開開始まで）
3） Stage B （移植まで）

従来の育苗がこれら発育相を無視していたわけではない。ここで注意すべきは，従来の育苗では発育相ごとに「場を変えずに環境を変化させる」のに対して，プラグシステムでは発育相ごとに「場を変えて環境を変化させる」つまり苗を「移動」させることである。したがって，たとえば4段階を設定したなら，4つの場を準備することを意味している。

したがって，プラグシステムでは，高度な「環境制御技術」に加えて「物流管理技術」が要求されることとなる。そこには，工場生産ラインのイメージが活きてくる。

「移動」させて最適環境を与える方式のメリットは，一斉に播種させなくても，環境設定に支障がない点である。つまり，この事が多品目生産と施設の時間差利用，ひいては施設の周年利用を初めて可能とするのである。

発芽適温は生育適温からかなりシフトしているのが普通であり，本格的プラグ苗産業には「発芽室」が必須である。

苗は商品であるから，輸送傷みを回避し，その後の生育を保証するために，最後に「ハードニング」されるのが普通である。水と肥料を調節し，苗を硬化させる過程であり，やはり一つ発育相と認識し，別の場を設けるのが好ましい。

1.4 プラグシステムにおける種子の捉え方

プラグシステムに使われる種子には，最高の発芽率が期待される。施設の利用率と発芽率が直結するからである。さらに，斉一な苗の生育は，高い発芽勢によって実現される。このようにプラグシステムにはいわば「高性能種子」が要求されるのである。事実，海外にはプラグ専用の種子が，特別な商標を賦して販売されている。

高性能種子を得るには，種子の遺伝特性，採種条件など，種苗会社に頼らざるを得ない部分と，苗産業レベルで取り組める部分とがある。苗産業レベルで対応できる範囲は，種子の選別と加工である。

種子選別には様々な手法があるが，形状認識技術の発展に期待が大きい。

いずれにせよ，完全な発芽率・発芽勢の種子だけを選別するのは，さほど困難な技術ではないだろう。問題は歩留りで，選別割合と選別量のバランスをどうするかは，最後まで残る課題と思われる。

選別された種子を加工する過程も，今後の苗産業に求められるものと思われる。種子加工の方向は1）発芽率・発芽勢を高める方向と，2）種子を播種機に適応させる方向とに区別される。

前者の代表技術はプライミングであろう。こちらは，企業秘密のベールに完全に覆われており，その内容を垣間見るのは困難である。日本のプラグ苗産業は，現在まだその技術を採用するレベルには達していないが，今後重要な課題になると思われる。

後者の代表が種子コーティングであるが，毛を除いたり(naked seed)，毛を切ったり(detailed seed)する加工も行われる。一方，播種機の課題には，コーティング種子を必要としないメカの開発もあげられているから，播種機の都合でコーティング種子を使う場面は少なくなっていくはずである。

むしろ，種子コーティングは，種子選別をも含めた，発芽率・発芽勢を向上する技術との組み合わせで，本領を発揮していくものと思われる。

1.5 プラグシステムの得失

(1) 第1回移植を割愛する

プラグ苗は，かつてSingle Cell Transplantingと呼ばれていたように，セルに一粒まきされ，一本育苗されるのが基本である。したがって，第1回移植は割愛され，この点は従来育苗と好対象である。極めて緻密な第1回移植の回避は時代の要求ではあるが，その結果様々な課題が生まれることとなる。

播種時の「密度効果」は期待できない。つまり「間引き」は諦めざるを得ず，「密度効果」を上回る技術の構築が要求される。

当然第1回移植時の苗選別もできない。これは明らかにプラグシステムのマイナス要因である。環境制御技術だけでなく，種子の質にかかわる必要が生まれる。ピーエスピー社の「PeSP苗」は，やはりセル成型苗ではあるが，プラグのこの欠点を補う形の展開であり，セルは連結しておらず，出荷時に苗の選別を可能にしている。もっとも，選別には負荷がかかる。

播種時から，最終育苗面積を確保しなければならず，育苗初期は従来方式の方が必要面積が少ない。したがって，プラグシステムは，労力の代わりに施設面積を選んだ立場とも言える。

(2) 根鉢を利用する

プラグシステムでは，いかなる段階でも苗を摑まずに作業ができる。

プラグ苗は，根鉢がしっかり土を摑んだ段階で完成するから，苗を手で運ぶとしても，苗自体に触れる必要はなく根鉢を摑めばよい。根鉢は小型で軽いため，根鉢の重みで苗が折れることも

ない。根が絡まないから，移植時に根が傷むことも少ない。

したがって，著しく作業性が向上し，手植えとしても，従前苗の1/3 の時間で済むのが普通である。移植・定植の機械化も，この特性を活用することは言うまでもない。

根鉢を作らせる必要から，セルは大型にできない。したがって，培地量は少なく，つまり培地の緩衝能が小さいから，灌水・施肥には高度の技術が要求されることとなる。

さらに，セルの横方向の水の流れが断ち切られている上，トレイ底面は空気に曝されているから，セル内の水分レベルの変動は大きくなりやすい。最初の段階での失敗は，この水管理に由来する場合が多い。

したがって，斉一な灌水装置の導入が必須である。しかも苗の大きさに応じて水量を変えたり，それに伴って水滴粒も調節しなければならない場面が生じる。

根鉢を作る以上，定植時には，苗をセルから抜かなければならない。この作業の機械化は結構厄介で，これもプラグのデメリットと思われる。やはり成型苗の一種であるイセキ社の「ナウエル」は，この苗を抜く作業を回避するため，断ち切ることができて，根が貫通できる素材でトレイを作り，セルを切り取りながら定植するシステムを実現している。ただし，この場合はセル全体から水が蒸発するため，プラグよりさらに水分レベルの管理がむずかしくなるものと思われる。

1.6 プラグシステムにおける機械化の捉え方

現在，プラグシステムの最大の課題は，苗の定植機と接ぎ木機の開発であろう。これら機械の開発にあたって，以下のようなプラグトレイとプラグ苗の物性を再確認しておきたい。

＜プラグトレイ＞
1：まとまった数の苗を一動作で移動できる。
2：行・列・セル単位で移動すれば，苗を定位置に据えられる。
3：固定すれば，苗の座標が定まる。

＜プラグ苗＞
1：苗を握らずに作業できる。
2：容易に抜けるが，特定の動作をしないと抜けない。
3：土が簡単に崩れない。
4：重心が根鉢に偏る。
5：高さがほぼ一定である。
6：振動に耐え，作業中の傷みが少ない。

プラグトレイは，苗の移動と位置決めが容易である。トレイ，苗あるいは手（エンドエフェクタ）の移動のための足や腕は既製品が応用可能か，開発するとしてもその負荷は小さいはずである。したがって手の開発に傾注すればよい。

手といっても，苗を摑む必要性は少なく，根鉢を対象とできる。根鉢も握る動作を回避できる。重心が根鉢に偏る特性から「押し投げる」ことや，根鉢が崩れない特性を使って「刺す」ことも可能である。

これら特性をフルに活かした方向での機械化でなければ面白くない。

1.7 プラグがらみの戦略

プラグシステムは，種子系苗の生産販売を専門とする業種を生んだ最初の苗生産システムである。この業種が生まれた背景の解析は主題ではないが，プラグシステムをもって苗産業に挑むからには，プラグにかかわるいくつかの戦略は認識しておくべきである。

現在種苗会社がプラグ苗を販売している。その背景には「種だけでは食えない」という種苗会社の事情もある。欧米には，種子よりプラグ苗の売上げの方が大きくなった種苗会社もある。確かに「種」から「苗」への動きは急である。

ここで，なにより重要なことは，種子と苗とでは種苗販売戦略上の機能が全く違うことである。それは「数量制限機能」の違いである。「生産調節機能」と言ってもよい。苗で売れば，最終産物の数量はほぼ正確に読めるが，種子では読めない。苗を買わせる大きな理由がそこに生まれる。当然，販売する苗の量は，最終産物が魅力的な値段で売れる範囲に抑えられる。決して暴落させる数量は売らない。農家は，苗さえ入手すれば，価格は約束されており，安心して技術に専念できる。苗は奪い合いになる。「独自種苗はプラグで売る」時代は既に始まっている。

これは，いわば「付加価値優先型」と呼べる戦略である。苗の価格を安く押さえる必要性は高くないから，プラグ苗産業の立ち上がりには有効な戦略である。

しかし，これが全てではなく，「技術優先型」と呼べる戦略が一方にある。プラグ苗の受託生産に代表されるように，独自種苗はもたず，技術力で挑む戦法である。

この業種もさらに分化し専門化していくはずである。付加価値をもった品種に留まらず，生産量は拡大していくから，いずれ「技術優先型」の占める割合の方が大きくなるはずである。「苗は双葉を広げた種子である」という言葉が，この産業の将来を語るとするなら，今の時代に技術を磨いておくべきである。

1.8 装置等

(1) 培　　地

プラグシステムでの培地としては，世界的にはピートモス，バーミキュライトおよびパーライトの混合物が用いられている。

現在わが国で使われているピートモスは，Sphagnum Peat Moss で，しかもカナダ産の White Peat Moss と呼ばれるものが中心である。これは，乾くと水をはじく性質が強く，対策が必要と

第4章 種苗工場技術システム

なる。

ピートモスにはこの他に，Black Peat Moss と呼ばれる欧州産Sphagnum Peat Mossや，米国産のHypnum Peat Mossがあり，それぞれ一長一短がある。

ピートモスの破水性を和らげるために，バーミキュライトを増やしたり，界面活性剤を与えたり，破水性のないHypnum Peat Mossを加えたりする工夫がなされる。

もっとも，品質が安定しており理化学性に優れた素材があれば，これらの素材にかかわる必要はない。実際，わが国では身近の畑土が半量加えられる場合も多い。ただし，この場合は，しばしば再現性に問題が生じ，技術開発の遠回りとなる危険性を覚悟しなければならない。市販されているプラグ専用培地には，それなりのノウハウが秘められており，それを常に対照区とした培地の開発が望ましい。

最も簡便で確実な方法は，海外のプラグ専用培地の銘柄を各種集めて，その中から各々の植物に合うものを捜し出すスクリーニング法であり，最適培地の独自開発を，後回しにできる。

(2) 播種機

プラグシステムには，播種機が必須である。既に，欧米にあるほとんどの機種が導入されている。国内でも優れた播種機が開発されているが，まだ公開されていない。

播種メカニズムによって，以下の類別が可能である。

①真空播種機

種子の付着する穴を空けたテンプレートと，その下面の減圧箱の組み合わせで播種する最もシンプルな播種機である。少量多品目生産に向いており，1トレイ1品種的な生産に対応しやすい。小回りがきくため，欧米でも補足用播種機として常備されている。わが国では，農家用に好適である。

目で精度を確認できるので，播種精度は高いほうである。しかし，苗産業にとっては，やはりその精度は不満である。

②バイブレーター型自動播種機

バイブレーターによって跳躍中の種子をノズルで吸い付け，これを動かしてトレイのセルに連なるチュービングに吹き出す方式で，1動作で1列の播種を終える。最も多く使われている自動播種機である。国内では3機種が調達可能であるが，どれも，ノズルを改良して使う場合が多いのではないだろうか。

③フィーダー型自動播種機

マテリアルフィーダーで，種子を一列に並べ，それをセルに一粒ずつまいていく方式である。精度が高く，様々な形態のトレイにも対応する万能型であるが，播種速度はやや劣る。種子コーティングを必要としない。高価な種子はこの機種でまくというような，使い分けがなされる場合が多い。

1 プラグシステム

米国の Old Mil社が生産するが，国内に代理店がある。

④ドラム型自動播種機

真空播種機を連続動作させるメカニズムで，高速播種が売り物の大型の機種と，かなりの播種精度を伴う小型の機種があり，後者が導入されている。種子コーティングを必要とする機種が多い。

今のところ，同一条件でこれらの機種の性能を比較することはできないが，我々日本人には，様々の不満があり，どの機種も改良の手が加えられているものと思われる。

まず問題となるのは，播種精度である。フィーダー型自動播種機を除いて，播種精度に満足している日本人は皆無であろう。また，極微細種子には対応できない点は不満以前の問題である。したがって日本のこと，すでにハイテクを使った改良が始まっているのは当然である。

つぎに問題となるのが，自動播種機の前後に人が張り付かなければならない問題である。トレイの搬入，培地詰め，灌水，予措，覆土さらにはトレイの搬出まで，完全自動システムがすぐ欲しくなる。高価でも構わないと思うに違いない。オランダには，一体化システムがあり，国内でも使われ始めた。

最後に問題となるのが，播種速度である。しかも播種精度を確保した上での速度であるから，要求は厳しい。特にそ菜の苗生産には，この問題が大きな課題となる。

(3) 発芽室

発芽室には，むらのない温度分布が要求される。トレイが詰まった状態で温度むらを少なくするのは簡単ではなく，しばしば失敗の原因となる。当然，強風は培地が乾くので好ましくない。

ミスト灌水であっても発芽室内での灌水は不可能と判断すべきである。言葉はおかしいが「フォッグ灌水」のような発想が今後必要となろう。

さらに，照明の問題とスムーズな物流を配慮した設計が必要である。

発芽だけを担当し，「毛苗」と称して，発芽直後の苗を農家に渡す苗業が登場するほど，何はなくとも発芽室は苗産業にとって重要である。

(4) ベンチ

プラグシステムにもっともふさわしいベンチとして，「2次元移動型ベンチ」を薦めたい。ベンチ自体を面移動させる装置であり，ベンチを作業室に導き入れれば，育苗室と作業室とを区分でき，施設の有効利用を実現する。

オランダでは盛んに用いられているが，オランダ式は国内ではまだ見ない。大型の施設でないと導入困難なことから，現在規模のプラグ苗生産業には向かないかもしれないが，物流管理を容易にする装置だけに，将来のこととしても検討していきたい。

プラグ苗は，セルから簡単に抜けなければならないから，セル底から根を出してはいけない。トレイの下を空気に曝し，根が伸びないようにするのが普通で，この技術をエアープルーニング

と呼んでいる。ただし、発芽直後は根が出る心配はないのと、やはりセル底から乾いてくるので、発芽直後は不織布の上にトレイを乗せたり、アンダートレイを敷いたりする。

いずれにせよ、最終的には金網の上にトレイを置くこととなる。

(5) 灌水装置

プラグシステムでは、均一な灌水が必須である。その理想に最も近い灌水装置が「自走式頭上ミスト灌水装置」であり、わが国でも専らこの灌水装置が導入されている。

苗の生育段階に応じて、灌水量を変えなければならない。生育前半は細かなミストを使いたいし、後半になって葉が繁ってくると、細かなミストでは灌水むらが生じやすいから、ノズルを簡単に交換できる方式を考えたい。

(6) ボトムヒーター

苗は、背の低い作物であるから、従来の暖房方式より効率のよい暖房方式が採用できる。プラグシステムに好んで使われるのは、ボトムヒーターである。これは、ベンチの下に細かく細いチュービングを張り巡らし、それに温湯を流す装置で、いわば苗回りの微細環境を制御するものである。

この装置に冷水を回せば、たちまちボトムクーラーになる。わが国では、こちらの効果も大いに期待できるのではないだろうか。もっとも、ボトムクーラーはまだ検討されたことがないと思われる。

(7) 接ぎ木機

そ菜のプラグシステムが、必ず開発しなければならない装置の一つが、接ぎ木機である。試作機はいくつか紹介されているが、プラグシステムにそのまま採用できるものはまだない。

困難なことは重々承知であるが、ハードメーカーには、プラグシステム用の「居接ぎ機」を要求したい。「あげ接ぎ」はプラグシステムにふさわしくない。

(8) 定植機

今後のプラグシステムには、自動定植機も必須となる。それはプラグ苗を要求する理由と全く同じ理由からである。プラグの発展は、定植機の発展にかかっていると言っても過言ではない。

そ菜や切花用には自走式が必要である。しかも、わが国独特の「マルチ対応」も要求される。鉢物用には、別の機械が求められる。

(9) 苗保管庫

最近、苗の保管庫の重要性が注目されている。完成したプラグ苗を低温で貯蔵する装置であるが、単純に出荷調節に使うだけでなく、暑さを嫌う作物を真夏が訪れるまでに生育させ、真夏は保管庫内で過ごさせ、秋早々使う技術や、プラグ苗に低温を与えて、定植後の生育を制御する、つまりグリーンバーナリを狙った研究も始まっている。

今後、完成したプラグ苗の性質が修正され、その後影響として全く違う作型が編み出される可

能性が高まっている。

1.9 プラグ苗の付加価値

　栄養系にしろ種子系にしろ，苗産業は，農家が苗を買う理由を作り上げなければならない宿命にある。現在，苗産業では，付加価値優先型戦略が花盛りで，独自種苗との抱き合わせ，数量制限との抱き合わせ，作型との抱き合わせなど，農家が苗を買わなければ何もできない状況が演出されている。

　作型とその苗が結び付いた時，苗産業は最も安定した立場を獲得することになる。

　メリクロン苗産業を例として話せばわかりやすい。現在，わが国のシンビジウム鉢物，ガーベラ切花は全面メリクロンである。いずれも宿根草であり，本来なら苗を毎年購入する必要はない。しかし，苗を買い，一作終了後はそれを捨て，新たに買い直さなければならない理由がそこにある。それは，魅力的な作型がメリクロン苗でのみ成立するからである。

　同じことが，タイのデンファレ切花栽培にも当てはまる。株を更新しなければ，周年開花が不可能だからである。世界最大規模のメリクロン工場がタイに生まれた理由はそこにある。

　いずれも，栄養系ではありながら「消耗型栄養系」とでも呼べる，使い捨ての商品となってしまったのは，作型が原因である。

　プラグ苗産業で，プラグ苗を使わなければ成立しない作型が開発できたら，その分野は大きく発展するに違いない。既に，プラグ苗にこのような付加価値を与えようとする飽くなき追究は始まっている。

　プラグ苗は，従来の苗に比べて著しく小さいから，従来苗と基本的に性質が異なるのではないか。ひょっとしたら，プラグ苗は従来の感覚では理解できないような性質をもっているのかもしれない，と今，感じている人は多いのではないだろうか。

文　　献

Koranski, D.S. (1987) Growing plugs from A to Z. Grower Talks, January 1987: 64-79.

第4章　種苗工場技術システム

2　サニープラグ苗

兎沢　邵*

2.1　はじめに

昭和60年にスタートしたプラグシステム苗（セル成型苗）は急速な普及をみせ，北海道から九州までの各地で続々と生産拠点が設置される動きをみせているが，企業による種苗工場技術システムは個人のトレイ育苗や育苗センターによる特定作目の苗生産とは区別されなければならない。以下，受託生産方式により各種の花，野菜の良質苗を必要な時期に供給するサニープラグ苗について述べる。

2.2　プラグシステムとは

一般に，プラグシステムは，いわゆるトレイ育苗自体をさすことが多いが，実際は，流通面をも含めた，トータルシステムとして次のような意義をもつ。

①　機能面では，苗の活着が速く，また苗全体が均一であり，さらに扱いやすく省力的であること。

②　経営面では，育苗の手間がはぶけ，施設や資材が不要となるので，きわめて効率的であること。

③　流通面では，とくに受託生産方式においては，希望する作目，数量，納期が指定でき，また，共同育苗や農協による一括購入の機会がない人にも利用できること，さらには，小苗なためかなりの数量が配送可能となり，より多くのユーザーへの利用の門戸が開かれていること。

2.3　プラグシステム苗の特徴
2.3.1　機能的特徴
(1) 根鉢の形成

セル（ポット）の底部を空気にさらすこと（エアープルーニング）により，苗は図1のように根が外部に出ず，しっかりした根鉢が形成され，セルから容易に抜き取りができる。したがって断根によるストレスを受けず移植時の植えいたみがなくなり，活着がよく，順調な生育をする。

(2) 斉一な苗

セルはトレイに等間隔に配置されているので，光の当たりぐあいが均一となり，また，一本当たりの培地が等量なので，極めて斉一な苗ができる。

2.3.2　プラグシステム苗のメリット
(1) 移植が容易

＊　Takashi Tozawa　ダイヤトピー農芸㈱　技術部

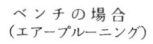

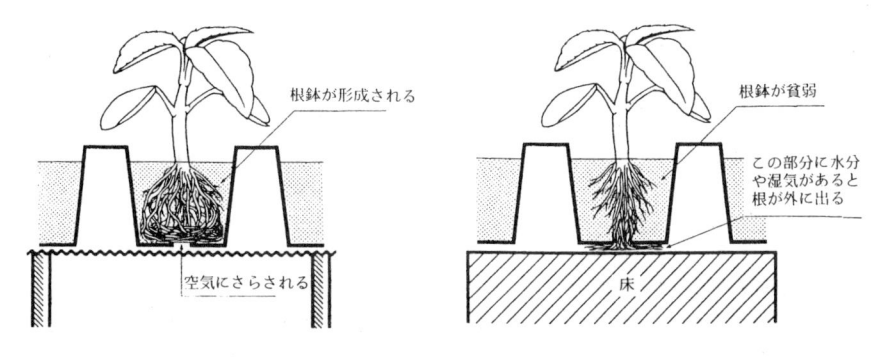

図1　エアープルーニングの状況

苗はセルより簡単に引き抜け，しかも根鉢となっているので，初めて苗を扱う人でも，容易に移植することができる。

(2) 種子量の低減

とくに，種子が小さくて播きにくいもの，発芽してもバラツキが大きいものなどは，その歩留まりを勘案し，多量に播種することになるので非経済的である。ちなみに，個人の手播きの場合には，種子は必要本数の2～3倍ぐらいの量が手当てされているという。受託生産の場合には，その種子の発芽率にもよるが，平均的には2～3割増の種子ですむ。

(3) 初期育苗からの解放

育苗それ自体，ていねいな管理を必要とするが，とくに，初期の種子処理（消毒，ホルモン剤処理など）や，床土の調整，温度，湿度，光，灌水などの難しい管理からは解放される。

トルバムビガー（ナスの台木）のような発芽条件の設定や，発芽後の管理の難しいものがその例である。

(4) 経営への寄与

前にも述べた施設や資材が不要になることのほか，個人育苗を行っている人でも，年間労働配分での部分的利用や，作付計画の変更などでの利用など，経営に役立つものである。

2.4　サニープラグ苗の生産と出荷

サニープラグ苗は，作目，品種，数量，プラグサイズ，納期などの取り決め，さらに発芽状況や中間生育状況の連絡，出荷の連絡と受渡の確認がなされてからユーザーに供給される。その工程は図2のとおりである。

第4章　種苗工場技術システム

```
培地調整 ──→ 培地詰め─播種─覆土─灌水 ──→ 発　芽
┌ピートモス  ┐      （播　種　ラ　イ　ン）      ┌発芽室         ┐
│バーミキュライト│                              └温度，湿度，光  ┘
└パーライト，他 ┘
         │
         ↓
        育　成 ──→ 包　装 ──→ 出　荷
   ┌育苗室         ┐  （ダンボール容器）  （宅配便）
   └灌水，施肥，防除┘
```

図2　サニープラグ苗　生産，出荷の工程

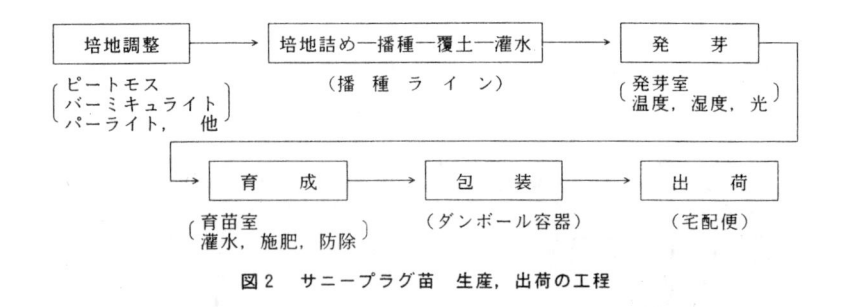

(1) 種子のチェックと予措

　種子は，種子会社で精選されたものが販売されているが，年により，ロットにより，発芽率が変動する。また自家採種の種子の場合，発芽率は一定ではないので播種に先立ち発芽率をチェックする。もしそれぞれの作目や品種につき一定の発芽率を下回った場合は，直ちにユーザーと連絡をとり，割増し料金や多粒まきなどの了解をとる。また，播種に際しては夾雑物の除去や，消毒，発芽促進のためのホルモン剤処理などを行う。

(2) 培　地

　培地は，プラグシステムにとって，きわめて重要な役割をもっている。すなわち，発芽から育成までをコントロールするため，水分や肥料成分の保持，および，通気性がバランスよく保たれる組成が求められる。一般的には，病源菌の少ないピートモスをベースに，バーミキュライト，パーライトを主体に構成され，さらに，リン酸分や，石灰，微量要素が配合される。また，必要に応じて少量の窒素分やカリ分を加える。一方，天然の土壌は，病源菌の問題があり，また，一定の物性を保つ点では不安定な面があるので好ましくない。素材そのものも，ピートモスは産地により，繊維の形状や，腐植化の度合いによってかなり物性が異なり，また，バーミキュライトや，パーライトについても，その形状や粒度の違いにより，培地全体の物理性や，化学性に影響を及ぼす。作目の種類や，冬場，夏場での水管理に適するよう調整される。

(3) 培地詰め

　培地詰め機で，所定のトレイに培地を詰め，かき落とした後に各セルのプレスを行う。プレスにはディブラー（穴あけ機）を用い，特にセルの中心に種子が落ちるようにする。これは，トレイの中で苗が等間隔に生えるようにするものである。

(4) 播　種

　播種機で，セルひとつひとつに播種を行うが，種子は作目の種類により，大きさ，形状が異なり，またトレイも各種（♯200, ♯273, ♯406など）あるので，それぞれに見合った機種を充当し精度をあげている。さらに，少量播種や大量播種にも対応している（写真1～写真3）。

2　サニープラグ苗

写真1　ブラックモア播種機

写真2　バンダナ播種機

(5) 覆土，灌水

播種されたトレイは，覆土され，所定の量の灌水が行われるが，覆土は，作目ごとに素材や厚さが決められている。

(6) 発　芽

播種，覆土，灌水されたトレイは，一定の条件が設定できる発芽室で，作目ごとに温度，湿度，光，時間などそれぞれの条件下で発芽させる。発芽に要する時間は，作目，品種，年により，また，季節の変わり目などで微妙に違って

写真3　大量自動播種機

くること，さらには，発芽室のタイプによっても違いがあることに留意する必要がある。発芽のよしあしは，その後の生育に大きく影響するものであるので，充分な条件把握と経験の積みあげがポイントとなる。

(7) 育　成

発芽したものは，それぞれの作目により，生育ステージごとに，温度，灌水，施肥，遮光など，所定の条件下で育成する（写真4）。

①灌水

育苗では，水かけ3年などといわれているように大変重要な技術である。トレイ全体の不均一を少なくするため，比較的粒子の細かいノズルを用い，回数を増やす方法がとられる。灌水量は作目の種類や，トレイの種類，培地の種類により必要量が定められるが，晴天，曇天，雨天，によって，また，冬場，夏場によっても異なる。培地は軽い素材で構成されているため，灌水の頻度が多く，常に一定の品質を保つにはかなりの経験が必要となる。

② 施肥

　プラグシステムでは，通常液肥により，追肥形式で施肥される。肥料としては，硝酸系窒素を主体に，N－O－K，N－P－Kのタイプのものを用い，必要に応じて微量要素を含んだものを用いる。窒素成分としては50～200ppmの幅をもっているが，これも灌水と同様に，天候や生育ステージに見合った施肥が行われる。また，長期にわたる作目の場合は培地のpHをチェックし，大体6.0～6.5に保つことが大切である。

写真4　ハウス内で育成中の苗

③ 夏場の生育調整

　日本における春，秋の高温多湿な雨期は，光不足のため軟弱徒長ぎみになりやすい。この時期の植物育成ランプによる補光は温度が上がり過ぎるため，灌水と施肥の調整，夜間の冷房除湿により徒長防止を図っている。

(8) 出　荷

　出荷に際しては，病害虫防除のため，あらかじめ農薬散布を行い，また出荷途上の乾燥防止のための灌水を施し，段ボール容器（写真5）に収め，ユーザーに連絡のうえ，宅配便で発送し，翌日に配達されるよう取り計らっている。また，冬場は外気との接触防止，夏場はむれ防止のための容器を使用している。使用しているトレイタイプとセルのサイズは，表1に，また，生産している主な作目リストは表2に示す。

写真5　ダンボール容器

2.5　利用上の留意点

(1) 苗到着後の扱い

① 苗が到着したら，速やかにダンボール容器から取り出し，光を当て，ベンチや平床に置き乾燥しないようにする。

② 到着後は，できるだけ早く移植するのが望ましいが，苗は温室内で育成されているため，特に野菜ではやや環境変化の影響を受けやすく，したがって，1～2日の順化を行うと順調な生育をすることが多い。しかし，セルはかなり小さく，長期間置くと根が回り老化してくるので，早めに移植するのが上手な使い方である。また，やむをえず数日間保管する場合は，2～3日に

2 サニープラグ苗

一回薄めの液肥（窒素濃度50ppm程度）を灌水と同時に施し、老化の進行を遅らせるようにする。

(2) 移植時の留意点

① 移植にあたり、トレイから苗を引き抜くが、前もって充分に灌水すると抜きやすくなる。また、根がセルの壁に張り付いたものは、セルの底部を指で軽く押し上げると抜けやすくなる。

② プラグ培地は、ピートモス主体で軽くできており、したがって、水を吸いやすく、また、乾燥しやすいので、鉢上げする培地と極端に物性が違う場合は灌水量に注意する。鉢上げ培地や圃場の土壌とのなじみが少ないとプラグ自体が乾燥し、活着が遅れる。また、ひどい場合には活着せず、欠株になることもあるので注意が必要である。

③ 鉢上げや移植にあたっては、図3のよう

表1　プラグセル寸法

トレイタイプ	寸法（cm）	形状
406	1.6×1.6×1.9 深さ	
400	径 1.6 × 深さ 2.5	
288	径 1.8 × 深さ 3.0	
288	1.8×1.8×3.0 深さ	
273	径 1.9 × 深さ 2.5	
200	2.2×2.2×4.4 深さ	
128	2.8×3.0×5.0 深さ	

表2　作目と出荷基準一覧

	作目名	トレイタイプ	育苗日数の目安（約何日）	本葉数の目安（枚）		作目名	トレイタイプ	育苗日数の目安（約何日）	本葉数の目安（枚）
	インパチェンス	406	30	2〜4	花	バーベナ	273	55	4
	パンジー	406	40	4			406	50	4
	ベゴニア(センパフローレンス)	400	60	3		リシアンサス	273	78	6
	ペチュニア	406	40	4〜6			406	75	4〜6
	ビンカ	273	45	4			200	24	2
		406	45	4		トマト	273	20	1.5
	ガーベラ	200	45	4〜6			406	20	1
	シクラメン	200	110	3〜4			200	35	1.5
		273	100〜110	3〜4	野	ナス	273	30	1
	シネラリア	273	35	4	菜		406	30	1
	ゼラニウム	273	35	3		トルバム（台木）	273	42	4
花	エキザカム	273	74	6		アスパラガス	200	35	2
		406	72	4			273	35	2
	ラナンキュラス	273	62	4〜6		レタス	200	35	3〜4
		406	60	4		ブロッコリー	200	30	2
	プリムラオブコニカ	273	70	4	接木苗	トマト	200	35	1.5
		406	65	4		ナス	200	45	1.5
	プリムラポリアンタ	273	55	4					
		406	55	3〜4					

に，プラグが地上部に出ないよう，土寄せや覆土により周囲とのなじみをよくする。

④　レタス，キャベツ，ブロッコリーなどを灌水設備のない露地に直接定植する場合は，土壌とのなじみをよくするほか，季節や風の当たり具合，また図3のように粗い土の場合や地下水が高い場合などによっても，かなり活着に違いが生じるので注意を要する。

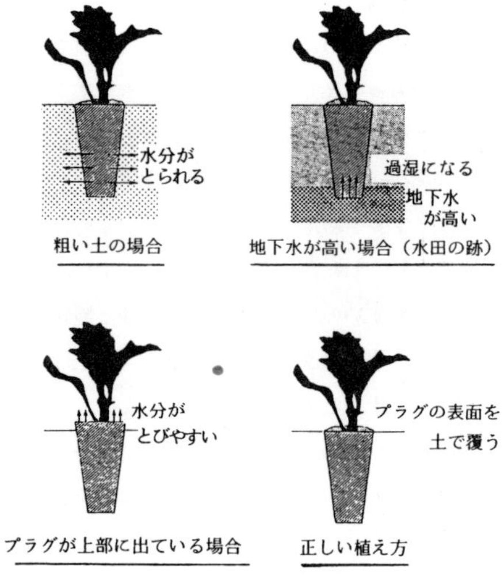

2.6　これからの役割と課題

プラグシステム苗（セル成型苗）は今後の農業に求められる効率化，合理化，規模拡大の面から出てくる新たなニーズに対応する必要があり，生産技術の改善や，新製品の開発など多くの課題をかかえている。

(1)　播種機

現在，欧米各国で種々の播種機が出回っており，それぞれの企業において規模や生産内容により，適宜各種の播種機を使い分けている。極

図3　プラグ苗と土壌水分との関係

めて小さい種子でも同一品種の大量播種の場合は，コーティングにより容易に播種ができる。一方，コーティングにより，発芽率が低下する作目は裸の種子を直接播種せねばならず，したがって精度の高い播種機が必要となる。受託生産の場合はほとんどがノンコーティング種子である。

(2)　種子選別機

プラグシステムにとって最も大切なことは，苗が斉一で，しかもトレイ内の本数を限りなく100％に近づけることであるが，それは種子の発芽勢，発芽率にかかっている。すでに欧米では，プラグ生産業者向けの高発芽種子が販売され始めているが，ユーザー指定の作目や品種を少量播種する場合は，いかにその種子から不良種子を除けるかがポイントで，精度の高い種子選別機の開発が望まれる。ちなみに欧米のプラグ生産業者は，自ら前もって優良種子（特定作目，品種）を選定のうえ，計画生産を行い，リスト（作目，品種，数量，納期）の配布により販売を行っている。

(3)　貯蔵システム

欧米では，ある程度の追加注文に備え，見込生産を行う反面，バランスがくずれた場合の在庫対策として，長期保存技術の開発を行っているが，我が国としてはハイピークシーズンや，ローピークシーズンでの稼働率調整や，高品質苗の供給，納期指定への対応など，今後活用する場面

が多くなるものと予想される。

(4) ロボット

一般苗での接木用ロボットはかなり開発が進んでいるが，今後接木の需要が増加する中で，単に接木するロボットのみならず，プラグシステム苗生産との組み合わせが必要である。また，鉢植機もプラグシステムとの関連にてロボット化が求められるであろう。

(5) 移植機

大量の苗を一定期間内に定植する必要のある葉菜は，人手不足のより，育苗どころか農業作業自体が困難な状況になっているため，定植機の要望が強い。プラグ用の定植機か，定植機向けのプラグか，論議のあるところであるが，農機メーカーとの協調が必要である。

(6) その他

ヨーロッパでは，発泡スチロール製のトレイが公害問題となりつつあり，米国タイプのプラスチックトレイの利用が始まっているが，いずれ日本においてもプラスチックトレイも公害問題となることが予想され，分解性素材への転換が求められるであろう。

3 セル成型苗生産

塚田元尚*

3.1 セル成型苗生産 ── その意義と形態

　米国における育苗システムの紹介の中で，安藤はプラグシステムは労力をとるか，面積をとるかの選択にあって，面積の方を選んだ立場であると指摘している[1]〜[3]。これは苗生産において，省力化が優先された結果であると考えられる。これまでに開発されている苗生産のための機器類およびこれらを効率的に連動させる制御機構の開発によって省力的な苗生産を可能とした。またここから生産される苗は高い均質性を備えており[4],[5]，育苗技術の標準化によって統一的な苗質評価基準を招来し，これを利用する場面での有効なマニュアルの作成を可能とする。しかし，育苗のシステム化は，その生産コストを下げるために，大量の苗を周年生産する植物工場的機能を備える必要がある。この場合，先にもふれたように，施設の単位面積当たりの生産本数を極力高める必要がある。種苗生産システムの中にセル成型苗生産方式が導入されているのは，このような背景が強く働いているといえる。またこの生産方式は苗の輸送および流通上優れた機能を有している。

　崎山は，セル苗とは径が数cm以内で，形が鉢に類似した容器を用いて育成された苗で，成型苗の一種である[6]と定義し，ここでいう成型苗とは，育成した苗の根圏培地の形状が一定している苗のことであるとしている。したがって，セル成型苗とはセルによって育苗された，根圏培地の形状が一定している苗と説明することができる。この場合，セルは連結成型したものを用い，米国におけるプラグ苗[1]とほぼ同類である。欧州ではピートモスをブロック成型した培地による苗の生産が多いが，管理方法，扱い方はセルトレイ(以下トレイとする)を用いた育苗と同様である。

　育苗の効率化を図る上で重要なことは，セルの容積を可能な限り小さくし，かつ短期間に育苗を完了することである。セル成型苗の流通が一般に小苗の方向に動きだしているのはこのためであり，独特の根の形態と相まって，このことは本育苗方法によって生産される苗の特徴である。

3.2 育苗品目とセル成型育苗の成立

　育苗品目は多岐にわたり，ダイコンやニンジンなど直根型根菜類のように根の形態的特性を損なう場合を除いて，定植を介して栽培が進むものにあってはいずれも対象とされる。対象品目は，少量多品目および多量少品目に区分され，前者は花き類，後者は野菜類，林木などが相当しよう。また前者は苗代が高いこと，後者は育苗におけるスケールメリットが成立要因として重要である。野菜類の中にあっても，果菜類は前者に近く，接木操作を通してより付加価値を高めることも可能である。

---

　*　Motohisa Tsukada　長野県野菜花き試験場

3 セル成型苗生産

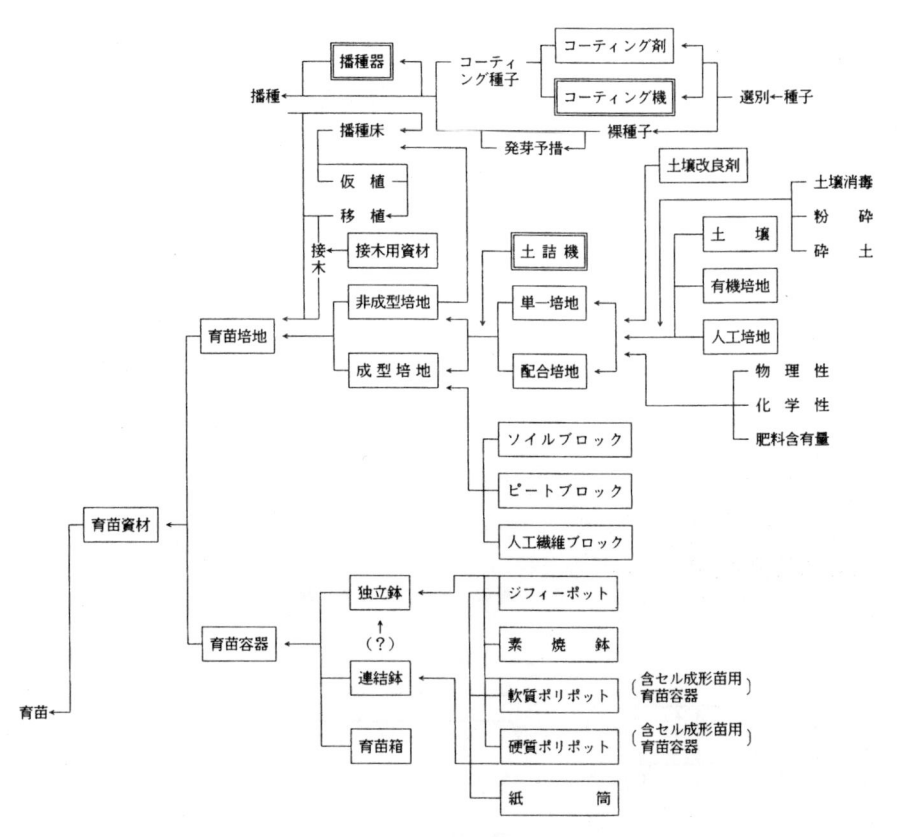

図1 育苗のシステム化と育苗関連資材, 機器(宍戸, 1989)

3.3 セル成型苗生産の組み立て

セル成型苗による育苗のシステム化は, 図1にみられるように[7], 硬質ポリエチレンや発泡スチロール製の連結鉢を用いて, 人工の非成型培地による育苗を基本構成としている。育苗システムの作業手順については図2に示した。

セル成型苗生産の組立ては, 育苗資材, 養水分管理, 関連機器の利用, システム成立のためのマニュアルの作成の4つの要素から成っている。

3.3.1 育苗資材

(1) 育苗用トレイ

硬質のポリエチレンや発泡スチロール製のセルトレイを利用する。図3はレタス用に開発した硬質ポリエチレン製トレイで, 水稲用育苗箱に収納して利用する。トレイの大きさはシステム全

第4章　種苗工場技術システム

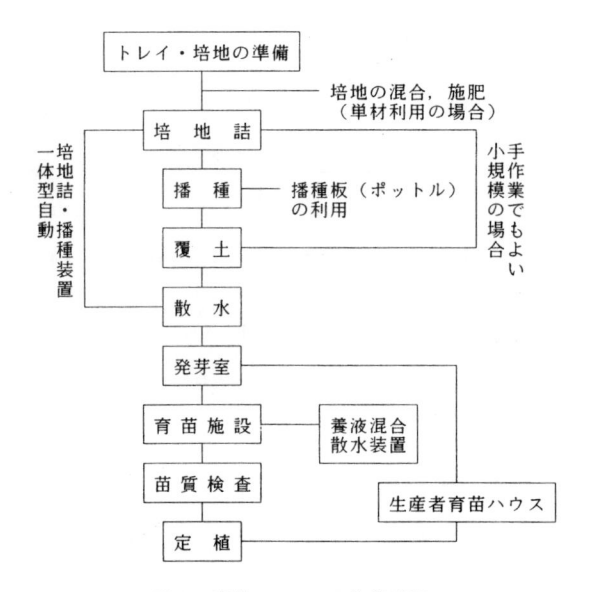

図2　育苗システムの作業手順

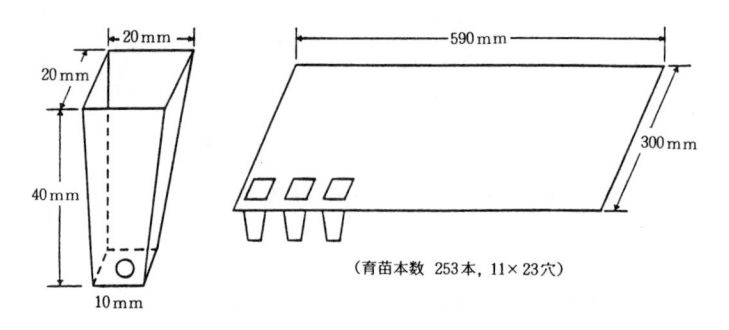

図3　システム用育苗トレイの例（1989年）

体のデザインの中で決定しなければならないが，水稲の育苗箱にみられるような，伝統的な尺の単位を生かすべきであろう。セルの大きさは単位面積当たりの育苗本数を確保するために，最小のレンジを索定すべきであるが，この場合にも汎用性を考慮すべきこと，適切な苗とはセルの大きさ（培地容量），育苗日数，苗の生育量の3つの要因によって規制される[4]ことを念頭におく必要があるものと考えられる。セル成型育苗における適切な苗とは，根鉢の形成が進みセルから苗の引き抜きが可能となった時点で，好ましい苗質を備えたものとの理解ができよう。

(2) 育苗培地

育苗のための用土については，これまで多くの資材と呼称が使われてきた。崎山[8]はこれらを整理する中で，包括的な意味で使う用語は育苗培地とし，成分が規格化されている混合の培地を配合土として整理している。セル成型育苗に用いられる混合培地はいずれも配合土に区分されるが，本文では単一成分の培地も含めて包括的な育苗培地の呼称で稿を進める。

育苗培地のように限られた容量の中で，短期間に根の生育を促すためには，添加する有機物の種類と量の検索が重要である。高橋ら[9]が指摘するように，例えば，有機物として優れた特性を持つとされる腐葉土の場合，排水性，通気性は向上するが保水性は低下するため，有機物の選択に当たっては，これら有機物の基本的性質と植物の根の特性を考慮した組成比率を必要とする。伊東[10]は野菜栽培用（第3群として分類）の育苗培地としては孔隙率72〜89％，仮比重0.25〜0.68で保水力が大きく，かつ浸水性も良好な培地が得られるとし，荒木[11]は国内外の配合土を紹介する中で，気相率の目安としてはpF1.5の状態時で20％以上が望ましいとしている。

表1，表2は筆者ら[4]が開発したレタス用セル成型生産培地の化学性および物理性を示したものである。

表1 育苗培地（レタス用）の化学性

（1989年）

水分	pH	EC	CEC	N(mg/100g)		
(%)	(H_2O)	(mS/cm)	(me)	NH_4N	NO_3N	計
29.3	6.21	0.32	16.98	1.60	12.34	13.94

表2 育苗培地（レタス用）の物理性

（1989年）

気相率	液相率	固相率	孔隙率	透水速度
18.1 %	56.5 %	25.4 %	74.6 %	2分09秒/100g

セル成型苗生産の先進地である欧米諸国は，培地素材としてピートモス，バーミキュライト，パーライトを主成分としたものが多い[3,12,13]。

我が国における育苗培地も基本的にはこれを踏襲しているが，さらに他の資材を添加し，培地の化学性および物理性改良の工夫がみられる。

ピートモスはその腐熟度や生成素材により特性が異なり，他の主要資材であるバーミキュライト，パーライト，従来の育苗培地の土などとの比較およびこれら素材の混合培地における特性について検討を加える必要がある。

セル成型苗生産に用いられている単一素材の培地水分特性を調べてみると，表3にみられるよ

第4章 種苗工場技術システム

うに，培地水分率（重量）でスファグナムピートではおよそ80％，ヒップナムピートで65％，パーライトで67％程度になると撥水性が認められる。バーミキュライト，土では水分率の低下に伴う撥水性は認められない。ピートモスはタイプによって，培地の水分変動に差があり，スファグナムピートの場合，かん水後の培地水分率は多いが，減少率もやや早く，撥水しやすい特性がある。パーライト，バーミキュライトも保水性の高い培地素材と考えられ，土は供試素材中最も保水性が小さい。これらの素材を用いた培地におけるレタスの生育は，土を除くいずれの培地も旺盛な生育を示し（表4），土と他の素材では培地特性に大きな差がある。なお，土以外の培地では，生育が早く，軟弱になりやすい傾向が認められる。

表3 異なる培地素材の水分減少率と撥水性

（1991年）

培地素材	水分量%	2/21	2/27	3/2	3/4	3/6	3/7	3/10
スファグナム・ピート	水分減少率	100	61.4	47.3	38.9	23.5	15.6	14.6
	培地水分率	88.8	83.0	79.0	72.9	65.2	55.3	54.1
ヒップナム・ピート	水分減少率	100	62.7	52.0	40.4	31.1	24.3	18.8
	培地水分率	82.3	74.4	70.7	65.2	59.0	53.0	46.6
パーライト	水分減少率	100	76.8	68.9	59.5	49.4	43.3	39.2
	培地水分率	80.5	76.0	74.0	71.3	67.1	64.1	61.8
バーミキュライト	水分減少率	100	70.5	61.6	49.5	45.1	36.3	33.0
	培地水分率	76.7	69.9	67.0	62.0	59.8	54.4	52.1
土	水分減少率	100	58.7	50.7	34.4	17.8	13.4	9.7
	培地水分率	43.4	31.0	28.0	20.9	14.2	12.0	8.7	6.9

調査方法：24時間湛水後48時間重力による脱水後2月21日より調査
培地素材：スファグナム・ピート粗い，ヒップナム・ピート粗い，パーライト細粒
　　　　　バーミキュライト中細粒，土　褐色森林土　細粒
撥水性　：表中縦線で表示，ピートモス，パーライトは縦線以降は撥水が認められる。

表4 培地素材とレタスの生育

（1991年）

培地素材	最大葉長cm	葉数	地上部重g	地下部重g	根重割合%
スファグナム・ピート	7.8	2.4	0.47	0.14	23
ヒップナム・ピート	8.0	2.6	0.47	0.11	19
パーライト	6.9	2.5	0.47	0.14	23
バーミキュライト	8.0	2.6	0.54	0.15	22
土	4.6	2.0	0.22	0.07	24

培地素材として優れた特性を持つピートモスおよびバーミキュライトの混合比とレタスの生育をみると（表5），ピートモス単一培地に比較して，バーミキュライトが添加された培地では，地上部，地下部とも生育が増大し，バーミキュライト単一培地では，生育量が低下する傾向がみ

られる。これらのことから，ピートモス，バーミキュライトの混合培地は，地上部および地下部の生育を促進させる培地組成として優れている。

以上のことを考慮して作成した混合培地におけるレタスの生育について表6に示した。混合培地における土の比率が高まると，セルからの抜けの荷重が高まるが，筆者らの調査では苗の日持性，定植後の活着などに優れることが認められている。

表5 ピートモスとバーミキュライトの混合比とレタスの生育

(1991年)

混合比 ピートモス：バーミキュライト	最大葉長 cm	葉数	地上部重 g	地下部重 g	根重割合 %
10 : 0	8.0	2.6	0.47	0.11	19
8 : 2	9.3	2.8	1.09	0.14	11
6 : 4	9.6	3.0	0.89	0.16	15
4 : 6	8.7	2.8	0.68	0.17	20
2 : 8	7.5	2.8	0.60	0.18	23
0 : 10	8.0	2.6	0.54	0.15	22

ピートモス：ヒップナム・ピート（混合は容積比）

表6 異なる培地混合比とレタスの生育

(1991年)

培地素材 ピート(1) : ピート(2) : バーミ : 土	最大葉長 cm	葉数 cm	地上部重 g	地下部重 g	根重割合 %	抜けの荷重 g
4 : 1 : 5 : 0	6.0	2.6	0.55	0.22	29	176
4 : 1 : 4.5 : 0.5	5.8	2.6	0.51	0.26	34	186
4 : 1 : 4 : 1	6.3	2.7	0.57	0.26	31	196
4 : 1 : 3.5 : 1.5	5.4	2.5	0.50	0.27	35	189
4 : 1 : 3 : 2	6.1	2.8	0.59	0.28	32	285

ピート(1)：スファグナム，ピート(2)：ヒップナム（混合は容積比），土：壌土

単一の培地素材の特性を生かした，セル成型苗生産用混合培地の作成に当たっては，生育の大きな特徴である根鉢の形成を促すことを前提に，地上部の生育制御について検討する必要がある。この場合，育苗品目の生育特性によって，促進させるもの，抑制させるもの，とくに制御の必要のないものに区分でき，これは培地組成のみならず，後の養水分管理方法にとってもきわめて重要なことである。

3.3.2 養水分管理

セル成型苗生産システムでは，自動散水装置の導入を前提とする。用いるセルの容積が小さいため，かん水回数が増加すると同時に，均質生産のためには散水量の均一性が必要である。

育苗中の養分管理は従来の育苗方式のように必要な養分を予め培地に添加しておく方法と育苗

第4章　種苗工場技術システム

写真1　セル成型苗生産における自動養液混合散水装置を用いた散水管理

中に施用する二つのタイプの選択による。積極的な苗の生育制御の観点からすると，後者が優れており，自動養液混合散水装置の導入が可能であると同時に，優れた液肥が開発されているため，これらをシステムに組み込むことは容易である。現在一般的に行われている養分管理方法は，培地に予め生育初期に必要な養分を添加し，残りを散水を兼ねて補給する方式である。したがって養液の希釈倍率は大きく，多くの品目に汎用性を持たせることができる。表7は筆者らが開発した生産システムの中で用いている養液の成分組成を示したが，レタスの場合，本標準液の3倍に希釈したものを用い，これは原液の3000倍に相当する。養液混合装置システム系統図について図4に示した。

表7　散布標準液の成分組成

（1989年）

$Ca(NO_3)_2 \cdot 4H_2O$	78.7mg/L	H_3BO_3	0.4
KNO_3	134.7	$MnCl_3 \cdot 4H_2O$	0.24
$NH_4H_2PO_4$	19.0	$ZnSO_4 \cdot 7H_2O$	0.03
$MgSO_4 \cdot 7H_2O$	41.0	$CuSO_4 \cdot 5H_2O$	0.01
FeEDTA	4.0	$(NH_4)_2MoO_4$	0.003
		NaCl	0.55

セル成型苗生産における肥培管理の統一した処方はなく，今後標準化を進めなければならない重要な課題と考えられる。

3.3.3　システム成立のためのマニュアルの作成

システム成立のために，育苗方法および取り扱う品目についてのマニュアル化を進めなければならない。

3 セル成型苗生産

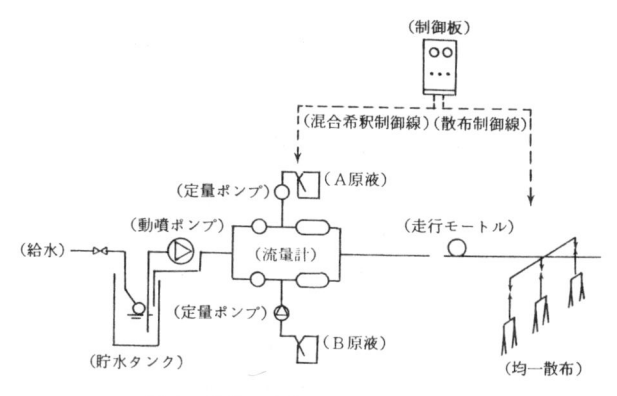

図4 養液混合装置システム系統図

3.4 セル成型苗の生育特性と評価

写真2にセル成型育苗による標準的な苗を示した。これは夏秋どりを中心に比較的高温期栽培に適した苗質である。セル成型育苗による苗の生育特性は、図5にもみられるように、ソイルブロック育苗と比較すると地上部の生育量が小さい反面、地下部の生育量が大きく、根重の比率がきわめて高いことであろう。根鉢の形成を促し、セルからの苗の引き抜きを可能にすることによって成立している結果ともいえる。根鉢の形成が進みやすいことは、そのまま育苗を継続すると苗の老化を来す可能性が大きいことにもつながりやすいと推察される。また生育の早い段階で根の形態的生育特性が固定しやすいことも特徴としてあげることができる。これらの特性を有する

写真2 セル成型育苗によるレタスの標準苗

最大葉長(4.5cm), 最大葉幅(2.3cm), 展開葉数(3.5枚)
地上部重(0.5〜0.6g), 地下部重(0.25g), 根重割合(30％)

第4章　種苗工場技術システム

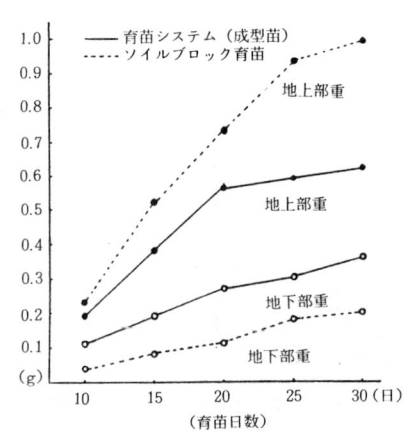

図5　異なる育苗法によるレタス苗の生育（1987年）

表8　成型苗生産システムの特徴と従来型育苗体系との比較

	成型苗生産システム	従来型育苗法（共同育苗）
育苗方法	セル成型育苗	地床育苗 箱育苗 ブロック育苗（ソイルブロック，ピートブロック） ポット育苗（単ポット，連結ポット）
育苗補助機資材材・施設	育苗トレイ 専用培地 培地詰機　　　　｝専用一体型機 播種機 覆土，灌水装置 発芽器，発芽室 養液補給および自動灌水装置 育苗台，育苗ハウス	育苗箱 育苗ポット ソイルブロックマシーン 土詰機 灌水装置 育苗ハウス
苗生産の特徴	均質苗の簡易大量生産 計画生産 集中管理による労力軽減および生産コスト低減 培地条件および養液による積極的な苗質制御	自家生産（稚苗の共同育苗および一部委託，購入） 多種類の育苗方法の展開 （各生産形態に適合した苗質評価および健苗の育成）
苗れのに流伴通う変化とこ	苗への付加価値を高める バイオナーサリー等への応用 統一した苗質の評価 苗の輸送，保存 苗の販売	
生ぼ産す構影造響におよ	苗の購入 分業化 労力の軽減 規模拡大 定植方法の改善（定植機の導入等） 一般管理および収穫等他作業の体系化とシステム化志向の誘起	

60

3 セル成型苗生産

苗を生産現場において有効に利用するためには，定植適期の設定，定植時のかん水など，受け入れ側における技術的な配慮も重要である。

また本技術は育苗部門としてのみではなく，その後に続く移植機との連動性[14]や収穫までを含めた生産全体の中で評価すべきもの[15]であると考えられる。

文　献

1) 安藤敏夫，新しい育苗システムの登場，農耕と園芸，4, p.120-121(1988)
2) 安藤敏夫，アメリカのプラグ苗生産①，農耕と園芸，5, p.165-167(1988)
3) 安藤敏夫，アメリカのプラグ苗生産②，農耕と園芸，6, p.171-173(1988)
4) 塚田元尚ら，レタスの簡易大量育苗法，長野野菜花き試研報，5, p.25-38(1989)
5) 塩川正則ら，トマトの簡易大量育苗法，長野野菜花き試研報，6, p.9-16(1991)
6) 崎山亮三，園芸用育苗資材・装置利用の手引，日本施設園芸協会，p.73-74(1990)
7) 宍戸良洋，セル成型苗利用の現状と問題点，日種協育種技術研シンポジウム，p.143-149(1989)
8) 崎山亮三，園芸用育苗培地利用の手引，日本施設園芸協会，p.3-5(1990)
9) 高橋ら，温床床土に関する研究，園学雑，34(3)，p.208-211(1965)
10) 伊東秀夫，園芸作物の発育並結実と土質との関係，園学雑，15(3)，p.89-96(1944)
11) 荒木浩一，野菜の育苗と生産培地の理化学性，農及園，55(6)，p.775-778(1980)
12) 長野県，長野県地中海沿岸諸国野菜花き遺伝資源探索団報告，13-23(1985)
13) 長野県，長野県野菜育苗システム欧州調査団報告，7-56(1988)
14) 山本健司，野菜用プラグ移植機の現状，苗生産システム国際シンポジウム第3回講演会資料，p.33-43(1991)
15) 塚田元尚，セル成型苗による野菜の簡易大量育苗法，日種協育種技術研究会シンポジウム，p.151-162(1989)

4 コート種子生産システム

柑本 進[*]

4.1 はじめに

コート種子（Coated Seed または Pelleted Seed）とは，乾燥後微粒化した粘土，火山灰土，木粉等の無機物または，有機物で，種子を被覆造粒して，大きくかつ表面を滑らかにしたものである。

コート種子の最大の目的は，播種しやすくすることであり，これにより播種や間引きの労力や時間を短縮したり，苗の間引き傷みを軽減したり，貴重な種子を節約したりのメリットが生まれる。

それ故，コート種子の種苗生産への利用はすでに相当進んでおり，今後ますます拡大するものと期待されている。

しかし，種子を被覆造粒してコート種子とすることは，発芽の面から見れば，種子の表面に余分な物を被せることになるので，発芽が遅れる，発芽率が低下する等のマイナス面が現れやすい。

コート種子にとっては，このマイナス面をいかに少なくし，プラス面をいかに付与するかという点が重要であって，そのためのより良いコート材料，糊材，造粒プロセス等を求めての改良がコーティング技術の歴史と言える。

現在，国内のコート種子メーカーは，自社技術を開発するか，外国から技術を導入するかしているが，技術内容については，各社共ノウハウに属するものとして，ほとんど明らかにされていない。

そのため，ここでは，筆者らが開発した「住化式コート種子」を中心にコーティング技術の実情および利用状況について述べる。

4.2 コーティング対象種子

コート種子の対象は，表1に示す通りレタス，キャベツ等の野菜の他，ペチュニア等の花種子や一部樹木の種子まで広がっているが，実用化の早さという観点からは，①裸種子のままでは小さすぎるとか，形状がいびつで正確に播種しにくい種子，②発芽力が強く，コーティングして一粒播種したときに欠株になりにくい種子，③種子が高価で節約メリットが出やすい種子，といった条件に良く当てはまるものほど，普及が早いと言える。

また，栽培様式によってもコーティング化の適否が分かれる。ペーパーポット，プラグトレイ等によるポット育苗に向いたものや，直播栽培でも一定の正確な株間隔に点播することにより，間引き作業の省力化や，間引き傷みを軽減して秀品率向上に直結する，といった栽培様式のものでは，コート種子のメリットが大きく，普及に適していると言える。

---

* Susumu Kojimoto　住友農業開発㈱　営業本部

4 コート種子生産システム

表1 コート対象種子

種子の大きさ	～50粒/g	50～500粒/g	500～5,000粒/g	5,000～50,000粒/g	50,000粒/g～
野菜	キュウリ 西瓜 南瓜 メロン スイートコーン	白菜 甘藍 大根 蕪 ブロッコリー カリフラワー 中国菜 野沢菜 壬生菜 玉葱 葱 ニラ トマト ピーマン 茄子 牛蒡 法蓮草 アスパラ	レタス 人参 セルリ パセリ 春菊 みつば シソ		
花卉		サルビア アネモネ コスモス カーネーション バーベナ デルフィニュウム	コリウス インパチェンス アスター エーデルワイス パンジー ヘリクリサム ストック スターチス	ペチュニア プリムラ りんどう カルセオラリア トルコ桔梗 松葉牡丹	ベゴニア 夕霧草
工芸作物		シュガービート		タバコ	
穀類	小麦 大豆	稲			
樹木種子		松 杉 檜 モチ			
雑草	（コウボウ麦 浜昼顔 浜ぼう 浜ぼうふう よし すすき チガヤ かものはし ねこのした 岩垂草）				

　現状では，レタス種子のコート化が最も進んでおり，ニンジン，ハクサイ，キャベツ等がこれに次いでいる。また，微小な種子の多い花では，今後次第に実用化が進むものと期待されている。

4.3 コート種子に要求される性能
4.3.1 一粒一種子のコーティング
　コート種子は一粒のコート種子の中に一粒の種子が包蔵されているのが原則である。

　粒径の小さな種子や異形種子では，種子同士が付着しやすく，一粒のコート種子中に二粒以上の種子が包蔵されて"団粒"化を起こしやすいため，その防止に独特の技術が必要になる。

　他方，これとは逆に，採種後の種子の調製が不十分な場合には，花器の一部や茎の残骸などの夾雑物がコーティングされたり，あるいはコーティング技術の未完成度によっては，外観上は同一でも全く種子を内蔵していない"種無し"が発生することがある。これらの場合，播種した場所は当然，発芽せず欠株となる。

　団粒も種無しもなくて，100 ％が一粒一種子であることが，間引きや補植の手間を考えると必須と言える。

4.3.2 コート倍率と強度
　裸種子に対するコート種子の重量倍率をコート倍率という。コート倍率が小さい場合には，コート層の薄いコート種子が仕上がる。コート層が薄過ぎると強度が小さくなり，輸送中や播種作

業中にコート層にヒビが入ったり，割れたりすることがある。

しかし，コート層の厚みが十分であっても，コーティング技術によっては，コート層の圧縮強度や耐摩耗性に差が生じる。他方，一般的にはコート層が厚くなるほど，また，コート層が硬くなるほど，コート種子の発芽は悪くなる傾向にある。

したがって，発芽性能が良く，輸送や播種作業に支障の起こらない十分な強度がないと，実用的なコート種子とは言い難い。

また，コート種子としては機械播種適性の良いことが大切で，表面が滑らかで全体に丸みがあり，しかも粒径のバラツキが少なく，一定の範囲にきちんと収まっていることが大事である。

4.3.3 発芽性能

コーティング技術により発芽性能に大差が生じる。また同じコーティング技術でも，種子の発芽力（Vigour：種子の活力）の強弱により，発芽率低下や，発芽遅れへの影響の現われ方が異なる。例えば発芽力の強いハクサイのコート種子の場合には，発芽遅れはほとんど認められないが，発芽力の弱いニンジンのコート種子では，裸種子に対し発芽は1〜2日遅れることがある。また，セルリー種子のように発芽力が弱く，粒径の小さな種子では，発芽率自体にも低下が見られることが多い。

いくら他の性能が良くても，発芽性能が実用上許容される範囲になければ，種子としての用をなさない。一般に畑での発芽条件は発芽試験法で定められた条件よりかなり悪く，土質や管理方法，温度条件等の影響が大きいため，このような環境にも耐え得る，発芽性能の良いコート種子はコーティング技術にとって，最重要課題である。

4.3.4 保存性

発芽性能が，出荷後，一定期間は低下しないことが要求される。原則的には裸種子と同程度の保存性能が必要であり，また裸種子同様，保存条件によって種子の寿命が変わることも事実であるが，保存性に及ぼすコーティング技術の影響も大きく，この面からもコート種子の良否が問われる。

4.3.5 異種子混入の防止

コート種子は一定の粒径規格に揃えられるので，万一，他の種類や品種の種子が混入すると，外見からは区別がつかなくなる。

したがって，混入防止のためには，受け入れから出荷までの管理に細心の注意を払い，異種子混入絶対皆無のシステムを構築する必要がある。

4.4 住化式コート種子

4.4.1 種子の種類と規格

「住化式コート種子」は表2に示すように，粒径範囲別に5種類の基本規格が定められてあり，

4 コート種子生産システム

各規格に対応する種子の種類は表3に示す通りである。
　もちろん，いずれのコート種子も一粒に一種子が包蔵されており，全て表面が滑らかな丸みのある球状ないしラグビーボール状に整形されている。

表2　住化式コート種子の基本規格

規格	単位	SS	S	L	LL	LLL
呼称寸法	mm	1.5～2.0	2.0～3.0	2.5～3.5	3.5～4.5	4.5～6.0
圧縮強度	g／粒	200～300	200～300	300～500	400～600	400～600
概略粒数	1,000粒／L	210	55	28	18	9

表3　住化式コート種子の規格と対象種子

規格	SS	S	L	LL	LLL
対象種子	セルリー ペチュニア トルコギキョウ	レタス パセリー	レタス ハクサイ キャベツ ブロッコリー カリフラワー カブ ニンジン 中国野菜	ネギ タマネギ ニラ トマト ナス	ダイコン ゴボウ ピーマン キュウリ

　また，強度も，輸送や機械播種に支障のない十分な圧縮強度を有するように配慮されている。
　「住化式コート種子」には，吸水して発芽する際のコート層の状態の相違により，大別して，①クラックタイプ，②崩壊タイプ，③膨張タイプの3種類のタイプがある。これは使用されるコート材料，コーティング加工機械によって変わるものであり，どのタイプでコーティングを行うかは，裸種子の発芽特性やコート種子が使用される栽培条件等により選択される。

4.4.2　住化式コート種子の発芽性能
(1)　幅広い水分条件下での発芽安定性
　「住化式コート種子」は，コート層に吸水性，通気性の調節機能を持たせてあるため，育苗床の乾燥気味から過湿状態までの幅広い水分条件下で安定した発芽が得られる。
　その一例として，図1に過湿に弱いとされるタマネギの発芽試験結果を示す。裸種子は適正水分条件下では90％強と高い発芽率を示すが，過湿条件下では大幅に発芽率が低下し60％程度となるのに対し，コート種子では過湿条件下での発芽率の低下がほとんどない。
　畑における土壌水分は，降雨により大きく支配されるし，育苗ハウス内でも育苗床の水分は，灌水量や用土，天候により変化して，適正水分条件下に保つことは容易でない。したがって，コ

ート種子が広い水分条件下で発芽が安定していることの実用上のメリットは大きい。

(2) 幅広い温度条件下での発芽安定性

「住化式コート種子」は，コーティング技術等に工夫を加え，苛酷な温度条件下でも発芽が安定するように努力を重ねている。

図2は高温での発芽に苦労を要するレタスにおける置床2日後の発芽率であるが，裸種子に比し，格段に発芽温度範囲が広がっており，35℃の高温でも90％以上の発芽率が得られる。裸種子の場合，これまで高温時の発芽を確保するために，低温処理や催芽処理等が施されていたが，これらの播種，育苗には多大の労力を要しており，「住化式コート種子」の持つ意義が大きい。

しかし，一般に種子はその種類，品種によって，様々な発芽特性を有するため，上述の効果が出にくいものもあり，今後の課題でもある。

4.4.3 住化式コート種子の保存性

「住化式コート種子」の各種子の各種条件における保存1年後の発芽性能を表4に示した。

この表から高温度，高湿度の保存条件下では，やはり裸種子同様発芽率の低下が見られるが，総じて，裸種子と同等以上の保存性を有していると言える。

好適な保存条件も裸種子の場合と同じであり，温度よりも湿度の方が影響が大きい。この表からもわかるように，湿度が60％以上のときは，20℃で保存していても1年後には発芽率が大幅に低下しているのに対し，乾燥空気と共に缶詰や二重のポリ袋等で密封しておけば，夏季には35℃以上にもなるような室内の1年経過後でも，発芽率は低下していない。

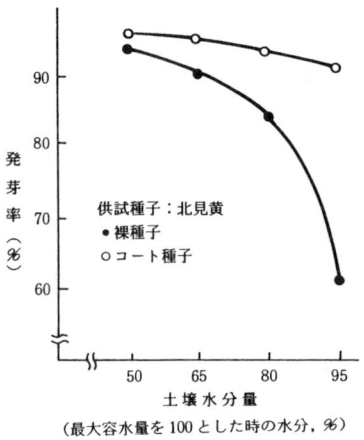

図1 タマネギの土壌水分別発芽率

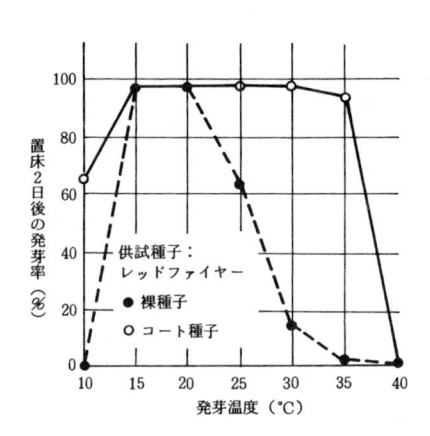

図2 レタスの温度別発芽率

4 コート種子生産システム

表4 住化式コート種子の保存性

種類 (品種)	区分	当初		1年後							
				20℃40%保存		20℃60%保存		室内放置(開放)		室内放置(密閉)	
		発芽勢	発芽率	発芽勢	発芽率	発芽勢	発芽率	発芽勢	発芽率	発芽勢	発芽率
レタス (GL-54)	裸種子	95	97	93	96	0	0	0	0	88	92
	コート種子	95	97	94	97	2	21	37	83	88	92
ハクサイ (耐病60日)	裸種子	99	99	100	100	97	98	98	99	98	98
	コート種子	99	99	99	99	99	99	98	98	99	99
キャベツ (YR錦秋)	裸種子	85	90	84	89	43	61	72	75	80	85
	コート種子	84	91	84	90	52	70	80	85	82	88
ニンジン (いなり五寸)	裸種子	73	84	70	84	2	60	34	70	67	82
	コート種子	63	84	63	83	33	73	29	75	56	81
タマネギ (札幌黄)	裸種子	95	95	94	95	15	84	43	84	91	95
	コート種子	94	96	95	95	40	87	61	91	94	96

4.5 栽培への適用とメリット

4.5.1 レタス

野菜王国と呼ばれている長野県を中心に今やコート種子は全国各地で広く採用されているが,その原動力になったのは昭和55年～56年度の長野県野菜花き試験場を中心とした,コート種子利用技術試験の成果[1]にあると言えよう。

慣行法は,裸種子を育苗床に散播した後,育苗箱に鉢上げするか,裸種子を3～5粒程度指でつまみ,育苗箱の1穴毎に手播きする方法であり,鉢上げや間引きの手間が大変であったが,表5に示すように,コート種子の利用で播種,間引き時間が大幅に短縮され,生育,収量においても表6に示すように,何ら問題のないことが実証された。

その後,穴数の多い小苗用のポットが使用され始めた。若苗でも活着が良く,生育,収量とも良好である他,資材費と人件費を合わせた苗の生産費が慣行より安く,苗の運搬や定植作業も容易であることから,プラグ育苗,種苗工場へと発展しつつある。

4.5.2 キャベツ

代表的な慣行栽培法では,まず10a当たり60mlの裸種子を,約1m幅の播種床に条播,もしくは散播し,播種後厚播きの所は適当に間引きを行う。播種床の面積確保の関係とか,大苗指向の有無とかにより,仮植する所としない所がある。その後,25～30cm間隔に,4,000～5,000本／10aを定植する。

第4章 種苗工場技術システム

表5 育苗箱におけるレタスの播種方法と作業時間

	試 験 区	目標播種粒数	播種時間(min)						間引き(移植)時間	合計	対比
			土つめ	溝つけ	播種	補播き	覆土・沈圧	小計	対比			
1	裸種子 慣行手播き	6～8	86	64	178	0	27	355	100	1,284	1,639	100
2	コート種子 単粒手播き	1	86	64	133	0	27	310	87	0	310	19
3	コート種子 単粒機械播き	1	86	64	36	2	27	215	60	0	215	13
4	裸種子 移植鉢上げ	－	86	64	28	0	27	205	58	54	259	16

注) マメトラやさい育苗箱レタス用33mm角128鉢で調査し10a当たりに換算。

表6 育苗箱におけるレタスの播種方法が定植後の生育収量に及ぼす影響

	試 験 区	外葉数	外葉重	1球重	同左 CV	球径		球径比	球緊度	時期別収穫率（％）			
						縦径	横径			6/12	6/15	6/17	6/19
			g	g	%	cm	cm						
1	裸種子 慣行手播き	9.9	411	571	19	14.9	15.6	0.96	37	27	73	70	0
2	コート種子 単粒手播き	11.3	418	566	21	14.3	15.6	0.91	37	38	62	60	0
3	コート種子 単粒機械播き	10.1	400	612	19	14.5	15.3	0.95	41	52	48	40	0
4	裸種子 移植鉢上げ	9.9	351	591	15	13.9	16.3	0.86	39	0	0	62	38
LDS（5％）		NS	NS	NS	NS	NS	NS	NS	NS	－	－	－	－

注) 球径比 = 球縦径/球横径　　球緊度 = 球重×2/(球縦径+球横径)

コート種子利用のメリットは，よく揃った形状に種子が加工されているために，正確な機械播種ができる点にあり，播種床用コート種子専用播種器を利用すれば，一定間隔に簡単に播種できる。こうすることにより，間引きは全く不要になり，発芽した苗はムラなく生育するため，必要苗数を多少上回る程度に播種すればよく，種子節約の他，定植時の苗選び作業も省ける。

最近はコート種子利用の産地が急増しており，ブロッコリー，カリフラワー他のブラシカ類にも波及しつつあり，種苗工場への方向でもある。

4.5.3 ニンジン

ニンジンは一般に発芽率が低く，畑で40～60％の発芽率があれば良く生えたと見られるのが普通であり，慣行栽培ではすじ状に厚播きして，発芽した多数の苗を適当な間隔になるよう間引いている。しかも，この間引き作業は，発芽後に立枯れ等が生じて欠株になるおそれや，間引き傷みを低減するために，適期に2～3回に分けて行うこともあり，大変な労力である。

コート種子の場合，慣行播種量の1.5L/10aに対し，1株当たり3～5粒（約1.5L/10a）を機

4 コート種子生産システム

械点播すればよく，間引き作業は大幅に低減でき，省力化が可能となった。
　北海道立中央農業試験場および富良野地区農業改良普及所での昭和59年～60年度の実証試験データー[2]によれば，図3，図4に示す通り，コート種子は裸種子に比し，発芽率，株立率ともに極めて高く，規格内収量，規格内株率ともはるかに勝っている。

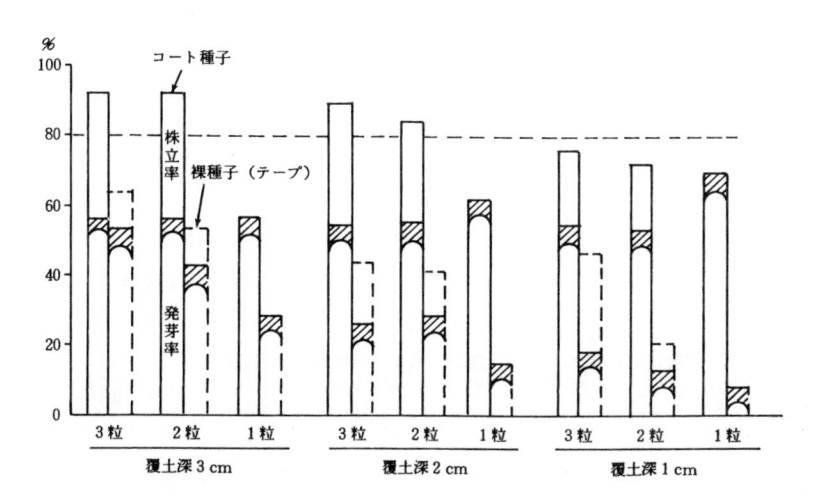

図3　播種粒数，覆土深さを変えた場合のニンジンの発芽率，株立率

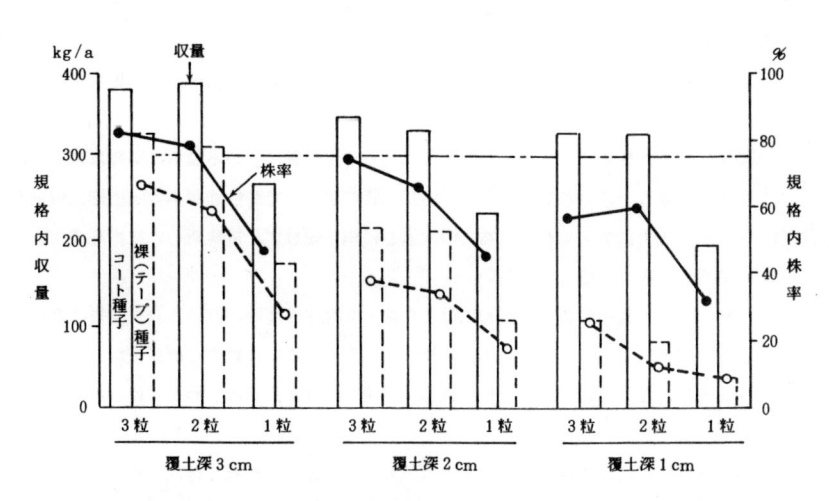

図4　播種粒数，覆土深さを変えた場合のニンジンの規格内収量，規格内株率

その結果，今では徳島県，千葉県，埼玉県，青森県，北海道等全国主要産地にコート種子利用が定着した。

4.5.4 ダイコン

株間隔の広いダイコンではコート種子専用の精密播種機による2～3粒播種法が広がりつつあり，種子量の節約，間引きの省力化に役立っている。マルチ栽培にも使用され，好評を得ている。

4.5.5 果菜類

トマト，ナス，ピーマン等の果菜は，箱あるいは育苗床へ散播し，ポットに鉢上げする方法がとられている。最近では，農協の育苗センターの加温設備等を利用した共同育苗も多くなっている。

果菜類の種子は偏平なものが多く，一度に多量の苗生産をする共同育苗では，能率が悪い。

このような場面で，コート種子を利用すると，播種作業が従来より大幅に短縮され，なおかつ一定間隔に播くことができるので，苗立率の向上が見られ，需要が増えつつある。

また，発芽改良技術の開発と共に，種苗工場での本格採用も大いに期待できる。

4.6 おわりに

コート種子もこの数年で，やっと実用化段階に入ったが，まだその価値が生産者に十分理解されるまでに至っていない。

これまで実用化されていない種類の野菜，花，工芸作物等の中にも，コート種子の利用で，経営上有利になる作物は多いと思われる。

コート種子の普及に伴い，それを前提とした省力的な新しい栽培技術体系が今後も生まれてこよう。

コート種子は種子代を含めても，多くの野菜にとって生産費に占める費用の割合はごく小さく，かつ大幅な省力効果等が得られる。しかし，もし品質が悪く，発芽性能が不安定で畑に何割もの欠株が出るということにでもなれば，被害の大きさは測り知れず，折角新しい技術を導入しようとしていた産地の試みも挫折しかねない。

したがって，コート種子の普及のためには，今後とも発芽性能等が確認された品質の高いコート種子を安定して供給していくことが第一の課題と言える。第二に精密な播種機など，コート種子のメリットを生かせる周辺技術，資材，機器が発達し，うまく組み合わせて使われることが大切である。

さらにコート種子には元の裸種子のままでは望めない積極的な価値を付加できる可能性がある。殺虫・殺菌剤を加えて稚苗を守ったり，肥料を加えて生育を健全に促進したり，ホルモン剤を混入して発芽を斉一に促進したりする技術がそれである。

4 コート種子生産システム

　これらの技術は理論的には可能であり，すでに実用化されているものもあるが，元種子の種類，品種による反応が異なり，畑の環境状態も多様であるため，安全第一に，種子生理面でのより深い検討や幅広い環境条件での反復テスト等を経て，実用化することが望ましい。

　さらにまた，以上の努力の結果として，来るべき本格な種苗工場時代には，コート種子が欠かせぬ生産資材として，利用されていることを期待したい。

文　　献

1) 　大谷英夫，丸山　進ほか，長野県野菜花き試験場報告第2号，17(1982)
2) 　北海道立中央農業試験場園芸部花きそ菜科，上川支所富良野地区農業改良普及所，ニンジンコート種子（住化式）に関する試験（1984－1985）

5 水稲育苗システム

石堂恒通[*]

5.1 はじめに

現在,わが国の稲作は,米消費の低迷による転作の増加や,米価の切り下げなど極めてきびしい情勢下にあって,大幅な生産性の向上が求められている。特に水稲育苗施設はこの情勢を打開する米低コスト生産対策の一環として,全国に広く普及している上,今後さらに多目的育苗施設による合理的利用,コスト低減による運営が求められている。

本節では,水稲育苗施設の基本的知識として,育苗の準備とシステム設計に関して解説する。育苗の準備とは床土の選定なども,苗箱の準備についてであり,システム設計においては実際的な数値をもとに,その概略を示す。

5.2 育苗の準備(図1)

(1) 床　土

健苗作りの成功,不成功は床土に起因する場合が多いので床土の選定に当たっては十分注意する必要がある。

①床土の選定基準

1) 採土
- 採土は前年の夏から秋にかけて行い雨にぬらさないよう格納する。
- 土は山土が最適で有機質のない,保水力がよく,乾いてもかたく固まらない酸性土がよい。
- 土は過去において実績のあるものを優先し採土する。
- 採土箇所は5~6箇所としこの中から優良土を選定する。

2) 粘土含量

15~35%の壌土を最良とする。

3) 土粒

床土は4~5メッシュの範囲を最良とする。

4) 床土pH

4.5~5.5の範囲を最良とする。

5) 土の乾燥
- 全自動播種プラントに使用する床土水分は20~25%,覆土水分20%以下に乾燥する。

6) 砕土選別
- 粒径5mm以下を標準とする。

---

* Tsunemichi Ishido　井関農機㈱　プラント事業部

5　水稲育苗システム

育苗の準備

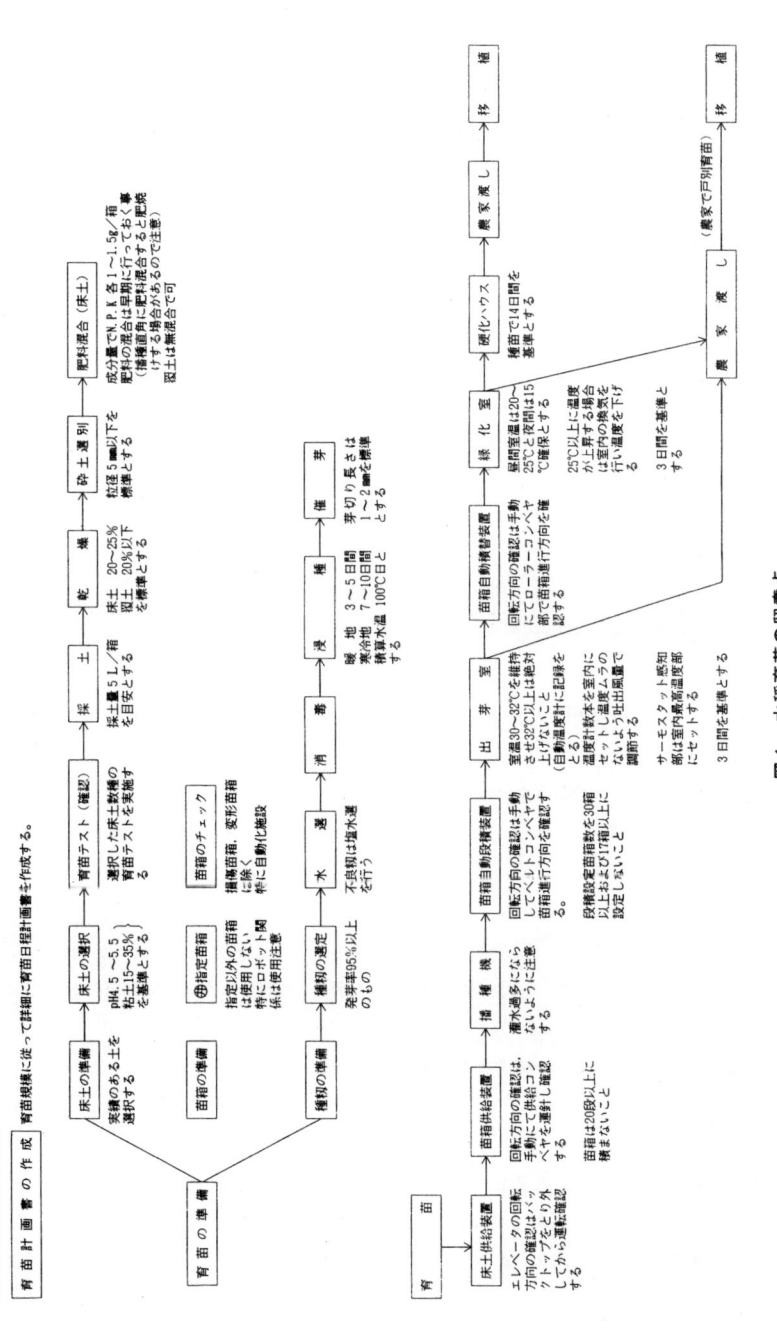

プラント設置場所の注意点　日照時間を考慮できるかぎり、南北向に建設する。

育苗計画書の作成　育苗機構に従って詳細に育苗日程計画書を作成する。

床土の準備 → 床土の選択 → 育苗テスト（確認） → 肥料混合（床土）

- 実績のある土を選択する
- pH4.5〜5.5 粘土15〜35% を基準とする
- 選択した床土と肥料の育苗テストを実施する
- 成分量でN,P,K各1〜1.5g/箱 肥料の混合は早期に行っておく事（播種直前に肥料混合をすると肥焼けする場合があるので注意）　試土は無混合で可

肥料混合 → 砕土選別 → 乾燥 → 採土
- 粒径5mm以下を標準とする
- 床土20〜25% 試土20%以下を標準とする
- 採土量5L/箱を目安とする

苗箱の準備

苗箱のチェック　損傷苗箱、変形苗箱は除く 特にロボット関係は自動化施設使用時注意

種籾の準備 → 種籾の選定 → 消毒 → 浸種 → 催芽

- 指定以外の種籾は使用しない
- 発芽率95%以上のもの
- 暖地3〜5日間 寒冷地7〜10日間 積算水温100℃日とする
- 芽切りの長さは1〜2mmを標準とする

育苗

床土供給装置 → 苗箱供給装置 → 播種機 → 苗箱自動段積装置 → 出芽室 → 苗箱自動積替装置 → 緑化室 → 硬化ハウス → 農家渡し → 移植

（農家で戸別育苗）→ 農家渡し → 移植

- **床土供給装置**：エレベータの回転方向の確認はバケットを手でとり外してから運転確認する
- **苗箱供給装置**：回転方向の確認は手動にて供給コンベヤを運転して確認する。苗箱は20段以上積まないこと
- **播種機**：雨水過多ならないようにコンプレッサーに注意する
- **苗箱自動段積装置**：回転方向の確認は手動してください。コンベヤ部で苗箱進行方向を確認する。段積設定苗箱数を30箱以上および17箱以上に設定しないこと。
- **出芽室**：室温30〜32℃を維持させ32℃以上は絶対上げないこと。温湿度計にて記録をとる。サーモスタット感知部は室内標準温度部にセットする
- **苗箱自動積替装置**：回転方向の確認は手動にてローラーコンベヤ部で苗箱進行方向を確認する
- **緑化室**：昼間室温は20〜25℃と夜間は15℃で確保とする。25℃以上に温度が上昇する場合は室内の換気を行い温度を下げる。3日間を基準とする
- **硬化ハウス**：稚苗で14日間を基準とする

図1　水稲育苗の留意点

7) 肥料混合（床土）
 ・成分量でN.P.K各1～1.5g／箱
  肥料の混合は早期に行うようにする。
 (2) 苗箱の準備
 ①苗箱のチェック
1) 損傷苗箱，変形苗箱は事前に取り除く。
 (3) 種籾の準備
 ①種籾の選定
1) 種苗産の良質なものを入手する。
2) 品種数は育苗プラントの効率を高めるためできるだけ統一する。
3) 品種の奨励品種の中から下記に該当するものを選定する。
 ・熟期の早い品種
 ・倒伏難の品種
 ・耐病性品種
4) 水選
 ・不良籾は塩水選を行う。
5) 消毒
 ・地域にあった消毒を行う。
6) 浸種
 ・籾をくさらせない清水で十分行う。
 ・暖地3～5日間
 ・寒冷地7～10日間
  積算水温100℃
7) 催芽
 ・催芽は発芽を早め，かつ均一な出芽を促す。特に，若苗のような短期育苗においては欠くことができない作業である。
 ・芽切り長さは1～2mmを標準とする。

5.3 育苗

本番作業に入る前に必ず最低1回はテスト播を実施し，最終確認する。
この時設置側の育苗責任者（オペレータ）の教育を実施する。
作業（播種）の流れは図2を参照。

5 水稲育苗システム

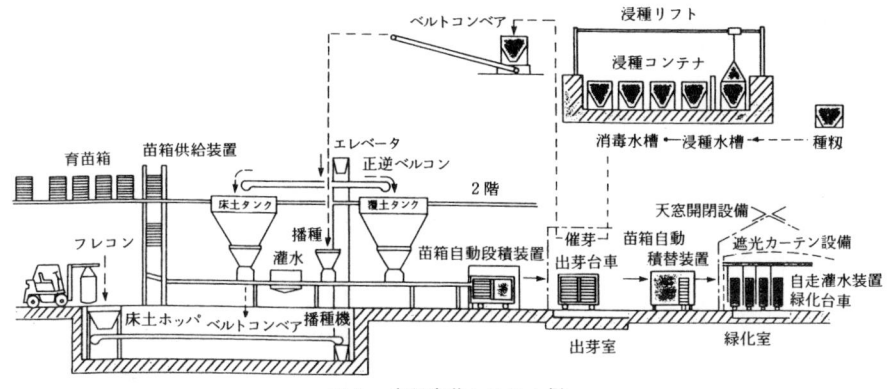

図2 水稲育苗システム例

5.4 水稲育苗システム設計

(1) 種籾のかさ比重

乾 籾　0.54kg/L

催芽籾　0.625kg/L

催芽籾は，元の乾籾（重量，容量とも）の(20)～25％増加するものとする。

(2) 水槽数の計算

a. 水槽容量は種籾容量の2倍を原則とする。ただし種籾かさ比重を0.54kg/Lとする。台数に端数が出る場合は1.75倍までを使用可能として台数の調整を行う。

b. 水槽数の求め方

b-1　浸種コンテナー数（A）

（コンクリート水槽にて浸種・消毒，出芽室にて催芽，種籾供給コンベヤを使用）

浸種～消毒～催芽～播種期間内の播種日数（B）に1日当たりの必要台数（C）を乗じる。

$$A台 = B台 \times C台／日$$

b-11　コンクリート水槽数（A）

浸種～消毒期間の播種日数（B）に1日当たりの必要水槽数（C）を乗じる。

$$A槽 = B日 \times C槽／日$$

ただし浸種水槽を1槽（仕切りなし）消毒水槽を1槽の計2槽としても可。

b-2　ビニール水槽数（A）

（水槽にて浸種・消毒・緑化台車にて出芽室で催芽）

浸種～消毒期間内の播種日数（B）に1日当たりの必要台数（C）に乗じる。

また，播種機用として必要台数（D）を加える。

$$A台 = B日 \times C台／日 + D台$$

第4章 種苗工場技術システム

表1 育苗計画表（美濃池田町農協共同育苗施設）

☆-☆：塩水消毒2日間　○-○：浸種作業3日間　◎：催芽作業2日間　●：播種作業6時間　▲-▲：出芽2.5日～3日　□-□：緑化2.5日～3日　◇-◇：硬化16日

5　水稲育苗システム

1. 対象規模　150ha
2. サイクル数　6サイクル
3. 育苗箱数　18箱/10a×150ha＝27,000箱
4. 種籾量　200g/箱×27,000箱＝5,400kg
5. 播種計画

サイクル(回)	播種(回)	育苗箱(箱)	種籾量(kg)	植付面積(ha)
1	1	2,250	450	12.5
1	2	2,250	450	12.5
2	3	2,250	450	12.5
2	4	2,250	450	12.5
3	5	2,250	450	12.5
3	6	2,250	450	12.5
4	7	2,250	450	12.5
4	8	2,250	450	12.5
5	9	2,250	450	12.5
5	10	2,250	450	12.5
6	11	2,250	450	12.5
6	12	2,250	450	12.5
計		27,000	5,400	150

6. 床土・覆土量　2.5kg/箱×27,000箱×1.05＝70.9ton
　　(1.05: 損失を考慮)

7. 水槽　900kg/サイクル÷0.54kg/L＝1,667L/サイクル
　水槽容量は種籾容量の約2倍とすると
　1,667L/サイクル×2＝約1,000L/台×4台/サイクル
　浸種・消毒の日数は5日間必要となるので
　2台/サイクル分必要として2台
　4台/サイクル×2サイクル＝8台
　播種機通水用として2台
　合計:10台

8. 播種機　播種時間を7時間/日とすると
　4,500箱÷7÷0.9＝952箱/h →1,000箱/h
　(0.9:作業効率)

9. 床土・覆土タンク　播種機1時間分の容量とすると
　床土タンク＝1,000箱×2kg/箱÷1ton/m³＝2m³
　覆土タンク＝1,000箱×0.5kg/箱÷1ton/m³＝1m³
　(0.5m³→1m³)

10. 出芽台車　4,500箱÷120箱/台＝38台

11. 緑化台車　4,500箱÷40箱/台＝114台(偶数とする)

12. 暖房機
　(出芽室)
　設計条件
　　外気温度 …… 5℃
　　設定温度 …… 32℃
　　温度差 …… 27℃
　　(体積) …… 114.6m³ (1室分)
　　表面積 …… 95m² (1室分)
　　床面積 …… 45.8m² (1室分)
　　台車数 …… 19台 (1室分)

　Q_1…発芽に要する熱量
　　13.05kcal/h℃/台×19℃×27℃＝6,695kcal/h
　　(13.05kcal/h℃…1台当りの所要熱量)
　Q_2…出入口開時による熱損失
　　0.3kcal/m³h℃×114.8m³×1回/h×27℃＝928kcal/h
　　(0.3kcal/m³h℃…空気の比熱)
　Q_3…室内への熱損失
　　表面への熱損失
　　　2kcal/m²h℃×95m²×27℃＝5,130kcal/h
　　地下への熱損失
　　　2.5kcal/m²h℃×45.8m²×27℃＝3,092kcal/h
　　　(2.5kcal/m²h℃…コンクリートへの熱損)
　　$Q_3=Q_{31}+Q_{32}$
　　　＝5,130kcal/h+3,092kcal/h
　　　＝8,222kcal/h

　Q(出芽)＝$Q_1+Q_2+Q_3$
　　＝(6,695+928+8,222)kcal/h
　　＝15,845kcal/h(S＝2.0)
　　＝32,000kcal/h

　(緑化室)
　設計条件
　　外気温度 …… 5℃
　　設定温度 …… 20℃
　　温度差 …… 15℃
　　(体積) …… 1,089m³
　　表面積 …… 535m²
　　床面積 …… 294m²
　　台車数 …… 114台

　Q_1…発芽に要する熱量
　　4.35kcal/h℃/台×114台×15℃＝7,439kcal/h
　　(4.35kcal/h℃…1台当りの所要熱量)
　Q_2…出入口開時による熱損失
　　0.3kcal/m³h℃×1,089m³×1回/h×15℃＝4,901kcal/h
　Q_3…室外への熱損失
　　表面への熱損失
　　　4kcal/m²h℃×535m²×15℃＝32,100kcal/h　壁、天井への熱損失
　　地下への熱損失
　　　4kcal/m²h℃×294m²×15℃＝11,025kcal/h
　　$Q_3=Q_{31}+Q_{32}$
　　　＝32,100kcal/h+11,025kcal/h
　　　＝43,125kcal/h

　Q(緑化)＝$Q_1+Q_2+Q_3$
　　＝(7,439+4,901+43,125)kcal/h
　　＝55,465kcal/h≒75,000kcal/h(S＝1.3)

第4章　種苗工場技術システム

b-22　緑化台車（催芽用）数（A）種籾重量を（B）とすると
　　A台＝Bkg÷240kg／台
b-3　催芽機数（A）
（催芽機にて浸種・消毒・催芽を行い，脱水して播種）
浸種～消毒～催芽期間内の播種日数（B）に1日当たりの必要台数（C）を乗じる。

(3)　床土・覆土量
損失を考慮し1.05を乗じる。

(4)　播種時間
作業効率を90％とする。

(5)　緑化台車容量
下記の場合は40箱／台(150mmピッチ)を原則とする。
　　　a.　自走灌水装置を設ける時　　　b.　緑化渡しの時
これ以外は76箱／台（75mmピッチ）で可。

(6)　苗箱供給装置（BS-1000）2Fコンベア長さの求め方
1ブロック20箱積みを原則とする。
カーブコンベヤの手前までは，300mmピッチ(密着)とする。
カーブコンベヤ上には，3ブロック積載可能。
カーブコンベヤ後は，400mmピッチとする。

(7)　2F苗箱置き場の面積
平均70箱積み（積み高さ 2.1m）を原則とする。
苗箱必要面積（0.6m×0.3m／箱）に通路として20％を加える。
土供給装置（2Fタイプ）を設けた場合は，機械面積として20m²を加える。
苗箱供給装置（BS-1000，1000箱ストック）を設けた場合は，機械面積として70m²を加える。

(8)　各熱損失
　　　保温カバー方式　　2kcal／m² h ℃
　　　断熱壁出芽室　　　2kcal／m² h ℃
　　　ガラス温室　　　　4kcal／m² h ℃

(9)　緑化に要する熱量
　　　40箱／台　　　4.35kcal／h ℃／台
　　　76箱／台　　　8.27kcal／h ℃／台

(10)　暖房負荷の安全率
　　　出芽室　　1.4以上
　　　緑化室　　1.2以上を原則とする。

5 水稲育苗システム

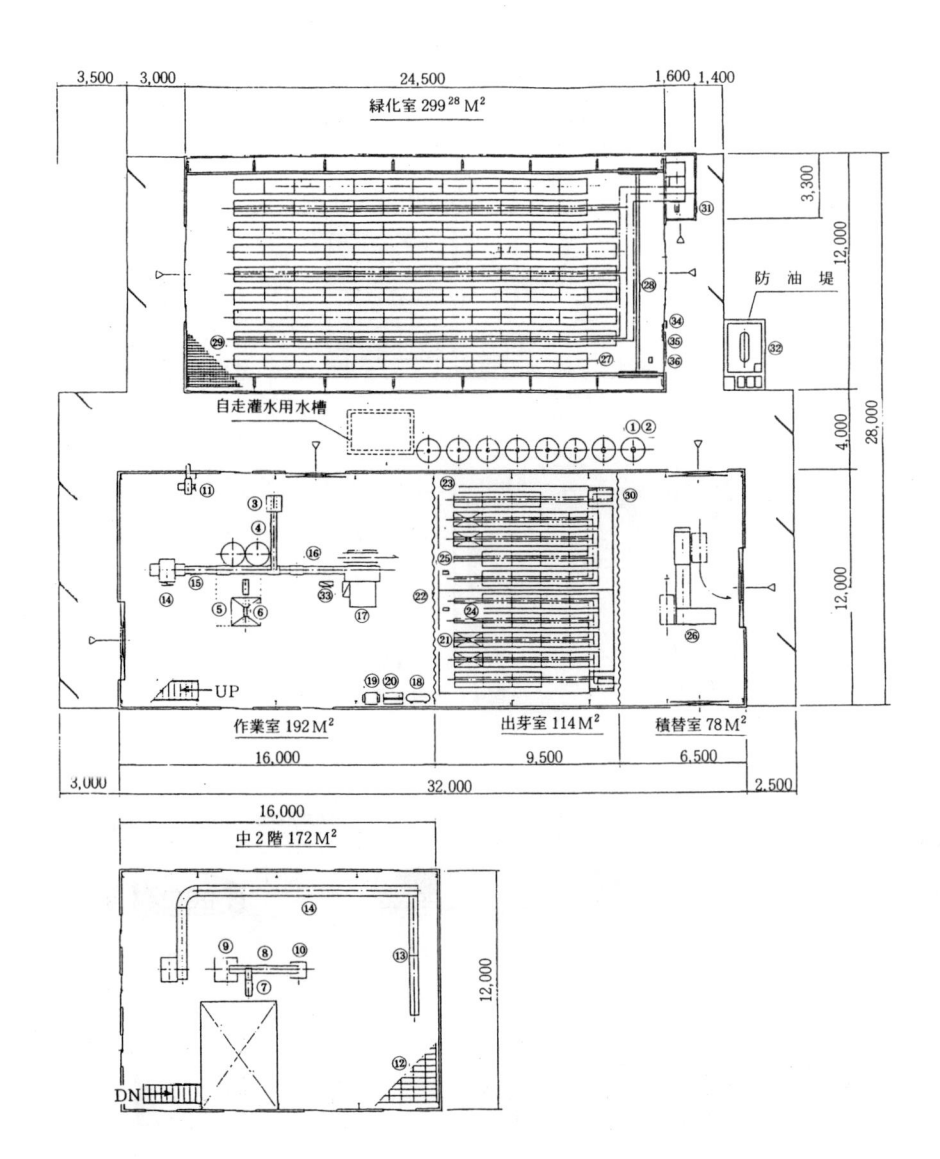

図3 機械配置図

第4章　種苗工場技術システム

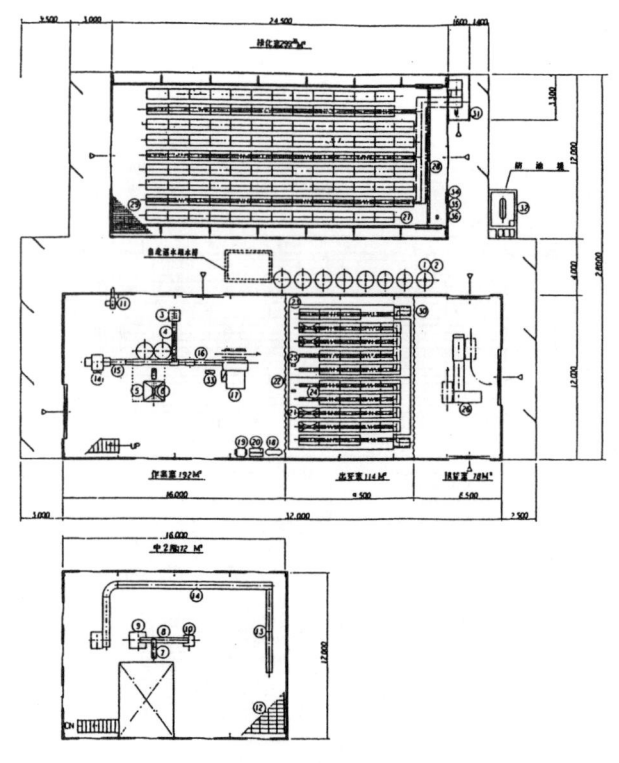

図4　機械配置図

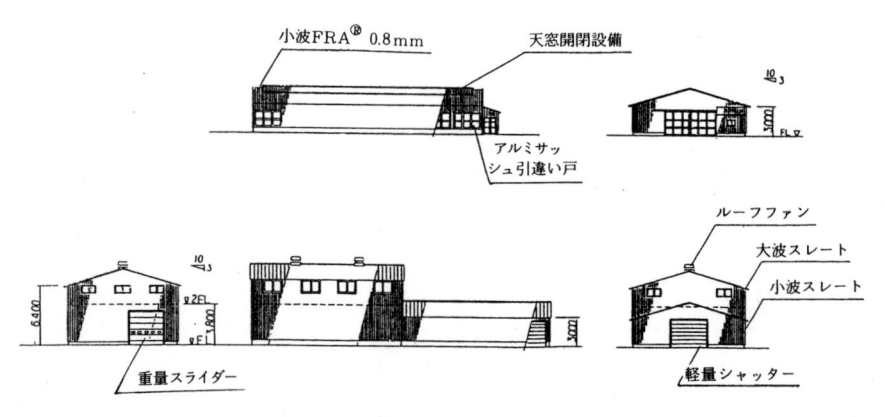

図5　建屋立面図

5　水稲育苗システム

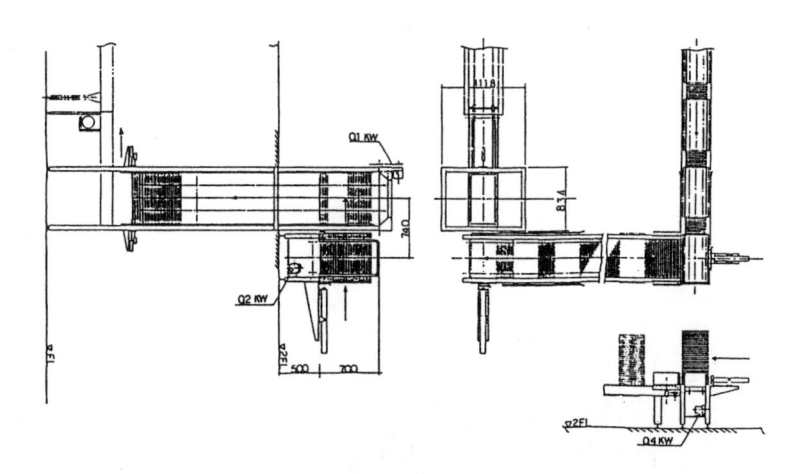

図6　苗箱供給装置（BS-1000）

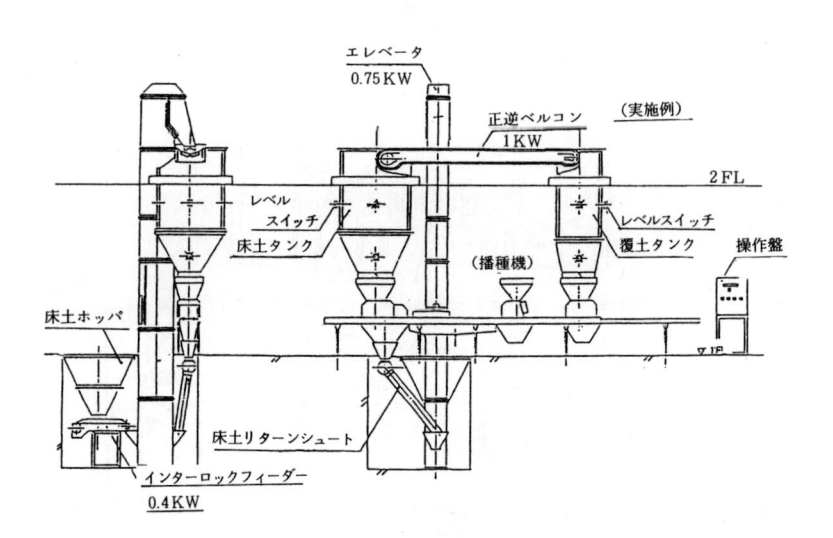

図7　土供給装置

第4章 種苗工場技術システム

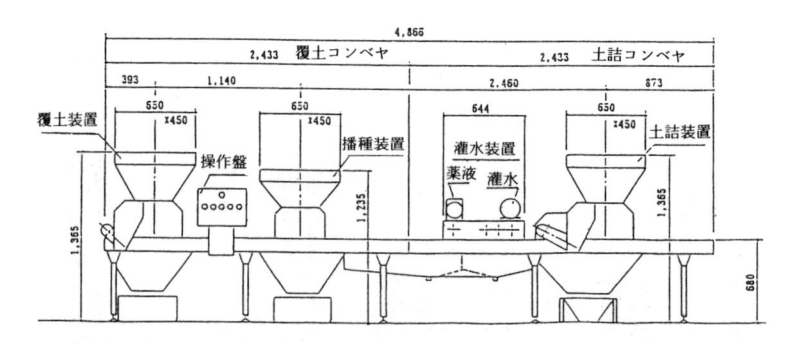

図8 播種機（HR-1000）

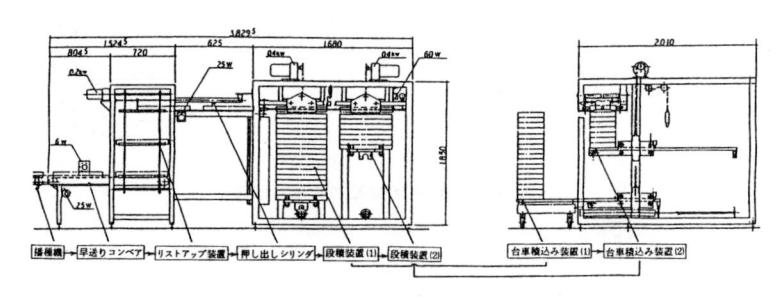

図9 苗箱自動段積装置（SP-1000S）

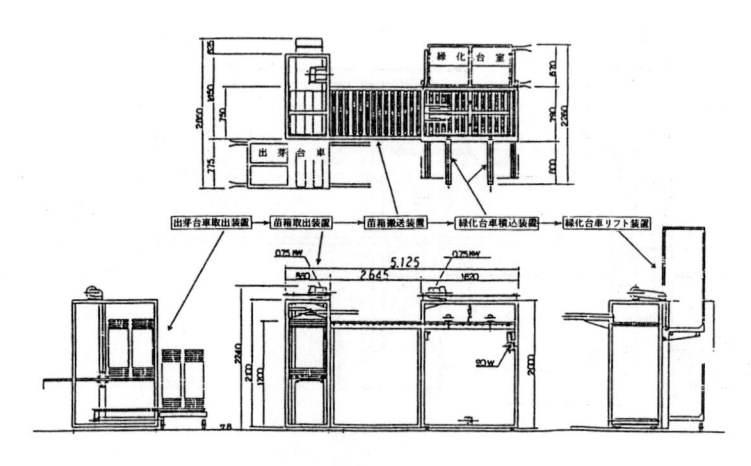

図10 苗箱自動積替装置（SPD-1000）

5　水稲育苗システム

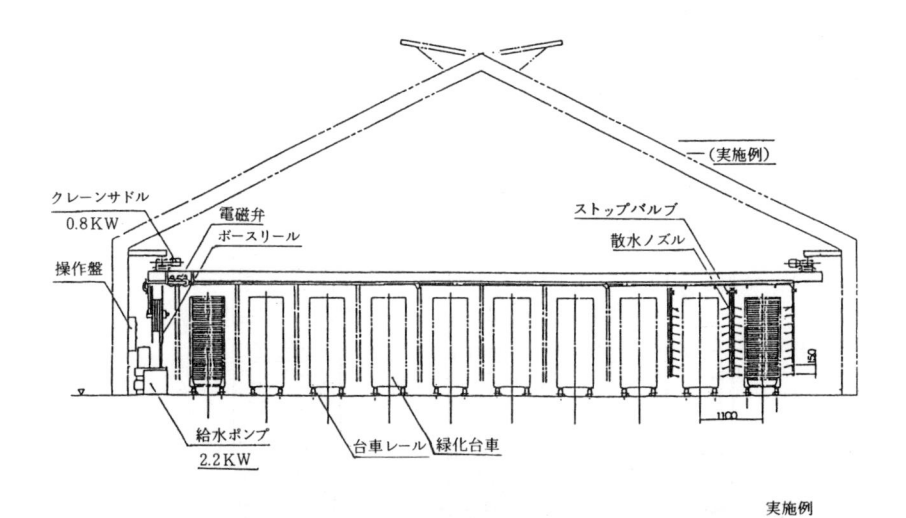

図11　自走灌水設備（ＩＷ−10）

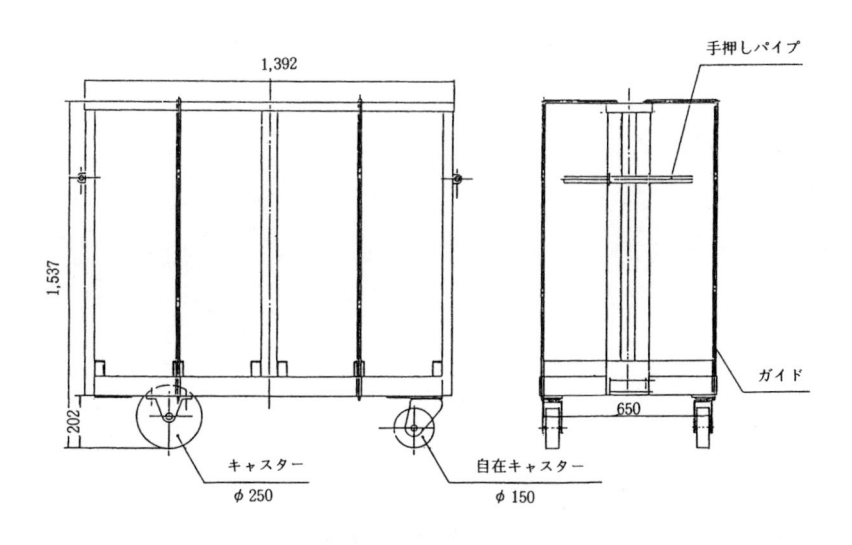

図12　出芽台車（ⅡＢＳ）

第4章　種苗工場技術システム

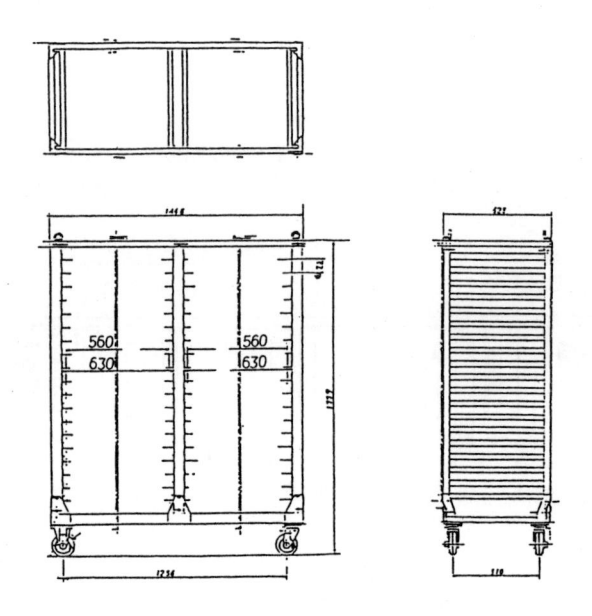

図13　緑化台車（Ⅱ）

6 果樹苗生産システム

原田　久*

6.1 はじめに

　果樹苗はさし木または種子繁殖した台木に栽培品種を接ぎ木して生産されており，品種の自根苗での栽培はほとんど行われていない。果樹で台木が用いられる理由は，台木のもつ病虫害抵抗性やわい化性を利用するためであるが，栽培品種のさし木発根性が劣ることも大きな理由である。

　また，果樹生産では今まで台木の均一性は余り問題視されなかったため，各種の実生台木を使った苗生産が行われてきた。しかし，果樹園の管理が機械化，省力化されるにつれて，樹の大きさや早咲き性の均一化が求められ，実生台木の遺伝的変異が問題になっている。

　したがって，今後は遺伝的に均一な台木を栄養繁殖によって増殖させることが必要である。この際，発根の困難な台木では組織培養を用いた大量増殖の方法が最も有効である。表1にいろいろな果樹で用いられる台木の例を示した。

表1　果樹に用いられる台木の種類（試験中のものを含む）

リンゴ	マルバカイドウ
	わい性台木…M系およびMM系，MAC系，CG系など
ニホンナシ	ニホンヤマナシ，ホクシマメナシ
セイヨウナシ	ニホンヤマナシ，ホクシマメナシ
	マルメロ…クインス-A，B，C
	セイヨウナシ…OH，OH×F
モモ，スモモ	野生モモ，ユスラウメ，ニワウメ，*P. besseyi*
	スモモ…ミロバラン29C，マリアナ2624
	P. insititia …サンジュリアンA，ピキシー
オウトウ	マザクラ，マメザクラ，マザード，マハレブ
カンキツ	カラタチ（普通系，わい性），サワーオレンジ，
	ラフレモン，クレオパトラマンダリン
ブドウ	*Vitis. riparia*，*V. rupestris*，*V. berlandieri*
	およびその交配種…3309，テレキ8Bなど

　また，現在，果樹のほとんどがウイルスを保毒しており，果樹においてもウイルス・フリー苗の生産が不可欠となっている。

　しかし，果樹苗を種苗工場的なシステムで生産するには，現段階では未解決の多くの問題が存在する。一つは，現在の栽培体系のもとでは，果樹苗の栽植時期が一時期に限定されるため，周年にわたって苗生産を行うことができない点がある。このため，果樹苗生産だけを専門的に行うことは効率の点で問題があり，野菜や花などの苗生産と組み合わせる必要がある。

　種苗工場システムでは効率的なさし木方法の開発や組織培養によって，台木や穂木の大量生産が可能になるであろう。しかし，果樹では台木に穂木を接ぎ木することによって苗が生産される

＊　Hisashi Harada　静岡大学　農学部

ため，組織培養やさし木で生産された自根苗がそのまま果樹苗として使用できるわけではなく，接ぎ木操作の段階が必要となる。

　果樹の接ぎ木は熟練した技術を必要とし，機械化が非常に難しい。また，接ぎ木が可能となる大きさまで木を育成することが必要であり，それには多大な労力と広い苗畑を必要とする。特に，培養苗では順化後，育成に長期間を要する。

　したがって，この段階を効率的に行うためには，順化後の小さな苗の状態で接ぎ木する方法や小さな果樹苗の育成方法，供給方法の開発が必要になるが，現在このような研究はほとんど行われていない。

　このような状況のもとでは，果樹苗の生産における組織培養の利用もウイルス・フリー化と発根困難な台木の繁殖に限定されており，従来の果樹苗生産方法との併用によって苗の生産が行われている。したがって，現段階では従来の苗生産方法についても理解しておくことが必要である。

　しかし，果樹でも栽培品種の自根苗での栽培の試みや病虫害抵抗性やわい化性を合わせもった栽培品種の育種も進められており，将来，自根苗が栽培に利用されるようになる可能性もある[1]。

6.2　従来の苗木生産システム　──　接ぎ木繁殖による苗木の生産
6.2.1　台木の生産[2]
(1) 実生繁殖

　ニホンナシ，セイヨウナシ，カキ，クリ，モモでは台木が実生で繁殖されることが多い。その理由として優良な栄養繁殖性台木がないことがあげられる。カンキツの台木に使われるカラタチはほとんど珠心胚起源の実生であるため遺伝的には均一である。

(2) とり木繁殖

　リンゴのわい性台木，マルメロ，スモモの台木などの繁殖に用いられる。とり木には伏せ木法，条溝式とり木法，盛り土法，接ぎ木盛り土法などの変法がある。

(3) さし木繁殖

　とり木法では毎年，苗の生産を行わなければならないが，さし木法では毎年の必要量に合わせて苗の生産を計画的に行うことができる。

　台木の繁殖に従来のさし木法が使用できるのはマルメロ，マルバカイドウ（リンゴ台木），マザクラ（オウトウ台木），ニホンヤマナシの1年生実生，ブドウの台木などである。

　さし木の難しいものはオーキシン処理やミスト繁殖の方法を用いれば，ある程度の発根率を得ることができる。オーキシンとしては，ＮＡＡ，ＩＢＡが多く用いられている。またその処理法には浸漬法，高濃度瞬間浸漬法，タルク法，ラノリン法などの方法がある。

6.2.2　接ぎ木

　果樹苗の生産では上記のようにして育成した台木に栽培品種の穂木が接ぎ木される。接ぎ木に

は居接ぎと揚げ接ぎの2種の方法がある。居接ぎは苗を掘り揚げずに，ほ場で接ぎ木する方法であり，揚げつぎは掘り揚げた苗を室内などで接ぎ木する方法である。揚げつぎでは機械化の可能性がある。接ぎ木の機械化はブドウなどでは一部試みられているが，他の果樹では台木，穂木が均一でないため難しい。

6.2.3 中間台木を利用した苗木の生産

発根の難しいリンゴわい性台苗生産では，わい性台木をマルバカイドウに接ぎ，さらにそれに穂品種を接ぐ方法も用いられる。

6.3 組織培養による苗生産 ── ウイルス・フリー化と大量増殖

現在，栽培されている果樹のほとんどはウイルスを保毒している。この結果，生育への種々の影響のほか，ブドウにおける味なし果など実害も多く出ている。このため，果樹の苗木生産にあたっては苗木のウイルス・フリー化が前提条件になっている。

ウイルス・フリー化の方法には茎頂培養と熱処理の方法がある。しかし，熱処理だけでは無毒化されるウイルスが限られるため，熱処理と茎頂培養を併用する必要がある。また，ウイルス・フリー化，原々母樹の隔離保存，原母樹，母樹の作出は現在のところ，公共の試験研究機関が担当している場合が多い。これは果樹が多年生作物であるため，ウイルス・フリー苗を植え付けてもすぐに再感染する可能性が大きく，フリー苗の供給は栽培地域ごとに組織的に行う必要があるためと考えられる。

組織培養による大量増殖の方法にはシュート増殖による方法，不定芽，不定胚による方法などがある。しかし，不定芽，不定胚で増殖させた場合，再分化個体は幼木相に戻り，永年性植物では栽植後長い間，開花しないおそれがある。果実生産を目的とする果樹ではこれは好ましくない現象である。したがって，不定芽，不定胚を使った増殖系は台木の繁殖だけに利用可能であり，果樹種苗の生産で最も利用されるのは茎頂培養，シュート増殖系であろうと考えられる。

表2 組織培養によって増殖の可能な果樹

温帯果樹
　リンゴ（栽培品種および台木）
　ニホンナシ，セイヨウナシ，ホクシマメナシ，マルメロ，モモ，
　スモモ，オウトウ，キイチゴ
　ブドウ（アメリカ種，ヨーロッパ種およびその雑種）
　クリ（ヨーロッパグリ，チュウゴクグリ）
　カキ，オリーブ，キウイフルーツ，ブルーベリー，スグリ，ペカン，
　クルミ，ザクロ，イチジク
熱帯および亜熱帯果樹
　カンキツ類（ミカン，オレンジ，レモンなど）
　カラタチ，キンカン
　パパイア，バナナ，パッションフルーツ
　グアバ

三位[3]より一部改変（文献略）

第4章　種苗工場技術システム

果樹についても現在，ほとんどの樹種で茎頂培養が可能である。表2に茎頂培養により増殖が可能になった果樹を示した[3]。

6.4　果樹の茎頂培養法
6.4.1　リンゴ

リンゴ茎頂の初代培養には培地として，MS培地や1/2 MS培地にサイトカイニンとしてBAを1～3 mg/L加えた培地が用いられる[4]。これにIBAやGAを低濃度で加える場合もみられる[5]。増殖のための継代培養もほぼ同じ培地で行うことが多い。培養中に発生するシュートの水浸化は培地の寒天濃度をあげたり，サイトカイニン濃度を調節することによって防止できる[6]。発根は1/2 MS培地にIBAを添加した培地で行われる。増殖や発根がフロログルシンの培地への添加で促進されるという報告もみられる[7],[8]。発根培地に一定期間おいた後，ホルモンフリーの培地に移して発根させる方法も用いられる。また，暗黒下，IBAを含む液体培地にシュートを挿して発根処理を行い，その後シュートを直接，プラグにさして発根させる簡便な方法も考えられている[9]。発根の難しい品種では液体振とう培養によって発根率が上がる例も見られる[10]。継代培養の回数が増加するにつれて発根率が上昇するが，葉の形が幼形に変わることが報告されている[11]。しかし開花は順化後1～2年で起こるとされる[4]。

順化は寒天培地で発根させたものでは寒天を洗い流した後，滅菌した用土に植え，徐々に外気に当てることによって行われる。

BrainerdとFuchigamiは，順化の際の相対湿度が重要であることを示している[12]。

この順化の段階については，発根，順化の際の培養支持体や装置を改良するなど，大量増殖に即した方法を開発する必要がある。

6.4.2　モ　モ

初代培養にはMSの塩類濃度を1/2から1/4に下げた培地が用いられる。培地にはサイトカイニンとしてBAを0.2から2.0mg/Lの範囲で添加する。また，このほか低濃度のオーキシンやGAを添加する報告も多い[13],[14]。さらに，ウイルス・フリー化のため茎頂を小さくした場合には，培地に活性炭を添加すると生育が良好になることが報告されている[15]。

増殖のためには初代培養と同様の培地が用いられることが多い。液体培養で増殖率が向上するという報告もみられる[16]。

発根は増殖用培地の塩類濃度を1/2に下げた培地が用いられる。発根にはNAA，IBAなどのオーキシンの添加が必要である。また，高いオーキシンを含む培地に一定期間置いた後，オーキシンを含まない培地に移して発根を促す方法も用いられる。

6.4.3　ブドウ

初代培養にはMS培地が用いられることが多い[17],[18]。しかし，ウイルス・フリー化のため

に茎頂を小さくした場合，MS培地では塩類濃度が高く，生存率が低いため，1/2 のMS培地が用いられる[19]。また，MSの硝酸アンモニウムだけを1/2 にした培地で生育が優れるという結果も得られている[20]。培地にはBAを1 mg/L程度添加することが必要である。シュートの増殖・伸長には初代培養と同様の培地が用いられる。このほか，オーキシンの添加が増殖率を向上させたという報告もある[21]。

ブドウの発根は容易で，1/2 MS培地に低濃度のオーキシンを添加した培地で可能である。また，IBA 50mg/Lで1時間浸漬後，直接シュートをバーミキュライトに挿して発根させる方法も用いられる[20]。

6.4.4 ナ シ

果樹として栽培されているナシには，ニホンナシ，セイヨウナシ，チュウゴクナシがある。初代培養には1/2 MS培地にBAを1から2 mg/Lを添加した培地が用いられる[21]~[23]。増殖には初代培養と同様の培地か，またはMS培地が用いられる。培地の寒天濃度は低い方が増殖率は優れるが水浸状のシュートが発生しやすい。また，品種によってはWP培地が適している場合もみられる[21]。

セイヨウナシでは寒天培地にシュートをさした後，液体培養液をシュートの高さ程度まで添加して培養する二相法によって増殖率が高まる[21]。

発根はセイヨウナシでは比較的容易でMSや1/2 MS培地にNAA，IBAを添加した培地が用いられる[22],[23]。しかし，ニホンナシはこの方法では発根率が低いため，IBAを5 mg/L含む1/2 MS培地に5日間程度おき，その後ホルモン・フリーの1/2 MS培地に移植する方法で80％以上の発根率を得ている[21]。

これらの方法は，P. beturaefolia などのナシ台木にも適用できる[25]。

6.4.5 カ キ

初代培養は硝酸塩を1/2 にしたMS培地にBAを5 mg/L添加した培地を用いる。この培地ではシュートの伸長が劣るため，伸長には硝酸塩を1/2 にしたMS培地に2 ipを5 mg/L添加した培地を用いる。また発根は硝酸塩を1/2 にしたMS培地にIBA 250mg/Lで30秒間瞬間基部浸漬したシュートを挿すことによって行う[26],[27]。

6.4.6 カンキツ

カンキツでも茎頂培養法が最近になって確立された。初代培養，増殖の際に培地にGAを高濃度で添加するのが特徴である。通常，MS培地にBA 0.1μM，NAA 0.1μM，GA 50μM添加した培地が用いられる[28]。この茎頂培養と熱処理，抗ウイルス剤の処理によって比較的容易にウイルス・フリー化ができることも報告されている[29]。そのほかの方法として，カンキツでは台木実生にカンキツ茎頂を接ぎ木する茎頂接ぎ木法がウイルス・フリー化の手段として用いられる[30]。茎頂接ぎ木には無菌操作を必要としない簡便法も開発されている[31]。これは熱処理

第 4 章　種苗工場技術システム

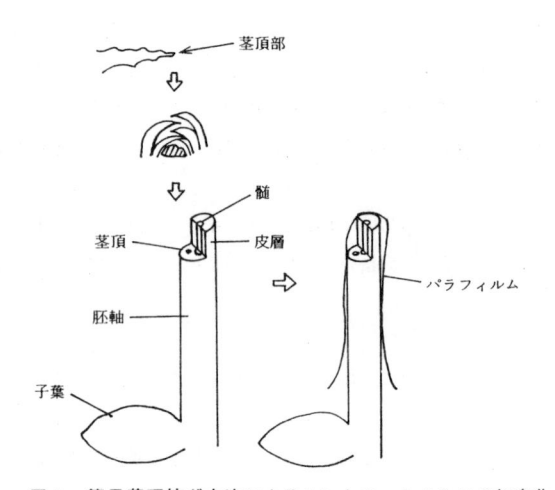

図 1　簡易茎頂接ぎ木法によるカンキツ・ウイルスの無毒化
熱処理した新梢から茎頂を採取し，カラタチ実生の茎切り口の上に乗せ，パラフィルムで被う。（高原ら，1986）

を行った穂品種から葉原基を 2 〜 3 枚残した茎頂を採取し，カラタチ実生の茎切り口に接ぎ，パラフィルムで被う方法である（図 1）。

また，カラタチなどの台木では胚軸の切片を BA を高濃度で含む培地で培養することにより，不定芽を大量に発生させることができる。これらのシュートは IBA を含む培地で発根させることが可能である[32]。

6.5　おわりに

現在，果樹では増殖，発根，順化の個々の段階については，方法が確立されてきたものが多い。しかし，それらを組み合わせて効率的なシステムとすることや大量増殖に即した方法，装置の開発の点では，花や野菜にくらべて研究例が非常に少ない。この方面での研究の進展が期待される。

文　　献

1) B. H. Howard, "Rootstock for fruit crops", p. 29 eds. R. C. Rom & R. F. Carlson, Wiley-Interscience (1987)
2) 猪崎正敏，丸橋　亘，果樹繁殖法，養賢堂（1989）

3) 三位正洋，果樹生産とバイオテクノロジー，p.200, 小崎 格，野間 豊，編，博友社 (1990)
4) R.H.Zimmerman, "Handbook of Plant Cell Culture," vol.2 p.369, eds. by W.R.Sharp, MacMillan Inc. (1984)
5) I.Snir & A.Frez, *Hortscience*, **15**, 507 (1980)
6) P-L.Pasqualetto et al., *J.Amer.Soc.Hort.Sci.*, **111**, 976 (1986)
7) O.P.Jones, *Nature*, **262**, 392 (1976)
8) O.P.Jones et al., *J.Hortic.Sci.*, **54**, 155 (1979)
9) R.H.Zimmerman & I.Fordham, *J.Amer.Soc.Hort.Sci.*, **110**, 34 (1985)
10) S.Sriskandarajah & M.G.Mullins, *J.Hortic.Sci.*, **15**, 71 (1981)
11) S.Sriskandarajah & Y.Nair, *Plant Sci.Lett.*, **24**, 1 (1982)
12) K.E.Brainerd & L.H.Fuchigami, *J.Amer.Soc.Hort.Sci.*, **106**, 515 (1981)
13) R.M.Skirivin, "Handbook of Plant Cell Culture", vol.3 p.402, eds. by P.V.Ammirato, MacMillan Inc. (1984)
14) 野口協一，果樹苗生産とバイオテクノロジー，p.59, 小崎 格，野間 豊，編，博友社 (1990)
15) 宗方 隆ほか，園学要旨，昭62春, 199 (1987)
16) F.Hammerschlag, *Hortscience*, **17**, 85 (1982)
17) R.Chee & R.M.Pool, *Sci.Hort.*, **16**, 17 (1982)
18) M.Barlass & K.G.M.Skene, *J.Exp.Bot.*, **31**, 489 (1981)
19) 笹原宏之ほか，園学雑, **50**, 169 (1981)
20) 野口協一ほか，山形園試研報, **6**, 19 (1987)
21) 伴野 潔ほか，園学雑, **58**, 37 (1989)
22) Xiao-Shan Shen & M.G.Mullins, *Sci.Hort.*, **23**, 51 (1984)
23) T.Hirabayashi et al., *Bull.Fruit Tree Res.Sta.*, **A-14**, 9 (1987)
24) J.Viser, *Acta.Hort.*, **212**, 117 (1987)
25) K.Banno et al., *Plant Tissue Culture Lett.*, **5**, 87 (1988)
26) A.Sugiura et al., *Hortscience*, **21**, 1205 (1986)
27) 村山秀樹ほか，園学雑, **58**, 55 (1989)
28) 大村三男，日高哲志，園学雑，別2, 62 (1989)
29) 大村三男，日高哲志，園学雑，別2, 152 (1991)
30) L.Navarro et al., *J.Amer.Soc.Hort.Sci.*, **100**, 471 (1975)
31) 高原利雄ほか，果樹試報D, **8**, 13 (1986)
32) 平松純子ほか，植物組織培養, **4**, 79 (1987)

第4章　種苗工場技術システム

7　組織培養によるラン種苗の大量生産システム

小保内康弘*

7.1　はじめに

　1960年，Morel[1]がシンビジウムの茎頂組織培養による栄養繁殖法を発表して以来，ランの商業的クローン苗生産を目的とした多くの研究がなされ，現在ではシンビジウムをはじめ，カトレヤ類，デンドロビウム，オドントグロッサム類，ミルトニヤ，オンシジウム等の苗が組織培養により生産されており，その技術は育種面にも応用されている（図1）。また，増殖の困難であったファレノプシスは，田中[2]，本間[3]，小林[4]らの研究成果を応用して，いくつかの苗生産業者からクローン苗が供給されるようになった。一方，いまだにクローン増殖が困難であるパフィオペディラムはKnudson[10]の無菌発芽技術を基礎とした培養法により，フラスコ内での実生苗生産

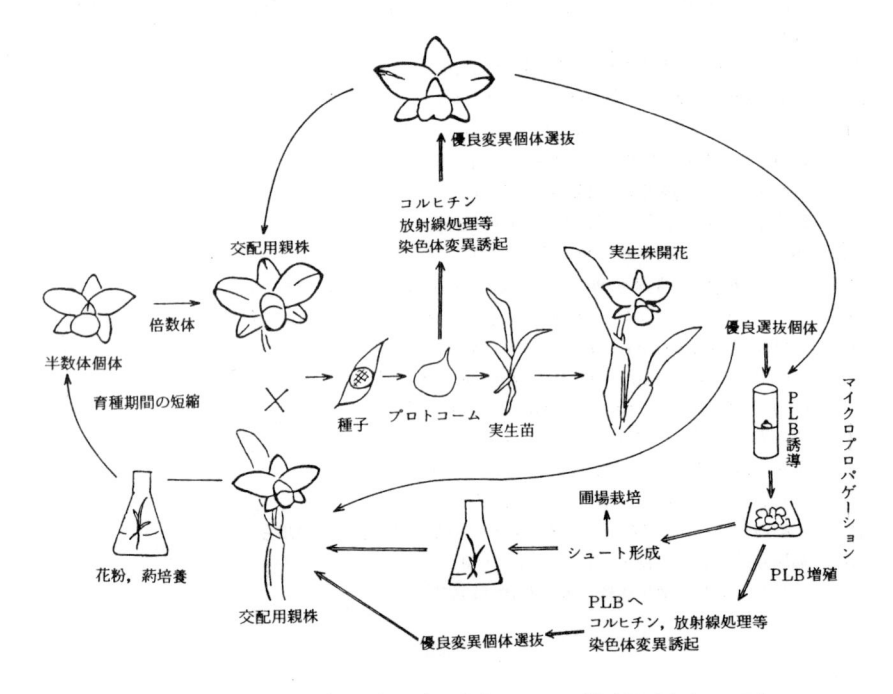

図1　ランの育種およびマイクロプロパゲーションの模式図（向山，1985）

---

*　Yasuhiro Obonai　㈲向山蘭園　培養部

が行われている。しかし，これらの属の苗生産はほとんど手作業に頼っているのが実状で，まだ種苗工場的な生産システムは確立されていない。原因としては，①雑菌汚染が問題となるので培養容器の大型化が難しい，②植物体の形状が様々で移植操作が複雑となり，移植用ロボットなどによる機械化が困難であることなどが挙げられる。

近年，古在[6]らが提唱する急速大量安定苗生産を実現すべく数々の基礎的研究がなされ，物理的培養環境の特異性が解明されてきた。なかでも，炭酸ガスはフラスコ内の植物体にとって飢餓状態にあり，炭酸ガスを供給し，かつ糖を減らすことにより植物の生長が促進される[7]ことがわかっている。こうして光独立栄養培養の可能性が示唆されたことにより，植物工場的苗生産システムを開発すべく応用研究が進むであろう。一方，市橋ら[8]の研究によりファレノプシスのエンブリオジェニックカルスからの個体再生が確認された。植物体の形態を均一にすることで，コーティング種子，プラグ苗生産システムなどの技術と融合させることができれば植物工場的苗生産が可能となろう。本稿では前述の各属の大量増殖法を紹介し，その中でラン種苗の大量生産に関連した国内の研究状況を示す。

7.2 シンビジウム（写真1）

(1) 採芽－PLB誘導

10～20cmに伸長した新芽を親株のバルブから切り離し（図2参照），流水下で外葉を剥ぎ側芽を露出させる。頂芽は苞葉を7枚ほど残し，茎頂を含んで約3cm上まで切り取る。粗調整の完了したこれらの組織をサラシ粉4g/100mlの上澄み液で30分間殺菌し，クリーンベンチ内で殺菌水に移し替える。顕微鏡下で茎頂とその近傍組織を0.5～1mmの大きさに切り取り，1／2～2／3濃度のMurashige & Skoog培地（以下MS培地，表1参照）にショ糖10～20g/Lを添加した液体培地へ置床する。培地へのホルモン添加は必要ない。照明は1,000～2,000 lux, 16～24時間日長，温度は25℃前後で振とう培養をする。

写真1　シンビジウム 'LADY LOVE'　　　図2　シンビジウムの新芽の粗調整

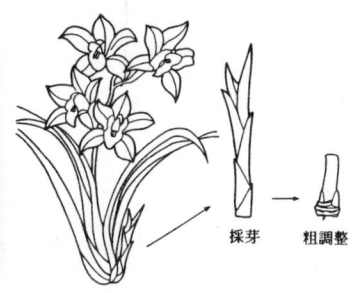

第4章 種苗工場技術システム

表1 ランのマイクロプロパゲーションに使われる基本培地(mg/L)

	成分	Murashige & Skoog [9]('62)	Knudson, L. [5]('46)	Vacin & Went [11]('49)	Kyoto Solution [12]('65)
主要無機塩類	$(NH_4)_2SO_4$		500	500	ハイポネックス (7-6-19) 3,000
	$MgSO_4 \cdot 7H_2O$	370	250	250	
	$CaCl_2 \cdot 2H_2O$	440			
	KNO_3	1,900		525	
	$Ca(NO_3)_2 \cdot 4H_2O$		1,000		
	NH_4NO_3	1,650			
	$NaH_2PO_4 \cdot H_2O$				
	KH_2PO_4	170	250	250	
	$Ca_3(PO_4)_2$			200	
微量無機塩類	Fe-EDTA			28	
	$FeSO_4 \cdot 7H_2O$	27.8	25		
	$Fe_2(C_4H_4O_6)_3 \cdot 2H_2O$				
	Na-EDTA	37.3			
	$MnSO_4 \cdot 4H_2O$	22.3	7.5	7.5	
	$ZnSO_4 \cdot 7H_2O$	8.6			
	$CuSO_4 \cdot 5H_2O$	0.025			
	$CoCl_2 \cdot 6H_2O$	0.025			
	KI	0.83			
	H_3BO_3	6.2			
	$Na_2MoO_4 \cdot 2H_2O$	0.25			
有機物	ショ糖	30,000	20,000	20,000	35,000
	ミオイノシトール	100			
	ニコチン酸	0.5			
	塩酸ピリドキシン	0.5			
	塩酸チアミン	0.1			
	グリシン	2			

表2 シンビジウム(Sazanami 'Harunoumi') P L B 増殖段階における好適組成培地（市橋ら, 1990）

Mineral salts (mg/L)	Culture periods (weeks)		
	4	8	12
KNO_3		202.2	384.2
$Ca(NO_3)_2 \cdot 4H_2O$	802.9	826.6	755.8
$Mg(NO_3)_2 \cdot 6H_2O$		256.4	256.4
$NH_4H_2PO_4$	460.1	506.0	483.0
KH_2PO_4	680.4	435.6	299.4
$Ca(H_2PO_4)_2$	201.7		
$(NH_4)_2SO_4$	39.6		
K_2SO_4		122.0	122.0
$MgSO_4 \cdot 7H_2O$	246.5		

The minor elements and organic components of RM-1962 are added.
The level of minor elements except Fe-EDTA is reduced to 1/10.
Sucrose level is 20g/L, and pH is adjusted to 5.0-5.2

(2) PLB増殖

1～2カ月すると球形の組織が1～数個形成される。これをPLB（Protocorm Like Body）と呼ぶ。この組織を分割し前述の液体、または固体培地で継代培養を繰り返す。より増殖率を高めたい場合は，市橋ら[13],[14]の開発した好適組成の培地（表2）を使用すると良い。固体培地では，移植後約1カ月以上経過するとPLBの増殖がシュート形成の方向に向かうので月1度の継代が望ましい。照明は2,000 lux，16～24時間日長，温度は25℃前後で培養する。

この段階ではジャーファーメンターによる大量培養（写真2）が可能である。この方法では固体培養での増殖率の約4倍，液体振とうの培養の約1.3倍の増殖率が期待できる。ジャーファーメンターによる大量培養については，高山ら[15]がユリ科植物のリン片培養法による大量培養法を確立しており参考になる。

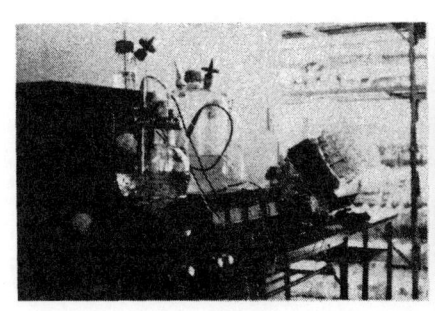

写真2　ジャーファーメンターによるPLB大量増殖
（柴田ハリオ硝子株式会社製，向山蘭園との共同研究より抜粋，1986）

(3) シュート伸長

固体培地上で2～3カ月培養後，1～5cmに伸長したシュートを植物体生長用培地に移植する。この段階では簡便，かつ安価なKS（Kyoto Solution）処方にバナナ果汁を30～200g/Lを添加した培地がシュートの伸長に有効である。また，CW（ココナッツウォーター）や，馬鈴薯などの天然有機物を混合すると植物の生長に有効な場合がある。その他，トリプトン（図3）かペプトンを0.5～2g/L添加すると有効であるが，基部が褐変したり，品種間で効果にかなり差があるので気を付けなければならない。褐変物質を溶出するタイプや，生長の遅い品種などは活性炭0.5～2g/Lを添加すると生長量が増す。照明は2,000～7,000 lux，10～24時間日長，温度は夜間20～25℃，昼間25～28℃で培養する。この段階では寒天を支持体として使用することが多いが，フラスコから苗を取り出す時に絡んでいる根を傷めたり，培地が付着して根腐れをおこすなどの欠点がある。最近はロックウール，ポリエステルウール，セラミックウールなどの支持体の研究が

第4章　種苗工場技術システム

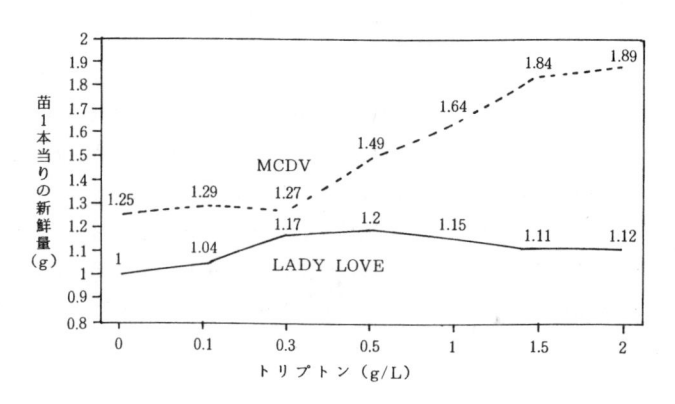

図3　トリプトンがシンビジウムの生長に及ぼす影響
供試品種：MCDV＝MOUNT COOK 'City Girl'
　　　　：LADY LOVE

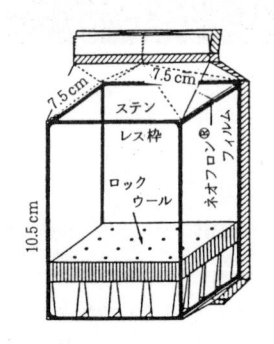

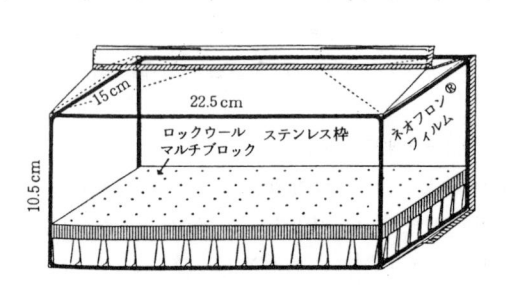

ロックウール・マルチブロックを培地支持体として用いたＣＰ．

ロックウール・マルチブロックを培地支持体として用いた大型ＣＰ．

図4　フッ素樹脂フィルムを素材とした新型容器
（名称：カルチャーパック，田中ら，1989）

盛んで,特に田中ら[16],[17]はフッ素樹脂フィルムを素材とした容器(図4)との組み合わせで好結果を得ている。

(4) 順化

圃場栽培に移行する1週間前からは,圃場栽培に近い環境で培養し順化させておく。植え出し後は乾燥に注意し,照度15,000～25,000 lux,温度18～28℃で栽培する。また,市川ら[18]が同定した*Fusarium moniliforme*などによる病気には十分気を付ける。

7.3 カトレヤ類 (写真3)

写真3 カトレヤ類 Blc.PAMERA HETHELINGTON 'Colonation'

(1) 採芽-PLB誘導

シンビジウムとほとんど同様であるが,メスによる外植片の切口が空気に触れるとすぐ褐変し生存率が低下するので,茎頂摘出は素早く行う。また,培養中も褐変物質を吸着するためにPVP(Polyvinilpyrrolidone 分子量 160,000)を0.08%添加すると有効である。さらに,培地にNAA(α-Naphtalenacetic acid)0.1～1mg/L, BA(6-Benzyl aminopurine) 0.1～1mg/L の範囲内で添加すると生存率が高まる。

(2) PLB増殖

カトレヤ類はシュートを形成しやすくPLB増殖の方向に向かいにくいので,1カ月以内でもシュート形成したら速やかに継代する。また,シンビジウムに比べ非常に小さなPLBで,小さく分割すると枯死してしまうので,その集塊はほぐすように切り分ける。培養温度は固体培地の場合25～30℃,液体培地の場合約25℃にする。

(3) シュート伸長,順化

シンビジウムと同様であるが,温度条件は2～3℃高いほうが良く,照明は2,000～3,000 lux,16時間日長とする。

第4章 種苗工場技術システム

写真4 デンドロビウム 'Formidible'

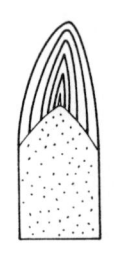

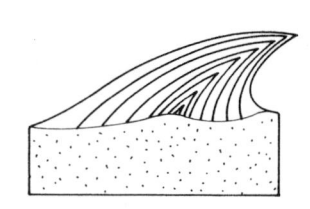

シンビジウム　　　　　　　　　デンドロビウム
図5 シンビジウムとデンドロビウムの側芽（縦断面）の形状差

7.4 デンドロビウム（写真4）

(1) 採芽－PLB誘導

デンドロビウムの側芽は，他属と違い茎頂近傍組織が基部側にめりこんでいる（図5）ので，茎頂の位置を予め予測し摘出しなければならない。培地は液体，固体どちらでも良い。培養温度は固体培地の場合25～30℃，液体培地の場合25℃にする。

(2) PLB増殖

カトレヤ類と同様シュートを形成しやすくPLB増殖の方向に向かいにくいので，採芽後1カ月以内でもシュートを形成したらすぐ継代する。節をたくさん形成する品種の場合は節間を切って挿し木繁殖的に増殖させるとよい。

(3) シュート伸長，順化

シンビジウムと同様であるが，品種によってはKS培地に天然有機物としてリンゴ果汁30～100g/Lを添加すると良い。温度条件はデンドロビウムファレノプシスのような熱帯性品種の場合2～3℃高いほうが生長が促進される。照明は2,000～3,000 lux，16時間日長とする。

7.5 オドントグロッサム類（写真5），ミルトニヤ（写真6），オンシジウム（写真7）

(1) 採芽－ＰＬＢ誘導

　これらの属は前述の2属に比べ側芽が非常に小さく，また，オドント類，オンシジウムに関しては苞葉が非常に少ないので，茎頂自体を傷めないために殺菌時間を10～15分に短縮する。同時に雑菌汚染率も高まるので，粗調整時には十分流水下で洗ったり，芽内部にメスやピンセットで傷を付けないように気を付ける。培地は固体，液体どちらでもよいが，固体培地の場合には必ず

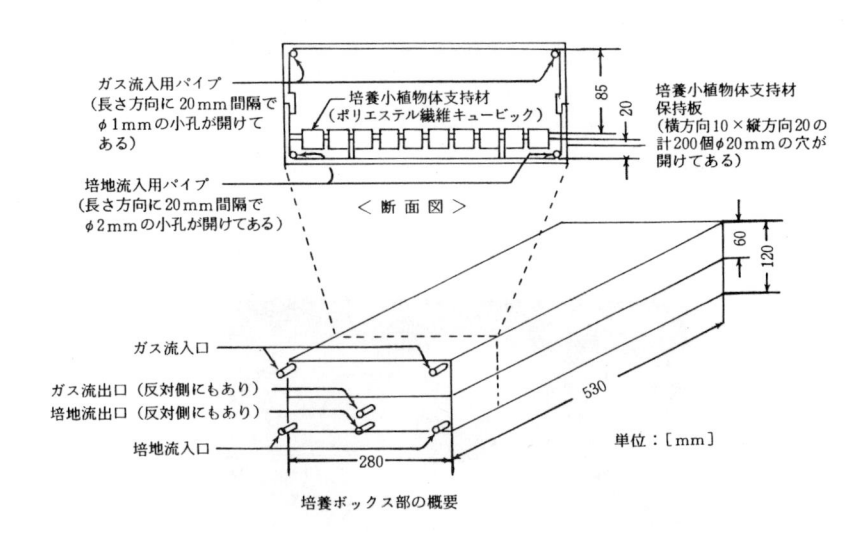

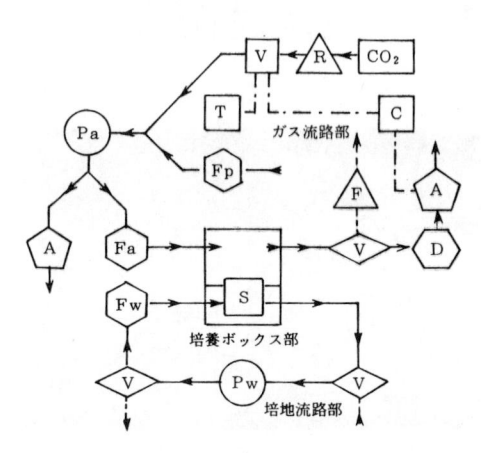

図6　ミルトニヤ苗化に用いる培養ボックス（富士原ら，1987）

第4章　種苗工場技術システム

写真5　オドントグロッサム類 Oda. LOVELY MORNING 'Sayaka'

写真6　ミルトニヤ 'Butterfly'

写真7　オンシジウム 'Obryzatum'

外植体の切断面を下にして押し込むように置床する。照明は 500～2,000 lux, 16～24時間日長, 温度は20～25℃で培養する。

(2) PLB増殖

ミルトニヤのPLBは, 小型ではあるがシンビジウムと同様の形状をしており, 増殖方法もそれに準じ比較的簡単である。一方, オドントグロッサム類, オンシジウムは, 水浸状のPLBとりやすいので, 培地の堅さ, 糖濃度等に気を付けなければならない。培養環境はPLB誘導期と同様に, 照明は 500～2,000 lux, 16～24時間日長, 温度は20～25℃で培養する。

(3) シュート伸長

シンビジウムと同様であるが, オドントグロッサム類, ミルトニヤはやや低温を好むので, 温度は20～25℃で培養する。オンシジウムは品種によって適正温度に差がある。また, これらの属はシュート形成と共にPLBの増殖も活発となり, フラスコ中の苗がやぶ状になりやすいので注意する。富士原ら[19]は, 炭酸ガスと培地を自由に供給できる培養ボックス (図6) を用いて, ミルトニヤ培養小植物体の苗化に好結果を得ている。

(4) 順化

シンビジウムと同様, 圃場栽培に移行する1週間前からは圃場栽培に近い環境で培養し順化させておく。植え出し後は乾燥に十分注意し, 照度15,000～20,000 lux, 温度18～28℃で栽培する。また, 他の属より病気に弱いので気を付ける。

7.6 ファレノプシス (写真8)

(1) 採芽－PLB誘導

ファレノプシスでは茎頂以外, 花梗腋芽, 花梗腋芽先端部[3], 根[4], 花梗腋芽から伸長した葉[2],

写真8 ファレノプシス Grace Palm × Takizo 'No.1'

第 4 章　種苗工場技術システム

からのクローン増殖も行われている。ここでは花梗腋芽を用いた培養について述べる。先端がまだ柔らかい状態の花梗を親株から切り取り，70％アルコールを湿らせた脱脂綿でよく拭く。先端部は約 4 cmの長さに切り，また，花梗腋芽はその上下 2 cmを含めて切り取り，各々約 4 cmの長さに切り揃える。70％アルコールで約10秒間殺菌後，ウィルソン液（サラシ粉10g/140ml 上澄み液）で10分間殺菌する。次に滅菌水で 3 回洗浄後，先端部は約 1 cmずつに切り分ける。腋芽は苞葉を剝ぎ，芽の上下約 5 mmを含んで切り取る。これらの組織片をＶＷ(Vacin & Went)処方（表 1 参照）にココナッツウォーター20％，ショ糖10g/L を添加した固体培地へ花梗先端方向を上にして植え込む。照明は170 lux，16～24時間日長，温度は28℃で培養する。

　1.5 ～ 2 カ月すると先端部には不定芽が形成されるのでこれを切り取り，ＮＡＡ 1 mg/L，ＢＡ10mg/L，Adenine 10mg/L，ショ糖10mg/Lを含むハイポネックスをベースとした固体培地に置床する。また，腋芽は 2 ～ 3 葉が展開してくるので各々の葉から約 4 mm角の切片を作り，上述の培地に置床する。腋芽の茎頂はそのまま残して培養し，新たに展開してきた葉を使用する。照明は900 lux，16～24時間日長，温度は28℃で培養する。品種間差はかなりあるが 2 ～ 3 カ月後にはＰＬＢが形成される。培養途中で黒変物質の溶出の激しい品種は培地に前述のＰＶＰを0.08％添加するか，速やかに継代する。

(2) ＰＬＢ増殖

　形成されたＰＬＢは茎頂部分を除去し，さらに横半分に切断したのち切断面が培地面と接触するように気を付け，ＣＷ20％を含むＶＷ培地へ移植する。照明は 1,000 lux，16～24時間日長，温度は28℃で培養する。培養途中黒変物質の溶出の激しい品種は速やかに継代する。

(3) シュート伸長

　ハイポネックスをベースとした培地で十分生育する。天然有機物としては，馬鈴薯（50～100 g/L）や，ＣＷ（50～100g/L）の添加が有効である。また，培養中ほとんどの品種は黒変物質を溶出するので，これを吸着させる目的で活性炭を0.5～2g/L 添加する。照明は1,000～10,000 lux，10～16時間日長，温度は28℃で培養する。

(4) 順　化

　他属に比べ病気の感染率が高いので順化室の換気には十分気を付ける。照度は10,000～20,000 lux，温度は23～26℃で管理する。

7 組織培養によるラン種苗の大量生産システム

文　　献

1) Morel, G. : Producing virus free cymbidiums, *Amer. Orchid Soc. Bull.*, **29**, pp. 495-497 (1960)
2) 田中道男：植物組織培養の世界，柴田ハリオ硝子㈱, pp. 226-233 (1988)
3) Yoshiyuki Honma and Tadashi Asahira : *J. Japan. Soc. Hort. Sci.*, **54** (3), pp. 379-387 (1985)
4) 小林光子，小松田美津留，米内貞夫：園学雑59（別冊2）, pp. 664-665 (1990)
5) Knudson L. : Non-symbiotic germination of Orchid seeds, *Bot. Gaz.*, **73**, pp. 1-25 (1922)
6) 古在豊樹，日本植物工場学会平成3年度大会講演要旨集, pp. 1-8 (1991)
7) 古在豊樹，大木浩，藤原和宏，第10回植物組織培養シンポジウム講演要旨集, p. 93 (1987)
8) 市橋正一，平岩英明，山田善行，第12回植物組織シンポジウム講演要旨集, p. 185 (1991)
9) Murashige T. and Skoog F., A revised medium for rapid growth and bioassays with tobacco tissue cultures, *Phisiol. Plant.*, **15**, pp. 472-497 (1962)
10) Knudsonn, L., *Amer. Orchid Soc. Bull.*, **15**, p. 214 (1946)
11) Vacin E. and Went F. W. , Some pH changes in nutrient solutions, *Bot. Gaz.*, **110**, pp. 605-613 (1949)
12) Kano, K. , *Mem. Fac. Agr. Kagawa Univ.*, No. 20 (1965)
13) 市橋正一，上原康夫，小島寿美子，園学雑，昭和61年度春季大会研究発表要旨, pp. 370-371 (1986)
14) 市橋正一，名古屋国際蘭展'90記録，名古屋国際蘭展'90組織委員会, pp. 131-133 (1990)
15) 高山眞策，最新植物工学要覧，R＆Dプランニング, pp. 316-329 (1989)
16) 田中道男，高橋恭一，五井正憲，東浦忠司，園学雑59（別1）, pp. 566-567 (1989)
17) 田中道男，長江嗣朗，深井誠一，五井正憲，東浦忠司，村崎公明，園学雑59（別2）, pp. 660-661 (1990)
18) 市川和規，小野光明，安藤一宏，斉藤英毅，日本植物病理学会報，**55** (4), p. 496(108) (1987)
19) 富士原和宏，古在豊樹，第10回植物組織培養シンポジウム講演要旨集, p. 94 (1987)

第4章　種苗工場技術システム

8　組織培養による野菜種苗の大量生産

大城　閑*

8.1　はじめに

野菜の組織培養による苗生産は，主として宿根性野菜のウイルスフリー化を目的として行われている。現在ではイチゴ，サツマイモ，アスパラガス，ワサビ，ネギ品種"坊主不知"等が組織培養苗として配布もしくは販売されている。これらの増殖システムについては既に多く記述されているので，ここでは種子繁殖性の野菜について述べる。

8.2　メロン

メロンの育種にあたっては，高品質果実と耐病性が目標とされることが多い。しかし，いずれの形質も劣性であったり，量的遺伝をするため，これらの優良形質を複合して固定することは極めて困難である。森ら[9]は，交雑育種過程において優良個体が出現することに着目し，種々の形質を持ったメロンの交雑を行い優良個体を選抜した。筆者らは，この選抜個体を組織培養によって繁殖する苗生産システムを確立し[11]~[16]，この繁殖法を前提とした品種'福の香'を1990年に品種登録した[3]。

8.2.1　組織培養による増殖

メロンの組織培養による増殖は表1に示したとおりいくつか報告されている。いずれも幼若器官を用いており，果実形質による選抜後の増殖には不適当である。そこで側枝の上位3節を用いた節培養を増殖方法とした[14]。培地としてはMurashige・Skoog[10]の主要塩類にRinge・Nitsch[18]の微量・有機塩類を用いた。培地にBAPのみを0.5~5.0μM加えた場合，苗条が平均2~3本分化した。BAPとNAAを加えた場合，カルスが多く形成され，苗条の分化は少なか

表1　メロンの組織培養による増殖の例

培養部位	培地		文献	備考
	基本培地	生長調節物質		
子葉	Murashige・Skoog	BPA 0.05mg/L	1	
	Murashige・Skoog	IAA 5μM+BAP 5μM	11	苗条伸長にはBAPのみ5μM
	Murashige・Skoog	IAA 1.5mg/L+カイネチン 6.0mg/L	8	
子葉由来カルス	Murashige・Skoog液体	2,4-D 2.0~4.0mg/L	6	不定胚形成
	Murashige・Skoog液体	2,4-D 1.0mg/L+BAP 0.1mg/L	17	不定胚形成
胚軸	Murashige・Skoog	IAA 3~6mg/L	8	不定胚形成
胚葉由来カルス	Murashige・Skoog	ABA 0.13mg/L+BAP 0.5mg/L+2iP 0.5mg/L	2	
	Murashige・Skoog	GA₃ 0.04mg/L+BAP 0.5mg/L+2iP 0.5mg/L	2	

*　Shizuka Ohki　福井県立短期大学　農学科

った。また，用いるサイトカイニンとしてはＢＡＰが最も適しており，2 iPやKinetin ではカルスの形成が促進された。伸長した苗条の節を継代培養する際も，0.5～1.0μM 程度の低濃度のＢＡＰを含む培地が苗条の分化・伸長に適していた。メロンはvitrification を起こしやすく，いったん水浸状になった苗条はなかなか正常に戻らず，発根もしなくなる。vitrification を防ぐためには，ＢＡＰ濃度を高くしない，培地の塩類濃度を低くする，培地にGellun Gumを用いる場合は濃度を 0.3％にする，通気性のある培養容器を用いる，などの配慮が必要である。培養容器を変えて培養する実験を行った[15]。用いたのは25mm径・150mm長のステンレスキャップをした試験管，通気性フィルム（ミリシール）を張った10mm径の穴2個をあけたプラントボックス，通気性シートを張った15mm径の穴2個をあけた径100mm・高さ105mmのポット，および強制通気をした1,100 ml容のプラスチック容器である。試験管では80％がvitrificationを起こしたのに対し，プラントボックスでは66.7％，ポットでは53.0％，強制通気した容器では33.1％であった。強制通気をした場合が最もvitrification を起こしにくいが，装置が煩雑であるという欠点を持つ。現在，'福の香'の増殖には基本培地を1/2に希釈し，ＢＡＰを0.5～1.0μMを加えた培地と，通気シールを張ったプラントボックスを用い，照度7,000～10,000 luxで培養を行っている（写真1）。

　メロンには非常に多くの品種があるが，品種の違いによる苗条分化の差は大きい[15]。マクワ系品種'銀泉'，温室メロン系品種'ハネーデュー'，両品種の交配種，カンタループ系品種'Cantor' を用いて節培養を行った。マクワ系品種は一般に培養は容易であるが，温室メロン系品種には困難なものが多い。カンタループ系品種は苗条分化率は低いものの，分化した苗条の伸

写真1　メロン品種'福の香'の増殖

第4章　種苗工場技術システム

長は良好である。'ハネーデュー'を母親にして'銀泉'と交配した場合，分化苗条数は'ハネーデュー'よりも多くなった。苗条分化能は母性遺伝することがトマトにおいて確かめられており[13]，育種過程においてこのことを考慮する必要がある。

8.2.2　発根と順化

　発根培地に用いるオーキシンとしては0.1～0.5μM程度の低濃度のNAAもしくはIBAが良い。種々の支持体を用いて発根に及ぼす影響を調べた[15]。発根率が高いのはGellun Gum培地であった。ロックウール，バーミキュライトを用いた液体培地では，発根率は低いものの根の伸長が良好で，特にバーミキュライトでは根毛の発生が多数みられ，順化が容易であった。

　しかし，メロンの苗条からの発根はかなり困難であり，また発根しても細根が多く，順化後の生育が良くない。そこで，発根していない苗条をカボチャまたはメロン共台に接木し，その後1週間は湿度90％，昼温25℃，夜温20℃にセットした14時間日長の人工気象器で順化を兼ねて管理した[15]（写真2）。接木方法は上げ接ぎが簡易で活着率が高い。台木としては'新土佐'，'鉄かぶと'を用いたが，不親和はほとんどみられなかった。しかし，'大井'，'バーネットヒルフェボリット'といった共台を用いると，不親和がみられることがあった。カボチャを台木にした場合，台木の勢いが強いことから雌花の着生が悪くなる傾向にあり，肥培管理に留意する必要がある。また，側枝を利用した5本仕立てによる1株5果採りも可能である（宮島，大城，未発表）。

写真2　カボチャ台に接木したメロン苗条の順化

8.2.3 培養苗の栽培

'福の香'を用いて自根苗と接木苗の比較栽培を行った[14]。土壌条件の悪い圃場では,自根苗の生育は不良で葉面積,果実ともに小さかった。しかし,土壌条件が良かったり,接木をした場合にはこの点は改善された。これは発根の不良に起因していると思われる。ただし,糖度に関してはいずれも15度以上と高かった。

水耕法を用いて生育の均一性をF_1品種'アローム'と比較した[15](図1)。生育速度は組織培養苗がやや低いが,茎伸長の株間の変動率は定植後4週間を通じて組織培養苗の方がF_1品種より低く推移した。交配日までの日数,果重,糖度ともに変動率が低く,組織培養苗の方が個体間のバラツキが少ないことがわかった。さらに,この品種'福の香'は収穫時期が夏の高温期になっても,また,水耕においても平均15度以上と比較的高い糖度を維持できる。

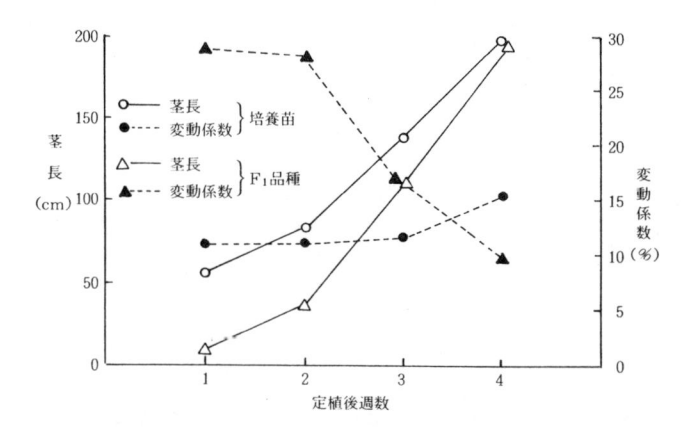

図1 メロン品種'福の香'の組織培養苗とF_1品種'アローム'の水耕における茎伸長とその変動係数('福の香'は14株を,'アローム'は16株を供試)[15]

8.3 トマト

8.3.1 組織培養による増殖を前提とした品種育成

(1) 青枯病抵抗性品種の育成

トマトの連作障害の最大の要因である青枯病の抵抗性育種は多くの育種家が試みている。しかし,青枯病抵抗性は多数型遺伝子に属しており,抵抗性の固定が困難である。さらに,抵抗性素材として野生種が用いられるため,実用品種の育成は至難である[7]。そこで,抵抗性品種と高品

第4章　種苗工場技術システム

質品種との交配を行い，F_2世代において十分な抵抗性を持った個体を選抜し，組織培養によるクローニングを試みた[4],[15],[16]。

(2) 'ミディ系'トマト品種の育成

現在，日本におけるトマト生産の中でミニトマトは重要な位置を占めつつある。これは最近の完熟トマトを求める傾向と関連があり，糖度が高く濃厚な味の果実が好まれていると言えよう。筆者らはミニトマトよりも大きく，高糖度の果実を付ける品種を開発するためにミニトマトと普通大型品種との交配を行った[5]。ミニトマトの小果傾向は強く，目的の大きさになり，かつ高糖度の個体が出現する割合は6％以下であった。このため，種子による繁殖のための形質固定は不可能に近い。交配育種中に出現した果重40g前後，ピンポン玉大で高糖度の果実を付ける個体を選抜し，'ミディ系'と呼称した。この個体を組織培養によって増殖，クローン化栽培したところ，糖度(Brix)は6度以上9度にまでなった。このクローンを'越のルビー'と命名し，1992年に品種として登録した。

8.3.2 組織培養による増殖

トマトの組織培養による増殖の報告は枚挙に暇がない[12]。しかしトマトは，特にカルスを経た場合異状個体が出現しやすい。Ohkiら[13]はトマト胚軸より再分化して得られた苗の12.3％に形態的異状がみられ，4倍体になっている個体もあったと報告している。そこで，側枝の上位3～4節を用いた節培養による増殖を行った[4],[16]。

トマトはカルス化しやすいため，培地には低濃度のサイトカイニンのみを加えるのが望ましい。また，低位の節を用いるとカルスが多く形成される傾向にある。継代培養においてサイトカイニンの種類を変えてみた結果を表2に示した。増殖には0.5μM程度のゼアチンが最も適していた。培養中のトマト苗条は葉柄および葉身が伸長し，茎の伸長を上回るため，次の継代培養の際に困難を生じる場合が多い。ゼアチンを用いた場合この傾向は少なくなり，特に茎の伸長が良くなる

表2　トマトの節培養におけるサイトカイニンの種類の影響（25日間培養）

種類と濃度（μm）		平均苗条数	苗条長(cm)
BAP	0.5	0.3±0.1 a[x][y]	1.0±0.2 a
	5.0	0.7±0.2 ab	1.1±0.3 a
2iP	0.5	0.6±0.2 ab	0.9±0.2 a
	5.0	0.8±0.2 ab	1.3±0.2 a
カイネチン	0.5	0.5±0.2 ab	1.1±0.2 a
	5.0	0.8±0.2 ab	1.8±0.3 ab
ゼアチン	0.5	1.0±0.3 b	2.2±0.5 b
	5.0	0.8±0.2 ab	1.4±0.3 ab

x：（平均値）±（標準偏差）
y：Duncanの多重検定により，異なった文字間で有意差あり

8 組織培養による野菜種苗の大量生産

ので継代培養は容易となる。大量に培養するには，通気性フィルム（ミリシール）を貼った直径10mmの穴2個をあけたプラントボックスが適している。

8.3.3 発根と順化

組織培養苗の価格を低く抑えるために，半無菌状態での発根・順化を行った。その様子は写

写真3 （A）トマト苗条の発根と順化を行う培養箱

（B）継代後2週間で培養箱中のロックウールプラグで発根した苗条
継代後1週間でIBAを含まない培養液に交換したもの（左）と交換しなかったもの（右）

第4章　種苗工場技術システム

真3に示した。ポリカーボネートを用いて20cm×20cm×高さ12cmの培養箱を試作した。培養液はMurashige・Skoog[10]の主要塩類にRinge・Nitsch[18]の微量塩類を加えたものを1/2に希釈し、それにＩＢＡ 0.5μMを添加した。滅菌は培養液のみとし，培養中はメンブレンフィルターを通した空気を毎時10分間，3Ｌ／分の割合で流した。10,000 luxの蛍光灯で12時間日長とした。また，継代7日後に培養液をＩＢＡを含まないものに交換する方法も試みた。結果は表3に示した。培養箱より直接温室の水耕仮植ベッドに出したにもかかわらず，順化成功率は高かった。また，培養液を交換して途中でオーキシンを除去した方が順化後の生育が良好であった。

表3　順化前の培養法の違いが順化後の生存率と生育に及ぼす影響
（培養箱より水耕に移した後14日後に測定）

培養方法	生存率（％）	草丈(cm)
培養液交換	85.7	5.8
培養液不交換	80.0	4.1

8.3.4　培養苗の栽培

青枯病抵抗性系統 'No.31' の組織培養苗を栽培し，第1段花房着生節位をみたところ[16]，4節から11節にわたって着生した。7節以下の花房は果実発育が不良になる可能性が高いため，摘除する必要があろう。

'越のルビー' は既に福井県内の農家で試験栽培・出荷されている。苗本数の節約のため2本仕立てで栽培している。ミディ系系統 'No.252' を用いて水耕で比較した場合，表4に示したとおり，第4段果房までの収量は1本仕立ての1.7倍であり，果実の大きさ，糖度ともに大きな差はなかった。

表4　1本仕立てまたは2本仕立てにしたミディ系トマト 'No.252' の4段果房までの総収量（平均糖度，平均1果重，1991年春作の結果）

仕立て方法	総収量（g）	平均糖度（％）	平均1果重（g）
1本仕立て	919.0	5.2	39.0
2本仕立て	1573.4	5.4	45.4

文　　献

1) P.P.Chee, *HortSci.*, **26**, 908(1991)
2) R.Kathal et al., *J.Plant Physiol.*, **126**, 59(1986)
3) 勝田英郎, 農耕と園芸, **46**, 65(1991)
4) 勝田英郎ほか, 福井県立短大紀要, **13**, 13(1988)
5) 勝田英郎ほか, 福井県立短大紀要, **15**, 17(1990)
6) 久保田とも子, 大澤勝治, 育種学会62年度春季大会要旨, 138(1987)
7) D.C.McGuire, *Hawaii.Agric.Exp.Sta.Bienn.Re.*, 1958-1960, 74(1960)
8) V.Moreno et al., *Plant Cell Tiss.Organ.Cult.*, **5**, 139(1985)
9) 森義夫ほか, 福井県立短大紀要, **12**, 27(1987)
10) T.Murashige & F.Skoog, *Physiol.Plant*, **15**, 473(1962)
11) R.P.Niedz et al., *Plant Cell Tiss.Organ.Cult.*, **18**, 313(1985)
12) 大城閑, 最新植物工学要覧, R & D プランニング, p.349(1990)
13) S.Ohki et al., *Plant & Cell Physiol.*, **19**, 27(1978)
14) S.Ohki et al., *Acta Hort.*, **230**, 89(1988)
15) S.Ohki et al., "The Impact of Biotechnology in Agriculture", p.67, Kluwer Academic, Dordrecht(1990)
16) S.Ohki et al., "Biotechnology in Agriculture and Forestry Vol.17", p.344, Springer, Berlin(1991)
17) T.Oridate & K.Oosawa, *Jap.J.Breed.*, **36**, 424(1986)
18) F.Ringe & J.P.Nitsch, *Plant & Cell Physiol.*, **9**, 639(1968)

第4章　種苗工場技術システム

9　組織培養による花き・観葉植物の大量生産システムの現状

妻木直子[*]，高山眞策[**]

9.1　はじめに

　日本における花き・観葉植物の需要は主として式典やパーティーなどで用いられる仕事花であった。しかし，近年ゆとりのある生活が一般家庭でも求められるようになってきており，一般消費者における花き・観葉植物の需要が高まっている。また，消費者の新品種に対する期待も高まる一方で，供給が需要に追いつかないなどの問題も生じてきている。そこで，繁殖が困難なものや，ウイルスの感染などで品質の低下や減収がもたらされる植物について，組織培養による大量生産が行われている。

　組織培養による花き・観葉植物の増殖は，ここ十数年の間に数多く行われるようになってきた（表1）。これらのなかには，カーネーションやランのように，実際に組織培養により増殖した苗をもとに栽培して，切花や鉢植えとして出荷しているものもある。このようにして得られた花き・観葉植物はウイルスに感染していないため，花色・葉色が良い，あるいは花が大きいなど，一般的に品質が良く市場における需要が高い。

　これらのことを念頭にいれ，組織培養による花き・観葉植物の生産がどのようなシステムで行われているかを，実際に実用化されているもの，あるいは研究途中にあるものを例に紹介する。

表1　組織培養による花き・観葉植物の増殖

花き		観葉植物
アイリス	スターチス	アジアンタム
アマリリス	ストレプトカーパス	アナナス
アリウムギガンチウム	ゼラニウム	アロカシア
アルストロメリア	セントポーリア	カラディウム
アンスリウム	デンドロビウム	ゴムノキ
カーネーション	バラ	シマオオタニワタリ
ガーベラ	ヒヤシンス	シンゴニウム
カトレア	ファレノプシス	シンダプシス
カラー	フリージア	スパティフィラム
キク	ヘメロカリス	ディフェンバキア
球根ベゴニア	ポインセチア	ドラセナ
クレマチス	ミルトニア	ネオゲリア
グロキシニア	グラジオラス	ネフロレピス
グロリオーサ	ユリ	フィロデンドロン
シクラメン	リーガーベゴニア	ヘゴ
シュッコンカスミソウ	ロードデンドロン	ベンジャミーナ
シンビジウム		モンステラ
スイセン		

---

　*　Naoko Tsumaki　　東海大学　開発工学部　生物工学科
　**　Sinsaku Takayama　東海大学　開発工学部　生物工学科

9.2 植物における大量生産システム

組織培養の手段を用いての大量生産システムを考えるうえで重要な事項は：
① 培養作業の自動化
② 大型培養槽を用いた液体培地での培養
③ 低コスト生産

などである。実際に実用化するうえでは，これらの事を別々に考えるのではなく，一体として考えるべきである。

現在，培養を行ううえで最もコストがかかるのは人件費である。そのため，低コストで生産するためには，まず，従来手作業で行っていた継代・増殖の作業を自動化することである。その自動化のために有効な手段となるのが，培養槽による培養である。

このように，①から③のことを常に念頭にいれ，大量生産システムを考えていくことが重要である。

培養作業の自動化，大型培養槽での培養については本書の中で他の著者が述べているので，ここでは花き・観葉植物の組織培養による増殖がどのように行われているかを中心に紹介する。

9.3 組織培養による花き・観葉植物の大量生産システムの現状
9.3.1 花 き
(1) ユリ類

従来ユリ類の増殖は，栄養繁殖が主体であったため，ウイルスの感染による品質の低下や減収が大きな問題であった。その解決法として，ウイルスフリーの株を得ることはとても重要であり，組織培養の技術はそれを得るための最も有効な手段である。

それでは，どのような方法でウイルスフリーの株を得るかを紹介する（図1）[1]。

まず，無菌の組織を得るために組織の無菌化を行う。生長点または無菌化した組織を，NAA 0.1 mg/Lを添加したMS寒天培地に植え込んで子球を分化させる。リン片からの子球分化における最適温度は種類によって違うので注意する必要がある（図2）。培養株が安定するまで継代を繰り返し，安定株が得られたらさらに増殖を繰り返す。ユリ類の場合，液体培地での培養が適しているため，リン片が寒天培養で多数得られたら，液体培地に移して振とう培養を行う。また，子球の分化・肥大はMS培地の塩類強度のみを1/2に，またシュークロースを60〜90 g/L添加した時に良好である（図3）[2]。このような条件で培養すると継代してから1〜2カ月の間に10〜20倍の子球が得られる。

現在の培養作業で問題となるのは，継代する際の子球の分割である。ユリ類の場合，リン片を一枚一枚はがして継代するため，商業レベルで大量に継代する時には多大な労力と時間がかかる。この作業を簡易化するための方法として，根やその他の部分を含めた子球全体をナイフで分割す

第 4 章　種苗工場技術システム

ることを試みた。その結果，作業時間はおよそ1/4に短縮された。また，子球の分化・肥大の効率も良好であった（表 2）[3]。

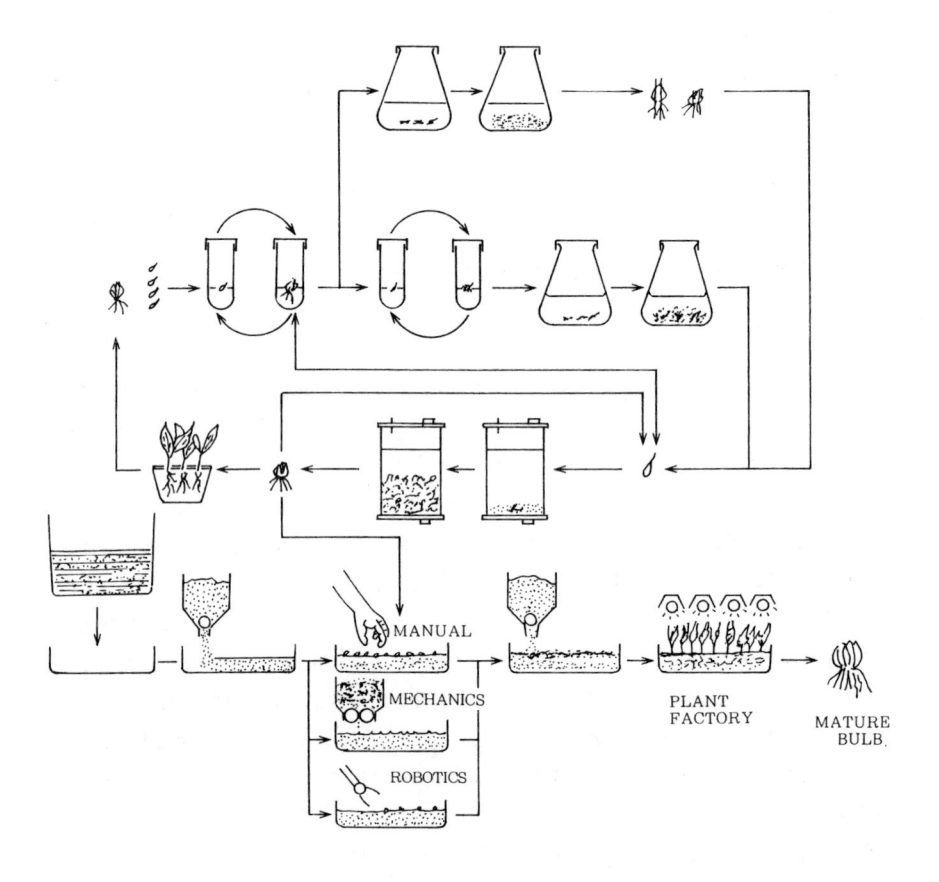

　組織培養で得た球根を土壌に植えて出芽させようという時，ユリ類には休眠現象があるのでこれを打破する必要がある。休眠打破は一般に 4 ～ 5 ℃の低温で行う。この時の処理日数をヤマユリについて調べた結果を図 3 に示す。この図からわかるように，シュークロース30g/L で培養した時は70日間で 100％打破されるが，90g/L で培養した時は 140日間でも休眠打破は80％にとどまった。このように，シュークロース濃度を高くすると休眠が深くなる傾向がある[1]。

図 1　組織培養によるユリの大量増殖プロセス
(Takayama, S. *et al.*, 1991　一部改変)

9 組織培養による花き・観葉植物の大量生産システムの現状

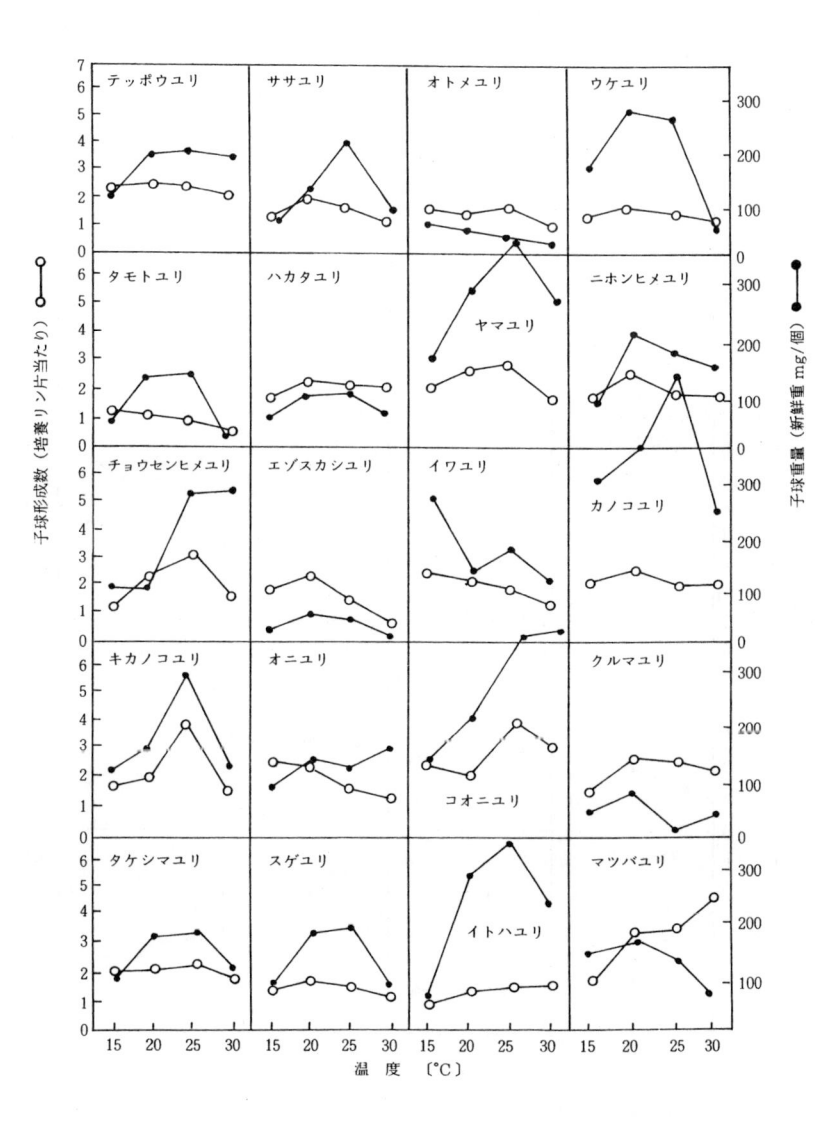

図2 各種ユリ属植物の子球形成に及ぼす培養温度の影響

（高山 1989）

第4章 種苗工場技術システム

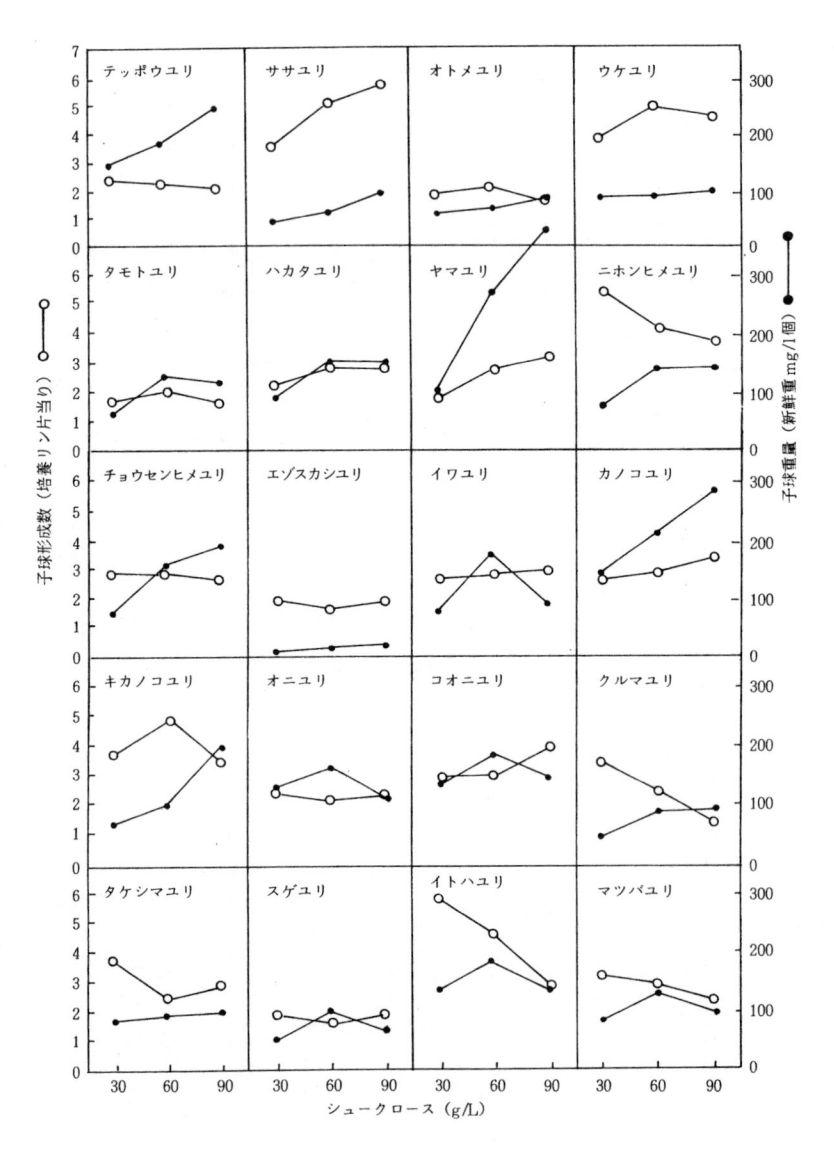

図3 各種ユリ属植物の子球形成に対するシュークロース濃度の影響
(高山, 深野, 天羽 1986)

表2 切断方法の違いが*Lilium auratum* Lindl. の子球成育におよぼす影響 (妻木, 高山 1992)

	リン片のみをピンセットではがして培養	根を含めた子球全体をナイフで切断して培養
全新鮮重(g)*	14.3 ±0.3	13.7 ±0.8
全乾物重(g)*	4.0 ±0.1	3.9 ±0.2
乾物比率(%)*	27.6 ±0.2	28.7 ±0.3
子球新鮮重(g)*	7.46±0.51	7.37±0.38
子球乾物重(g)*	2.06±0.14	2.12±0.11
1子球当たりの新鮮重(g)*	0.20±0.01	0.14±0.01
1子球当たりの乾物重(g)*	0.06±0.00	0.04±0.00
子球数*	32 ±2	48 ±5
子球の直径(mm)**	6.7 ±0.1	5.1 ±0.1

* 300mL容三角フラスコ当たり、それぞれ5個体ずつ測定(フラスコ)±SE
** 1子球当たり

(2) グラジオラス

グラジオラスの消費はデコレーション用を中心に近年増大しているが、子球の形成が少ないため従来の方法による大量供給が困難である。またユリ類と同様、ウイルスの感染による品質と生産性の低下が問題である。そこで、組織培養による子球の大量増殖が望まれている。

ウイルスフリー苗は、生長点または殺菌した組織を寒天培地上で培養することにより得られる。グラジオラスのシュートは、液体培地での培養が適しているため、寒天培地上で得られたシュートを液体培地に移して増殖する。シュートの分化・成育は、MS液体培地にシュークロース10g/Lを添加した時に良好である。この培地でシュートを増殖させた後、ジャーファーメンターに移してさらにシュートを増殖させる。しかし、この培地では球根の形成・肥大は認められず、シュークロース90g/L加えた時に葉の部分はほとんど枯死するが、球茎の形成・肥大が顕著に促進される。そこで増殖したシュートを、シュークロース90g/Lを加えた培地に移して球茎を形成させる。その結果、2Lのジャーファーメンター当たり 332個の球茎が得られた[5]。

(3) ガーベラ

ガーベラは、近年人気のある切花の一つである。種子繁殖の場合には、品質にバラツキが生じてしまうため、株分けや挿し芽といった栄養繁殖が主体であった。しかしこの方法では、増殖が遅いうえウイルスの感染による品質の低下が問題となり、組織培養によるウイルスフリー苗の大量増殖が実用化された[6]。

ガーベラの場合無菌株を作る際に、外植体として葉や茎といった組織を用いてもよいが、茎頂組織を用いる方が品質のバラツキが少ない。茎頂組織をBA0.2 mg/L、カイネチン0.5 mg/L、アデニン4 mg/Lを添加したMS培地に植え込む。植物体が成育してきたらBA0.2 mg/L、カイネチン1.0 mg/L、アデニン4 mg/Lを添加した増殖用培地に移して培養する。約1カ月で多芽体が形成されるので、これを分割して同じ培地に継代培養する。土に植える時には、発根していることが望ましい。ホルモンフリーのMS培地に移して培養すると約1カ月で発根する[7],[8]。また、

第4章　種苗工場技術システム

IBAを10 mg/L添加した時，発根率，根の成育ともに良好であったとの報告もある[9]。このようにして得られた苗を，ポット植えなどにして業者や栽培者に出荷する。

(4) ベゴニア

ベゴニアは観賞用として重要な植物であり，その種類も2000種以上といわれている。また，挿木や葉挿といった方法で容易に繁殖するが，ウイルスフリー苗による品質の向上という意味で組織培養による大量増殖が行われている。

Begonia×*hiemalis*（エラチオールベゴニア）の大量増殖は図4[10]に示したように，殺菌した若い葉を7×7 mmに切り，不定芽誘導培地に植える。しばらくすると不定芽が形成してくるので，それを液体培地に移して培養する。300ml容三角フラスコで培養する時は，1分間に約180回転で振とう培養する。ジャーファーメンターで培養する時は，攪拌装置で攪拌すると組織が損傷を受けるため，ジャーファーメンター内に送る空気のみで攪拌する。約20日間で小植物体が得られるので，これをそのまま土に植えるか，あるいは根の生長を促すために，寒天培地に移して発根させてから土に植えて栽培する。このようなプロセスを経て開花に至る[11),12)]。

ここでは*Begonia*×*hiemalis*を例に述べたが，球根ベゴニアなどベゴニア属の他の種についてもこの方法が適用できる。またセントポーリアやグロキシニアも，ベゴニアと同様に挿木や葉挿による増殖が容易であるため，若い葉の切片を培養して多数の芽を分化させ，それを液体培地に

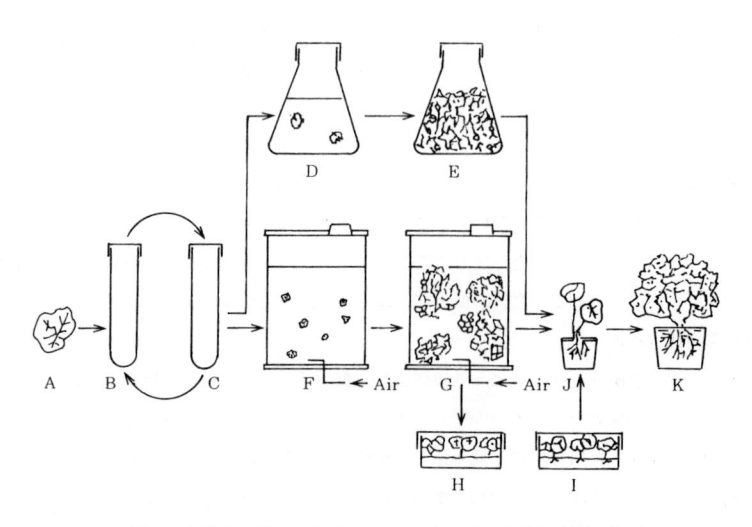

図4　組織培養による *Begonia* × *hiemalis* の大量増殖プロセス
(Takayama, S. 1991)

移して培養することにより，効率よく植物体を得ることができる。

(5) アンスリウム

アンスリウムは近年切花や鉢植えとして需要が高まっている。花の色は赤が最もポピュラーであるが最近白いものも見かけるようになってきた。

増殖方法は株分けか実生であるが，株分けでは増殖が遅く，また実生では品質にバラツキが生じる。そこで組織培養による増殖が行われている。

培養方法は図5に示したように，まず植物体から若い健全な葉を切り取り96％エタノールで予備殺菌した後，有効塩素1％の次亜塩素酸ナトリウム溶液に約30分間浸漬してさらに殺菌する。蒸留水で数回すすぎ，約1cmの大きさに葉片を切り取る。これを塩類強度1/2にしたMS培地にPBA 1 mg/L, 2,4-D 0.08 mg/Lを添加した培地(表3)に植え込み暗所で培養すると3～4カ月後にカルスが形成される。このカルスを継代してさらに増殖させる。この時，寒天培地でも液体培地でもよいが液体培地で培養したほうが増殖がはやい。このカルスをシュート誘導用培地に移して暗所で培養すると約4カ月で継代可能なシュートにまで成育する。明所に移すと約1カ月後にクロロフィルが誘導される。その後このシュートを発根用培地に移して発根させ，試験管から取り出して順化させる[13]。

このようなサイクルを経て出荷用の苗に至る。

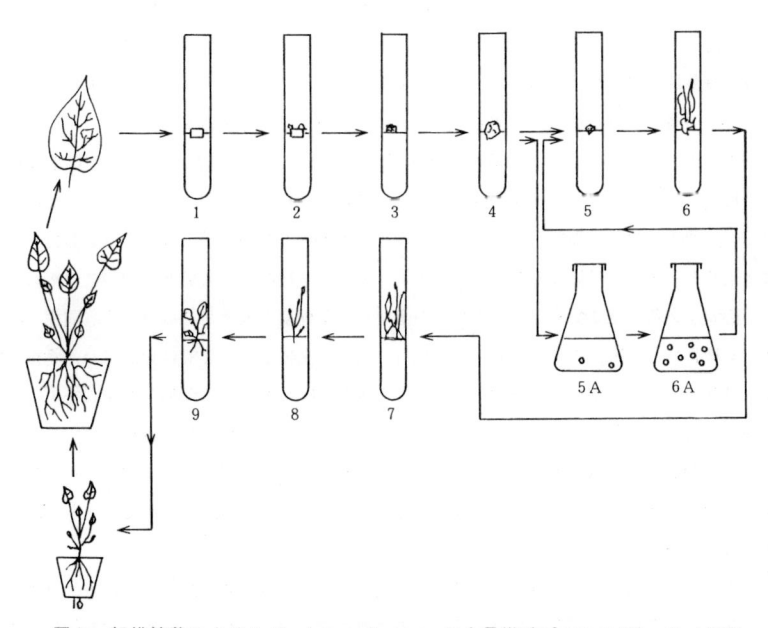

図5 組織培養による*Anthurium andraeanum*の大量増殖プロセス(Pierik 1976)

第4章　種苗工場技術システム

表3　アンスリウム葉片培養のための培地組成（Pierik 1976）

成　分	カルス誘導培地	カルス継代培地		シュート誘導培地	発根培地
		固形培地	液体培地		
NH_4NO_3	825	825	1650	206	412
KNO_3	950	950	1900	950	475
$CaCl_2 \cdot 2H_2O$	440	220	440	220	110
$MgSO_4 \cdot 7H_2O$	370	185	370	185	92
KH_2PO_4	85	85	170	85	42
シュークロース	—	—	—	20000	—
グルコース	30000	20000	20000	—	30000
PBA	1	1	1	1	—
2,4-D	0.08	—	—	—	—

すべての培地に含まれているもの：無機塩類を加えたMS基本培地，NaFeEDTA25mg/L，寒天7mg/L（液体培地は除く）。pHはオートクレーブ前に6.0に調整する。

(6) バ　ラ

バラは，日本の三大切花の一つであることからもわかるように需要が多く，切花，鉢植え，または植物園などでよくみられるバラ園など，広く利用されている。

バラの増殖は挿木や接木による栄養繁殖であるため，ウイルスフリー化による品質の向上が期待される。また，メリクロン苗も市場で見かけるようになってきた。しかし実際は，苗の成育は良いが開花期が遅れ，収量も減る，または側枝が多発するため主枝が充分伸びないなど，必ずしも品質が向上するとは限らない。

バラも無菌株を得るための材料として，茎頂を用いる。切り出した茎頂は，寒天培地上に植え込むが，この時あまり小さく切りすぎるとカルス化しやすいので注意する。シュート形成には植物ホルモン濃度，シュークロース濃度が大きく作用するが，バラの場合MS基本培地にBA 2 mg/L，GA_3 0.1mg/L，NAA 0.004mg/L，シュークロース40 g/Lを加えた時に良好である。サイトカイニン要求性が強いのでBA（もちろんカイネチンなど他のサイトカイニンでも良い）の添加は必須である場合が多い。しかし，品種によって多少差があるので個々についてはそれぞれ検討する必要がある。茎頂からシュートが立ち上がりある程度の大きさになったら，同様の培地に継代して培養する。継代の間隔はおよそ1カ月である。発根培地としては1/2〜1/4に希釈したホルモンフリーのMS培地か，あるいはこれにNAAを0.05〜0.1 mg/L添加したものを用いると良い。根が2cm以上になったらバーミキュライトやパーライトに植えて順化させる[14]。

また，組織培養株に放射線やNMMGなど化学変異剤で突然変異処理し，成育した植物体から花色や花の形など，有用な変異を起こしているものを選抜して，新品種を得ることも可能である。

(7) カーネーション

カーネーションもバラと同様，日本の三大切花の一つであり需要が高く，特に母の日における需要は著しい。発根が容易なため挿し芽による大量増殖が可能だが，一時期に需要が集中するた

9　組織培養による花き・観葉植物の大量生産システムの現状

め従来の露地栽培ではその時期にあわせた栽培が困難であった。また，ウイルスに感染しやすく，代を重ねるごとに品質の低下が著しくなるため，現在ではウイルスフリー苗を利用することが常識となっている。

カーネーションのクローン増殖は①茎頂および側芽の生長点からの無菌株の獲得，②シュートの増殖，③発根，④順化の4段階にわけることができる。

まず切り出した生長点をMS寒天培地に植えて培養する。この時，液体浮遊培養してもよいが，寒天培養法に比べると得られたシュートが軟弱である。ただし，液体振とう培養を目的としている場合は，こうして得られたシュートのほうが適している。次に生長点から得られたシュートの増殖であるが，液体振とう培養の場合，シュークロース30g/Lを含む1/3強度MS培地の時に良好である。また発根および順化はNAA 0～0.1mg/L，シュークロース10g/Lを含むMS培地が適している。こうしてできた植物体はウイルスに汚染されていないため，良品質である。しかしまれに花色変異が観察されるが，その頻度は挿し芽増殖株と大差ない[15]。

9.3.2　観葉植物

(1)　サトイモ科

近年需要が増加しているスパティフィラムに代表されるサトイモ科の観葉植物は，従来実生か株分けにより増殖していた。しかし，実生による増殖では品質や成育にバラツキがみられる。また株分けでは増殖率が極めて低いため有用株が得られたとしても，これを新しい品種として市場に出すまでには時間がかかる。そこで，組織培養による大量増殖が試みられた。

サトイモ科の植物は，節部または茎頂部を1mg～10mg/Lのベンジルアデニンを添加したMS培地に置床すると不定芽が発生する[16]。この不定芽を液体培地に移して振とう培養すると，大量のシュートが得られる。また，いきなりシュートを誘導せずに，カルスを誘導しそれを増殖させてから再分化させてシュートを得る方法もある。サトイモ科植物のカルスは，カルスというよりも分化状態の組織塊であり，regenerative callus と呼ぶのがふさわしい場合が多い。このregenerative callus は液体振とう培養で容易に増殖し，培地を変更する（糖濃度，塩類濃度を低下させる）と容易にシュートを形成して植物体となる。アンスリウムなどはこの方法で変異の少ないクローン植物が大量に得られる。

スパティフィラムの場合を例に述べると，初代培地としてBAを1mg/L添加したMS培地が適しており，シュートの発生が良好である。増殖はBA 2mg/Lを添加MS培地が用いられている。また，液体培地に移して振とう培養するとシュートの成育が促進される。発根は，ホルモンフリーのMS培地を用いた時に良好である。ただし，スパティフィラムはシュート増殖中にもかなりの発根がみられるので，発根培地に必ずしも移す必要はない。

このようにサトイモ科の植物は，液体培養で容易に大量の苗を得ることができるので，今後ジャーファーメンターによる大量増殖などによりさらに広く用いられるであろう。

121

第4章　種苗工場技術システム

(2) シダ類

　シダ類もサトイモ科と同様，観葉植物としての人気が高まっている。また，組織培養による増殖も比較的容易であるため実用生産も進んでいる。

　ここではネフロレピス属の*Nephrolepis cordifolia*を例に述べる[17]。

　外植体として根茎の先端の生長点を切り取り，シュークロース20g/Lを含んだ1/2〜1/4希釈のMS寒天培地に植えて培養する。シダ類の場合酸性土壌を好むものが多く，培地のpHを5前後に調整する。この培地では直接シュートが形成されるが，さらに効率化をはかる時には，多芽球体を作らせてからそれを大量に増殖し再分化させた方が良い。この時の培地はシュート形成用の培地にBA 1mg/Lを添加したものである。また，液体培地に移して振とう培養するとシュートおよび多芽球体の成育が促進される。

9.4　おわりに

　植物組織培養の技術がここ数十年の間に飛躍的に進歩し，様々な植物での培養が可能となった。また，最初は寒天培地での培養が主体であったため，培養効率が必ずしも良いとはいえなかったが，液体培地での培養が可能となり改善されつつある。

　液体培養はユリ科，サトイモ科などの単子葉植物の大量増殖には特に優れた方法である。しかし，双子葉植物の増殖への液体培養の利用はさほど検討されておらず，液体培養による大量増殖が可能となった増殖はまだ限られている。

　花き・観葉植物は，組織培養によるクローン増殖の核となっているので，今後はジャーファーメンターによる大量増殖などが実現し，優良苗が自動生産される技術確立が望まれる。

主　要　文　献

主要文献として，参考までに次の二冊を挙げておく。
- 高山眞策：クローン増殖と人工種子，オーム社刊，pp.1〜191（1989）
- 樋口春三編：植物組織培養の世界，柴田ハリオ硝子㈱，pp.1〜351（1988）

引　用　文　献

1) Takayama, S., Swadlung, B., Miwa, Y., Automated propagation of microbulbs of Lilies, Cell Culture and Somatic Cell Genetics of Plants, Vol.8, Academic Press, Inc., pp.111-131 (1991)
2) 高山眞策，深野真弓，天羽孝子，組織培養によるユリの繁殖に関する研究（第8報）各種

ユリ属植物の球根形成:シュークロース濃度の影響,園芸学会昭和61年度春季大会研究発表要旨,398-399 (1986)
3) 妻木直子,高山眞策,液体振とうおよびジャーファーメンターによるヤマユリの簡易大量増殖に関する研究(印刷中)
4) 大川清,高山眞策,三澤正愛,高重芳樹,津森博,組織培養によるユリの繁殖に関する研究(第6報),組織培養球根の栽培に関する諸問題,園芸学会昭和56年度春季大会研究発表要旨,321-313(1981)
5) Takayama, S., Amo T., Fukano, M., Akita M., Mass propagation of gladiolus by liquid culture methods(in Japanese), Abst. 10th Meeting Japanese Assoc. Plant Tissue Culture : 88pp. (1987)
6) Murashige, T. et al., Clonal multiplication of gerbera through tissue culture., *Hortscience*, **9**(3) : 175-180 (1974)
7) 長岡正昭ら,組織培養の簡易装置化に関する研究(第1報),園芸学会昭和62年度春季大会研究発表要旨 (1987)
8) 長岡正昭ら,組織培養の簡易装置化に関する研究(第2報),園芸学会昭和62年度春季大会研究発表要旨 (1987)
9) R. L. M. Pierik, Th. A. Segers, *In vitro* culture of midrib explants of *Gerbera* : adventitious root formation and callus induction., Überreicht vom Verfasser. Nicht eizeln im Buchhandel! Sonderdruck aus "Zeitschrift für Pflanzenphysiologie", Band 69, Heft 3, 204-212 (1973)
10) Takayama, S, Mass propagation of plants through shake-and bioreactor-culture techniques, In : Bajaj, Y. P. S. (Ed.), Biotechnology in Agriculture and Forestry, Vol. 17, Springer-Verlag, Berlin Heiderberg, pp. 495-515 (1991)
11) Takayama, S., Misawa, M., Mass propagation of *Begonia* ×*hiemalis* plantlets by shake culture, *Plant Cell Physiol.*, **22** : 461-467 (1981)
12) Takayama, S., Misawa, M., Factors affecting differentiation and growth *in vitro*, and propagation scheme for *Begonia* ×*hiemalis*, *Sci. Hortic.*, **16** : 65 75 (1982)
13) R. L. M. Pierik, *Anthurium andraeanum* plantlets produced from callus tissues cultivated *in vitro*, *Physiol. Plant.*, **37** : 80-82 (1976)
14) D. R. Davies, Rapid propagation of roses *in vitro*, *Scientia Horticulturae*, **13** : 385-389 (1980)
15) 高山眞策,三澤正愛,液体振とう培養法を用いたカーネーションの繁殖,園芸学会昭和57年度春季大会研究発表要旨 (1982)
16) Hosoki, T., Propagation of tropical plants by tissue culture, Ph. D, dissertation (Univ. of Hawaii) (1975)
17) Amaki, W., Higuchi, H., Micropropagation of *Nephrolepis*., In Y. S. P. Bajij (ed) Biotechnology in Agriculture and Forestry, Springer-Verlag, Berlin (1988)

第4章　種苗工場技術システム

10　種苗工場のための自動化・ロボット化

鳥居　徹*

10.1　はじめに

　種苗生産の工業化を図る場合に重要な点は，生産コストが生産技術に大きく左右されることである。したがって，種苗工場における生産性向上を図るには，自動化の内容や方法に対して十分検討する必要がある。

　種苗工場における苗生産形態を培地別に分類すると，1)ハウス栽培によるプラグ苗のように土やバーミキュライト，ピートモスを培地とする栽培，2)ハウスまたは植物工場を中心とした水耕栽培，3)組織培養による無菌培地での苗生産の3つに分類される。それぞれに必要な技術的課題，現状についてまとめたものを表1に示す。これらの自動化における技術的課題としては，環境制御の作業の自動化などハードに関するものと，成長の最適化，苗の品質評価などソフトに関する部分に分類される。以下，それぞれの培地について，ハードおよびソフト面から述べていくことにする。

表1　種苗生産における要素技術

培地の種類	ハードウェア		ソフトウェア
	環境	作業	
土耕	温・湿度，CO_2，光環境の制御	播種，移植，接ぎ木，防除，灌水，運搬	品質評価，成長，最適化，計測
水耕	同上，水耕液の管理	播種，スペーシング，ハンドリング，運搬	同上
組織培養	同上，培養液，培地管理	移植，植え継ぎ，ハンドリング	同上

10.2　培地が土やピートモスの場合

　まず，培地が土である場合は，プラグ苗などを中心とした成形苗生産がさかんに行われている。プラグ苗生産は，培地の作製，播種，発芽・成長，移植といった一連の作業がシステム化されているため[1]，生産の自動化が行いやすいと考えられる。

　培地が土やピートモスの場合，その作業工程および必要な技術的課題は図1のようになると考えられる。以下に，この場合に用いられる機械および技術的課題をハードおよびソフトの面からとらえていくことにする。

---

　*　Toru Torii　東京大学　農学部

10 種苗工場のための自動化・ロボット化

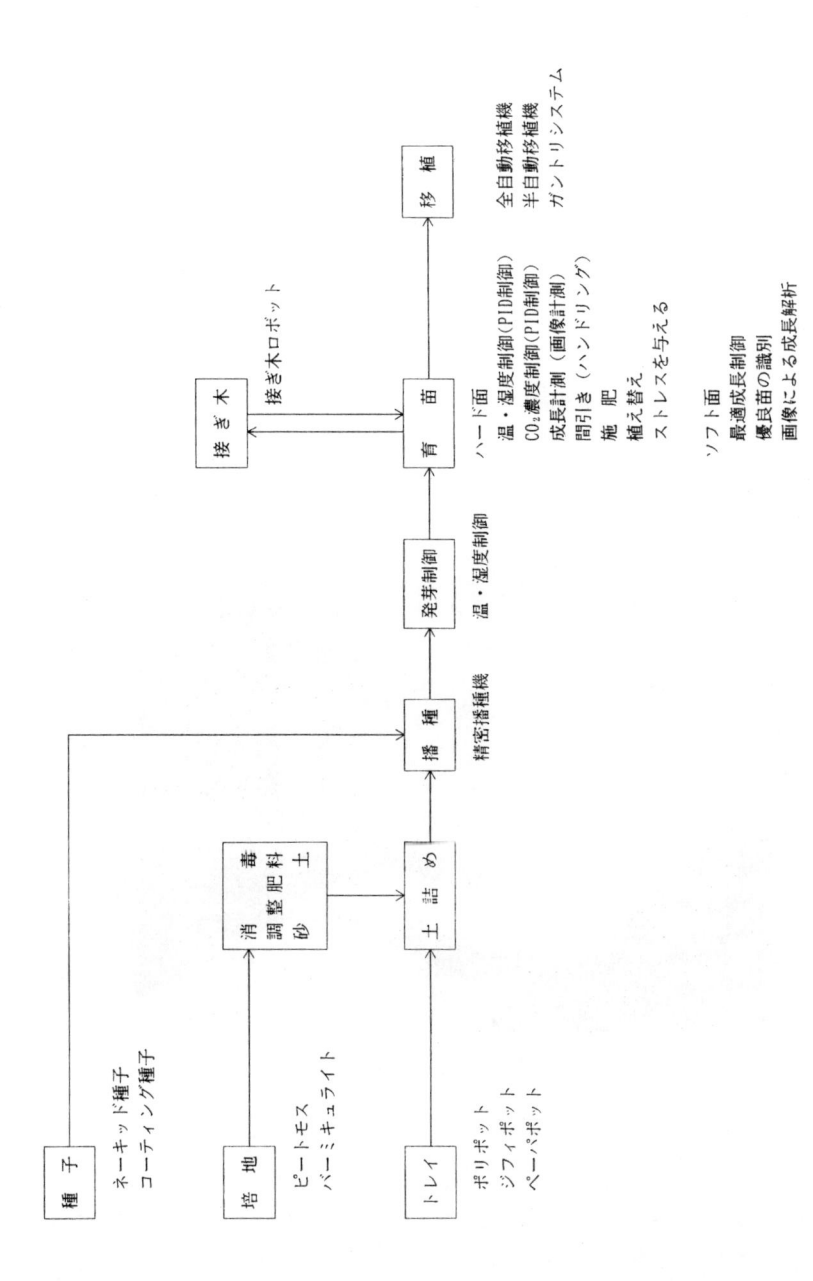

```
種子 ──ネーキッド種子
       コーティング種子
                              │
                              ▼
培地 ──ピートモス          播種 ← 精密播種機
       バーミキュライト      │
                              ▼
       消 調 肥 土        発芽制御 ── 温・湿度制御
       毒 整 料 砂           │
          │                   ▼
          ▼              接ぎ木 → 育苗 ── ハード面
       土詰め ──→         接ぎ木ロボット    温・湿度制御(PID制御)
                                           CO₂濃度制御(PID制御)
トレイ ──ポリポット                         成長計測(画像計測)
       ジフィポット                         間引き(ハンドリング)
       ペーパーポット                       施肥
                                           植え替え
                              ▼            ストレスを与える
                           移 植
                           ── 全自動移植機   ソフト面
                              半自動移植機    最適成長制御
                              ガントリシステム 優良苗の識別
                                            画像による成長解析
```

図1 培地が土の場合の種苗生産システムと自動化の課題

125

第4章 種苗工場技術システム

将来的に生産品種が多様化すれば、それぞれに専用機を用いるのではなく、スカラ型などの汎用ロボットを導入して、播種機を装着したり、間引き用ハンドを装着したりなどして、品種によらずに対応できる柔軟なシステムをつくることが必要になる。

10.2.1 播　種

培地は無菌状態に近づけるために、ピートモス、バーミキュライトなどが用いられて、窒素、リン、カリなどが調整して加えられる。土詰めはソイルブロック製造機で行われ、播種も同時に行う。ダイヤトピー社の例では、播種は種子の大きさに合わせて、大型から小型の播種機を使い分けて用いている[2]。容器内に正確に播種する必要があるため、播種機としてはニューマチックによる精密播種機が用いられる。精密播種機には、突起型、シリンダ型、円錐型などがある[3]。突起型（ノズル型）は、突起したチップの先端に種子が吸引されていて、所定の位置で播種する装置である。1回にトレイ1つ分を播種できるように、チップは100以上付いている。シリンダ型は、水平に置かれた円筒状のシリンダに穴があいていて、種子をこの穴に吸着して播種する装置である。種子が1粒ずつ付着するように、余分の種子は空気による吹き付けを行ったり振動を与えて落とすようにしている（写真1）。

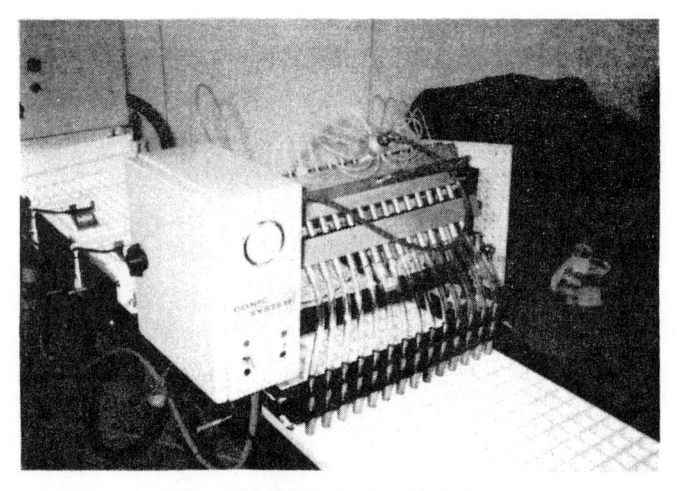

写真1　精密播種機（文献3より引用）

10.2.2 発芽制御

水稲の育苗では、播種前に種子を30℃程度の温水に漬けておき、少し発芽した状態で播種を行う[4]。野菜の場合も、種子を一斉に発芽させて苗の大きさを揃えるために、播種前に種子を30℃程度の温水で発芽促進処理が行われることがある[3]。

10.2.3 成長計測

　生育状況を非破壊計測する方法では，画像処理によって葉面積の増加を計測する方法が容易であると考えられる。画像処理装置としては1千万円を越える高級機から10万円台のパーソナルユースの安価なものまでいろいろある[5]。

　成長を画像計測する場合には，培地の色が黒色で，葉色が緑色であるから，画像中から葉の部分を分離して，生育状況を2次元画像の投影面積で判定できると考えられる[6]。しかし，葉と葉が重なった場合には正しい葉面積を推定することは難しい。

　品質評価法としては，葉面積，背の高さなどを指標とできよう。苗の評価法の例として，多変量解析，ファジィ評価法，ニューラルネットワークの利用などが考えられる。ファジィ評価法については，後述する。

　また，苗の良否を判別して間引きをする必要がある。苗の良否判別には画像による診断が最も有効であるが，画像は2次元の情報しか得ることができないため，3次元情報が必要である場合はレーザー変位計，超音波距離計などを併用する必要がある。レーザー式変位計は，㈱オムロン，㈱キーエンスなどから発売されており，10万円台からある。

10.2.4 環境制御

　ハウス内での環境制御技術としては，温・湿度，CO_2濃度，光強度の制御が挙げられる。また，水耕による場合は溶液管理制御，組織培養による場合は，培地の成分制御が加わる。「苗半作」というように種苗の生育状況は，その後の生育に大きく影響を与えるため，種苗期における環境制御は重要である。

　温・湿度制御は，コントローラとしてＰＩＤによる温度コントローラが市販されており，これとヒータと加湿器を組み合わせた制御系を作ることができる。コントローラには，ＲＳ－232Ｃのような外部との接続機能を組み込めるため，パソコンによって全体を容易に制御できる。コントローラは，㈱オムロン，㈱チノーから発売されている。

　CO_2の濃度制御は，文献7)に述べられている。これによるとCO_2の濃度制御は，濃度が薄い場合に濃くすることは容易であるが，濃い場合にはCO_2を炭酸カルシウムなどに吸引させる方法しかないために，制御はむつかしい。したがって，オーバーシュートが生じないようにＰＩＤ制御のパラメータを選ぶ必要があり，またガスボンベのガスを直接排出するのではなく，2,000 ppm程度の濃度に薄めたガスを用いて制御するなどの方法がある。CO_2の計測は，一般に赤外線ガス分析装置が用いられており，富士電機製の分析機は10万円台からあるので，これを用いれば安価に制御系を作ることができる。

　㈱イーエスディのグリーンキットシリーズは，温室の温度計測などを行うＡ／Ｄコンバータ，ヒータ，加湿器などのオンオフ制御を行うデジタルＩ／Ｏなどがあるため，容易に制御を行うことができる。これは，実験室レベルから実用機レベルまで用いるころができるため便利である。

第4章　種苗工場技術システム

CPUを内蔵したものから，外部コンピュータで制御するものまで幅広く選べる。

10.2.5　接ぎ木ロボット

　キュウリ，トマトなどナス科の野菜は連作障害による症状が多く発生する。これを防ぎまた耐病性をもたらすためにカボチャの台木に接ぎ木した接ぎ木苗が多く用いられている。近年は，需要が高まり，接ぎ木作業の自動化が要求されている。現在はカミソリによる手作業で行っているが，需要が多いので自動化装置が試作されている（写真2）[8]。これは，台木であるカボチャ苗の子葉1枚（1枚は残して）と成長点をカミソリで精密に切断し，また穂木であるキュウリは胚軸を切り落として根部を切断し，これら2つの切断部を正確に圧着してクリップで固定する装置である。台木，穂木はそれぞれ回転テーブルに装着されて回転し，切断部で正確に切断されるようになっている。回転テーブルへの苗の補充は今のところ人力で行っている。それでも，作業速度は手作業の10倍程度であり，苗の活着率も手作業に近い数字であるため，今後幅広い活用が期待できる。

写真2　接ぎ木ロボット（文献8より引用）

10.2.6　移　　植

　苗の移植機としては，全自動移植機と半自動移植機がある[1]。

　全自動式としては，カセット式，コンベア式，巻き取りテープ式があり，カセット式は苗を入れたカセットからソイルブロックを打ち抜いて移植する方式，コンベアは苗送り用のコンベアにソイルブロックを供給する方式，テープ式は別の作業場で苗をはさんだテープを用いて苗を供給する方式である。

半自動式には，手作業でソイルブロックを苗供給ポットや苗送りベルトに供給して自動的に落下させる苗誘導落下方式，地表面と垂直に回転する苗搬送エレベータに供給して移植する垂直回転誘導方式がある．移植時に，施肥，灌水を行うものもある．

10.2.7　全自動化システム[9]

東北農業試験場では，育苗を土詰めから移植まで一連の作業を自動化する育苗ロボットの研究が行われている（写真3）．育苗ロボットが行う作業内容は，1)播種，2)苗への接触刺激，3)灌水，4)ハウス内環境制御，5)欠株・不良苗検知，除去，6)苗箱積み込み，7)CO_2散布装置，8)苗トッピングの8種類の作業である．以上のロボットを導入すれば，露地移植面積 2ha，苗箱 1,000箱相当の苗生産作業を行うことが可能と報告している．

写真3　施設内育苗ロボット（文献9より引用）

育苗箱は移植機に載せるために無底育苗箱が用いられており，播種は育苗ロボット本体に播種機を装着してレールの上を走行し，播種する仕組みである．播種はセルプレート往復式ユニットで種子が繰り出され，ビニールパイプを通じて落下する．1点播種で後に移植する方法の方が，多点播種のあと間引きをする方法より容易であり，自動化には前者の方法がよいと指摘している．

苗への機械的刺激を与えて，苗の徒長を防ぐことを行っており，これにより10％の草丈抑制，引き抜き抵抗力は40％増加したと報告している．

灌水は，ブームノズルを装着したロボットが移動して，散布する．

欠株，不良苗の検出は，地表面から一定の高さの所に光ファイバーによるビーム光を照射し，

この光が植物でさえぎられた場合は良苗があるとし、ない場合は不良苗もしくは欠株と判断して、培土ごと掃除機に吸い込む仕掛けである。

苗箱の積み込み装置は、移動台車にフォークリフトを装着した形である。

苗のトッピングは、セル苗を均一に出荷するために、電動バリカンでせん葉処理する。トッピングを行っても収量結果に変化なく、よく揃った苗を収穫できるとしている。

10.3 培地が水耕の場合

培地が水耕液の場合、その作業手順を図2に示すが、図1における培地の調整が水溶液の調整になる程度であとは類似している。

水溶液の成分調整は、EC、pHなどを計測して行われるが、これの自動化はすでに行われている。しかし、水溶液のイオン別の調整は選択性のよいセンサが少ないために、現在ではオンライン化はむつかしい[10]。

水耕における播種は、現在の試験的な植物工場ではすべて手蒔きによって行われているが、工業化する場合には、播種は専用機または汎用ロボットに精密播種ユニットを装着して行うことになろう。

水耕における成長計測の例として、植物工場の例だが、画像処理を用いたオンライン計測を行っている[6]。これによれば、サラダナの投影面積や葉の周囲長の変化を計測したところ、投影面積を用いる場合が最も成長を正しく推定できると報告している。

水耕における苗生産としては、何らかの空間節約装置が必要と考えられスペーシングロボットや専用のスペーシング装置による方法が考えられる。スペーシングロボットとしては三菱重工、電力中研などの植物工場で試作されている（写真4）。

写真4　スペーシングロボット（三菱重工業）

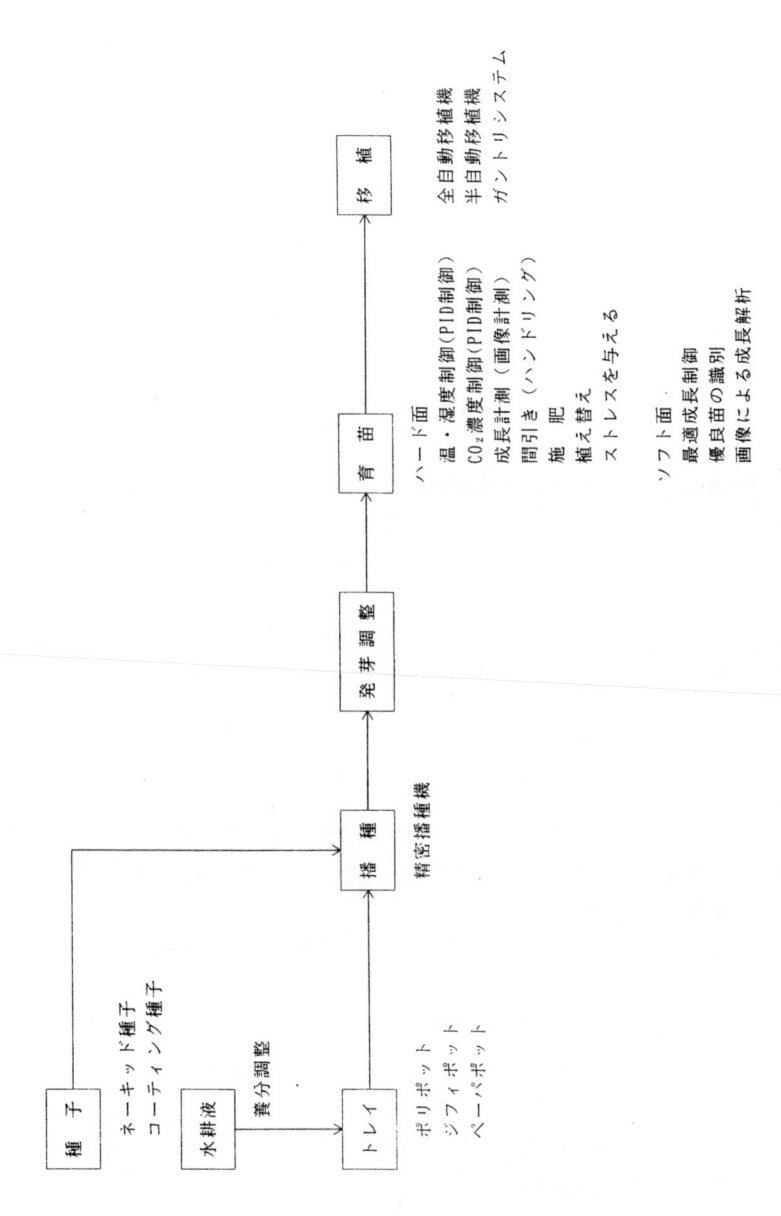

10　種苗工場のための自動化・ロボット化

```
種子 ──┐
ネーキッド種子
コーティング種子
         │
         ▼
水耕液 → 養分調整 → トレイ → 播種 → 発芽調整 → 育苗 → 移植
                  ポリポット    精密播種機              ハード面：           全自動移植機
                  ジフィポット                          温・湿度制御（PID制御） 半自動移植機
                  ペーパーポット                        CO₂濃度制御（PID制御） ガントリシステム
                                                      成長計測（画像計測）
                                                      間引き（ハンドリング）
                                                      施肥
                                                      植え替え
                                                      ストレスを与える
                                                      ソフト面：
                                                      最適成長制御
                                                      優良苗の識別
                                                      画像による成長解析
```

図2　培地が水溶液の場合の種苗生産システムと自動化の課題

第4章　種苗工場技術システム

10.4　組織培養による無菌培地の場合

　種苗工場として，付加価値の高い苗生産を行うには，組織培養によるウイルスフリー苗や優良品種の苗生産が良いと考えられる。組織培養を利用した苗生産システムは，図3に示すようにメリクロン増殖による苗生産とジャーファメンタによる増殖に分けられる。

　メリクロン苗の増殖をロボットで自動化する試みは，早稲田大学三輪教授[11]や㈱東芝輪竹氏[12]らによる研究が行われており，これについては後述する。これらの苗を生育する装置化に関する研究は，野菜試験場を中心に行われており，ここでは培養箱方式による大量培養システムの研究が行われている[13]。技術的課題としては，メリクロン苗の株分けでは，苗のハンドリング，位置検出などがあり，培養・ナーサリングにおいてはハード面では温・湿度，光，ガス環境制御が，ソフト面では画像による成長解析，苗の良否判別があげられる。

　ジャーによる大量培養方式では，ジャー内の環境制御，養分制御があり，これをナーサリングする場合に，やはりロボットによるハンドリング技術が要求される。そのほかは，メリクロン苗のナーサリングと同じである。

10.4.1　バイオテクノロジーにおける苗移植ロボット

　現在ではバイオテクノロジーによる植物生産が花卉を中心に行われている。この方法では，培養により植物が増殖を繰り返すために株数が非常に多くなるが，その移植作業をほとんど人手に頼っているため，コストに占める人件費の割合が非常に大きい（7割以上）。バイオテクノロジー用ロボットは，この中で主に移植操作や培養した植物体の取り出し作業を対象としたものが多い。組織培養ロボットに要求される仕事は，①柔らかい植物のハンドリング（培養苗は一般の植物より柔らかい），②雑菌の混入がなく滅菌ができる，③狭い容器内での作業性，④培養苗の形状，位置，大きさなどを認識する，などが挙げられる。

　この作業を対象としたロボットは，早稲田大学三輪研究室では，形状記憶合金を用いたグリッパーにより，微小な種苗をつかんで寒天培地から抜き取り，植え替える操作を行わせた。苗の位置検出は，微弱電流を培地に流して，これにより植物より発信される電波信号をアンテナで受信する方法で行った（写真5）[11]。

　東芝のロボットは，ハンドはピンセットを用いた力をフィードバック制御したもので，ハンドの開閉をワイヤによるリンケージで行っている。また，苗の位置検出はレーザ式変位計を用いて苗の形状を判断している[14]（写真6）。

　増殖過程において植物組織をカルス化して増殖する方法があり，東京大学農業機械学研究室では増殖過程における植え継ぎ作業を対象としたロボットの研究を行っている[15]。カルスのハンドリングには形状記憶合金を用いたソフトハンドをファジィ制御によって力制御している。

10.4.2　ファジィによる評価法[16]

　花博で展示された日本たばこ産業のロボットは，苗工場において生育した苗の良否を判定して，

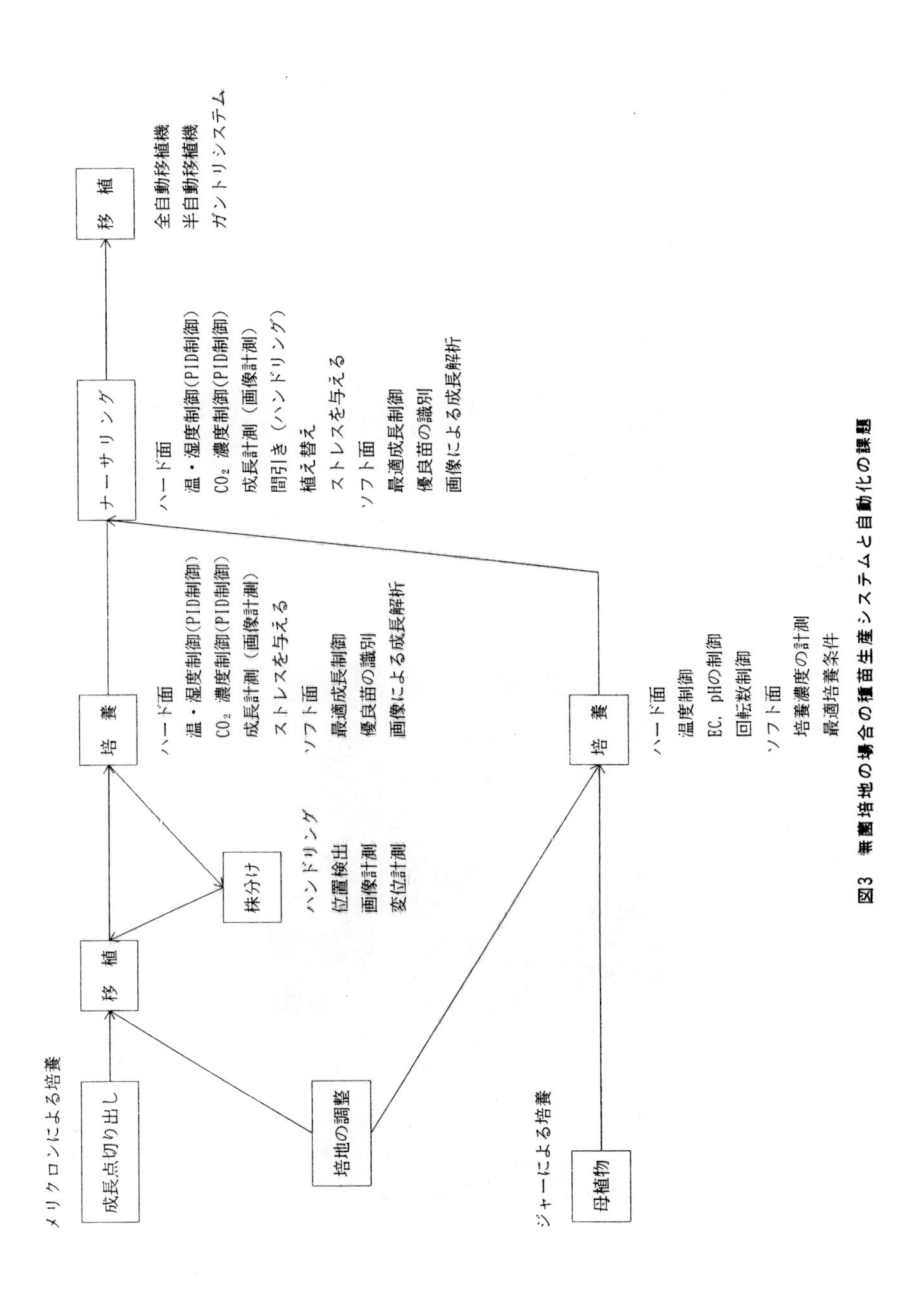

10 種苗工場のための自動化・ロボット化

メリクロンによる培養

成長点切り出し → 移植 → 培養 → ナーサリング → 移植

株分け
 ハンドリング
  位置検出
  画像計測
  変位計測

培地の調整

培養（メリクロン側）
 ハード面
  温・湿度制御(PID制御)
  CO_2濃度制御(PID制御)
  成長計測（画像計測）
  ストレスを与える
 ソフト面
  最適成長制御
  優良苗の識別
  画像による成長解析

ナーサリング
 ハード面
  温・湿度制御(PID制御)
  CO_2濃度制御(PID制御)
  成長計測（画像計測）
  間引き(ハンドリング)
  植え替え
  ストレスを与える
 ソフト面
  最適成長制御
  優良苗の識別
  画像による成長解析

移植
 全自動移植機
 半自動移植機
 ガントリシステム

ジャーによる培養

母植物 → 培養

培養（ジャー側）
 ハード面
  温度制御
  EC, pHの制御
  回転数制御
  培養濃度の計測
 ソフト面
  最適培養条件

図3 無菌培地の場合の種苗生産システムと自動化の課題

第4章　種苗工場技術システム

写真5　形状記憶合金によるメリクロンロボット（文献11より引用）

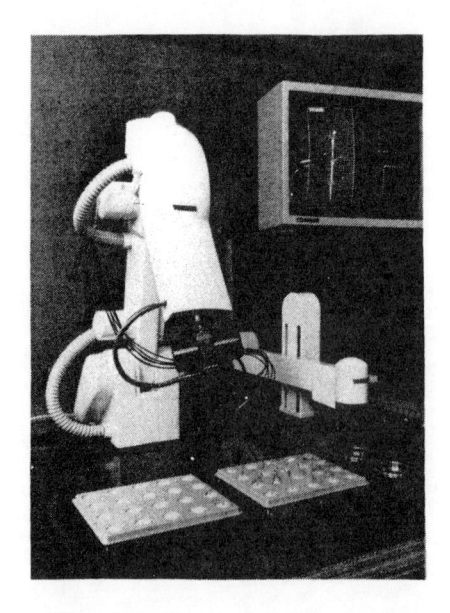

写真6　苗増殖用ロボット（文献12より引用）

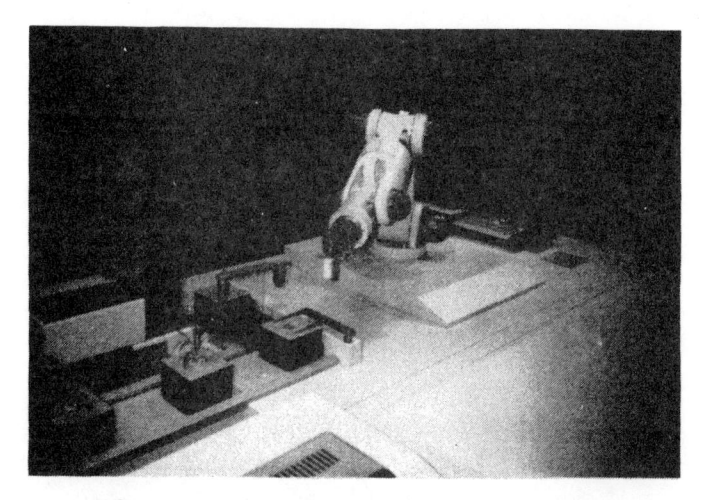

10 種苗工場のための自動化・ロボット化

写真7 ファジィ応用苗選別知能ロボット（文献16より引用）

選別・移植するロボットである（写真7）。本ロボットは，成苗の良否をファジィ推論を用いて判定するシステムで，2台のTVカメラを用いて葉の枚数・面積，葉の広がり具合など形状の特徴をもとめ，これらを総合的にファジィ推論する事で良否を判定するシステムである。

ファジィ推論法は，以下の手順による。
①オフライン計測からメンバシップ関数を作る。
②計測値とメンバシップ関数からファジィマッチングを行う。
③ファジィ積分[17]による総合評価

メンバシップ関数として評価する値は，上面面積，葉の枚数，葉幅，葉長，側面面積，背丈，方向性の7つで，これら各々に対してあらかじめオフラインで計測した値より関数を作る（図4）。メンバシップ関数として，（オフライン計測の平均値）−（標準偏差σ）までをグレード1，それより2σ下がると0となる直線で表す。次に，計測値とメンバシップ関数からファジィマッチングを行い，計測値のグレードを求める。グレード $h(x_i)$ は，以下の式で表される（図5）。

$$h(x_i) = \{Sup(P \cap Q) + Sup(P \cup Q)\}$$

式の意味は，図5を参照されたい。

さらに，得られた7つのグレードからファジィ積分による評価を行う。積分値 e は次式となる。

$$e = \bigvee_{i=1}^{7} [h(x_i) \wedge g\lambda(H_i)]$$

$$g\lambda(H_i) = [\prod_{k=1}^{i}(1+\lambda \cdot g^k) - 1]/\lambda$$

第4章 種苗工場技術システム

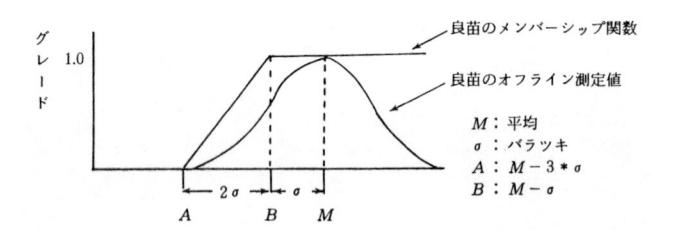

図4 良苗のメンバシップ関数[6]

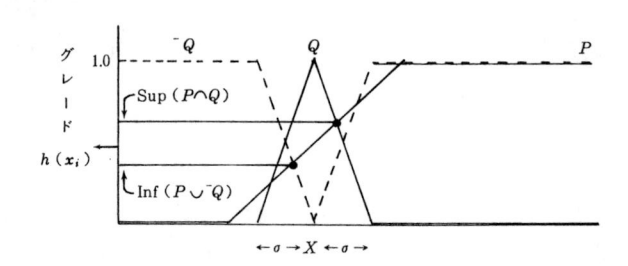

(図中ラベル: グレード, 1.0, 良苗のメンバーシップ関数, 良苗のオフライン測定値, M:平均, σ:バラツキ, $A: M-3*\sigma$, $B: M-\sigma$, 2σ, σ, A, B, M)

図5 ファジィマッチング[6]

(図中ラベル: グレード, 1.0, $\bar{Q}$, Q, P, $\mathrm{Sup}(P\cap Q)$, $h(x_i)$, $\mathrm{Inf}(P\cup \bar{Q})$, $\leftarrow \sigma \rightarrow X \leftarrow \sigma \rightarrow$)

表2 良否に関する主観的な尺度[6]

名称	尺度	名称	尺度
① 上面面積	0.3	⑤ 側面面積	0.1
② 葉の枚数	0.3	⑥ 背丈	0.2
③ 葉幅	0.1	⑦ 方向性	0.1
④ 葉長	0.2		

0.3 ⟶ 大
0.2 ⟶ 中
0.1 ⟶ やや小

$g*$ は表2の尺度に当たる。

ファジィ測度 λ は,

$$g\lambda(H_i) = 1$$

より求める。各評価値のグレード $h(x_i)$ およびファジィ測度 $g\lambda(H_i)$ を図6に示す。この結果, ファジィ積分値は図中の破線で示される値となる。これによる, カーネーション苗の判別結果は, 97%であったと報告している。

10 種苗工場のための自動化・ロボット化

図6 ファジィ積分[16]

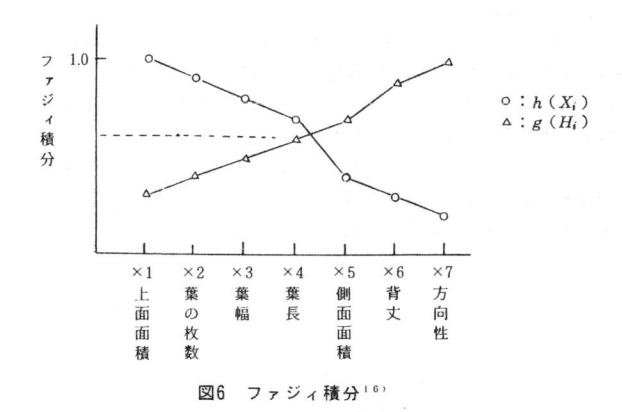

文　　献

1) 安藤敏夫：海外のプラグシステム事情，苗生産システムシンポジウム実行委員会主催第3回講演会資料，p.1-8 (1991)
2) 兎沢　邵：受託プラグ生産システムの役割と課題，苗生産システムシンポジウム実行委員会主催第3回講演会資料，p.66-70 (1991)
3) 村井信二：欧米の種苗生産の現状，農薬機械学会シンポジウム「野菜・花卉作における育苗のシステム化とその課題」講演集，p.23-39 (1991)
4) 農業機械ハンドブック，コロナ社，p.472-510 (1984)
5) 米川智司：インテリジェントビジョンによる植物形状認知におけるセンサ利用法，農業機械学会シンポジウム「農薬機械の知能化をめざして（第1回）」講演集，p.27-32 (1990)
6) 岩尾憲三：作物の成育と品質の非破壊計測技術，ＳＨＩＴＡ（植物工場学会）レポート，No.2, p.36-41 (1991)
7) 橋本　康：植物環境制御入門，オーム社，p.74-75 (1987)
8) 鈴木，小林：接木作業の機械化に関する研究，第50回農業機械学会年次大会講演要旨，p.253-256 (1991)
9) 坂上　修：野菜の自動化育苗・移植システム，苗生産システムシンポジウム実行委員会主催第3回講演会資料，p.17-32 (1991)
10) A. Okuya and T. Okuya : Development of an ion controlled feeding method in hydroponics, Proceedings of IFAC/ISHS Workshop, p.355-359 (1991)
11) 三輪敬之，山本敏郎，櫛橋康博，児玉啓司，植物組織培養の自動化に関する研究，精密工学会誌，54, (6), p.1107-1112 (1988)
12) 輪竹宏昭：苗増殖用ロボット，苗生産システムシンポジウム実行委員会主催第2回講演会

第4章 種苗工場技術システム

　　　　資料，p.67-73（1991）
13)　バイオナーサリーシステム運用マニュアル，農林水産省野菜・茶業試験場（1991）
14)　輪竹宏昭：苗増殖用ロボット，植物細胞工学，vol.3-1, p.73-77（1991）
15)　岡本嗣男，木谷　収，鳥居　徹，バイオテクノロジー作業の自動化に関する研究（第3報），農業機械学会誌，53(5), p.85-91（1991）
16)　藤原英幸，ファジィ応用苗選別知能ロボット，苗生産システムシンポジウム実行委員会主催第1回講演会資料，p.35-47（1991）
17)　寺野寿郎他編著：ファジィシステム入門，オーム社

第5章 バイオテクノロジーによる種苗工場のプロセス化

1 イネバイオ苗大量生産システムの開発

中園敦之*

1.1 はじめに

　我が国の主要作物であるイネに関して，多収量かつ食味の良いハイブリッド品種等の優良品種が，大量に安定して，効率良く供給されれば，稲の安定生産にとって有益なことである。そのため，バイオ技術を駆使した新品種の開発，苗の安定生産の研究等が各方面でなされている[1]~[3]。当社でも組織培養によるクローン増殖バイオ苗の大量生産システム開発を目指して幅広い研究開発を行っており，そのプロジェクトの概要[1]~[6]は，次に示す通りである。

1.1.1 研究開発目的

　開発目的は，優良作物種苗のバイオナーサリーシステムの開発である。具体的には，イネ優良苗を低コストで生産するためのクローン苗の大量培養システム並びに再分化された幼植物体の育苗システムと田植機用マットでの出荷・流通システムによるバイオ苗生産システムを構築することを目標とする。

1.1.2 出資法人，組織機構

　生研機構（生物系特定産業技術研究推進機構），民間四社，四経済連が参画し，出資各社に研究センターを設け，五研究センター（一研；麒麟麦酒，二研；大成建設，三研；新日本製鐵，四研；協和醱酵，五研；広島，佐賀，島根，宮城各県の経済連）体制で，生物系，工学系研究者が共同で研究開発を推進している。

1.1.3 研究の内容

　目標とするシステムの開発フローを，図1に示す。イネのカルス誘導・再分化から苗生産，供給までの一貫したシステムを開発するために，以下に述べるフラスコレベルの基礎技術，ファーメンタ（通気攪拌型培養槽以下同じ）培養と置床・育苗に主眼を置いた要素技術，両者を統合し，大量生産するためのシステム化技術および苗の流通システムの開発に区分し，それぞれの専門分野を分担して研究を行っている。

---

　*　Atsuyuki Nakazono　㈱ナーサリーテクノロジー　第三研究センター

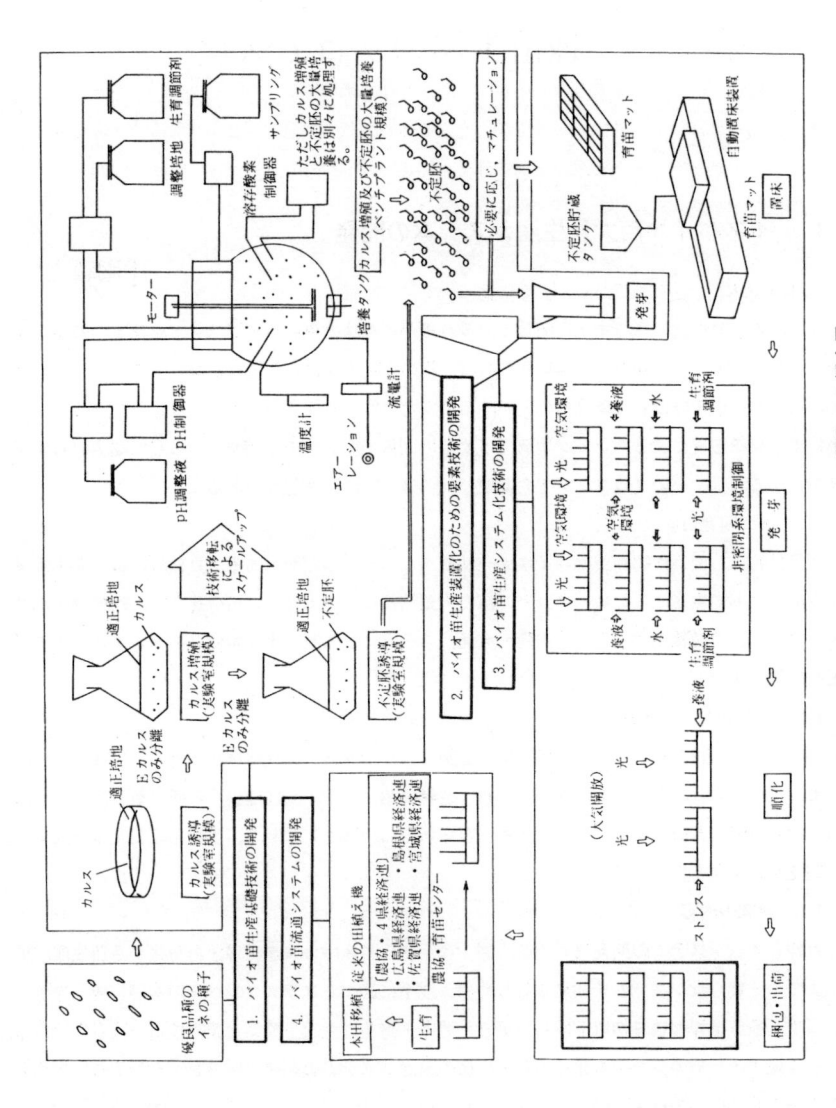

第5章　バイオテクノロジーによる種苗工場のプロセス化

図1　「優良作物種苗のナーサリーシステムの開発」の概念図

1 イネバイオ苗大量生産システムの開発

1.1.4 研究期間

研究期間は，1987年4月から1993年3月末までの6年間である。

1.2 生産基礎技術

大量生産システム基礎技術として，固体培養系基礎技術開発から取り掛かったが[7][8]，次第にカルスの取り扱いが容易で，大量生産可能な液体培養系の開発に主眼を移して進めてきた。

従来，単子葉作物であるイネの幼植物体を液体中で，クローン増殖の手法を用いて再生する技術は例がなかったが，当社で技術開発に挑戦し，カルス増殖，再分化プロセスともにフラスコレベルで基本培養系を確立することができた。表1にこの液体培養技術の特長を示す。

表1 液体培養技術の特長

	項　目	カルス増殖	幼植物体再分化
1.	目的	安定化；増殖率 高機能化；添加培養 高密度化 連続化，スケールアップ	安定化；再分化率 高機能化；添加培養 高効率化，高品質化 連続化，スケールアップ
2.	特徴と取り組み	適格要因範囲広い 要因明確，データ収集主体	適格要因範囲狭い 要因解明主体
3.	培地組成	N6基本， 培地添加	MS，N6
4.	環境条件	温度，羽根回転数 通気量等	温度，羽根回転数 通気量，光条件 ガス条件等
5.	前後処理	サイズ篩分 移送，計量	サイズ篩分 移送，計量 乾燥
6.	培養パラメータ	k_La，シア・ストレス 生長量，活性度 pH，EC，DO等	k_La，シア・ストレス 生長量，活性度 pH，EC，DO等
7.	培養方式	通気攪拌方式，エアリフト， 回転ドラム方式等	左記各種方式に同じ
8.	培養評価方法	増殖率 Eカルス評価法	再分化植物体数 再分化植物体品質

1.2.1 カルス増殖

カルス誘導・増殖は，キリン-PGIから技術導入後，当社で改良発展させた胚盤Eカルス法[9]〜[11]を基礎にしてなされている。これは，剥皮した種子を寒天培地上に置床し，その胚盤から誘導されたカルスを固体培地上で増殖，さらに液体培地でサスペンション継代培養し，増殖する方法がある。カルス継代培養の増殖率は，ほぼ4倍/1週間で安定している。また，再分化前の増殖過程において2,4-D，ミネラルの消長を調べ，培養液中の2,4-Dは急激に減少し続け，一方カルス中では，3日目に最大となって以後減少していること[12]や培地中Znは時間と共に顕著に減少し，4週間後に初期値の4%まで低下しており，カルス中Zn量はカルスグロスと良く対

応していること[13] 等がわかってきている。

1.2.2 液体再分化

液体中でカルスから幼植物体を，再生させる系を開発した。一つの系として液体中で，二段階培養で幼植物体を得る方法を開発した[14]~[16]。この方法は継代1週間目に，直径が1mm以上のカルスを取り出し，N6の無機塩，ショ糖，NAA，カイネチン等のホルモン，カゼイン加水分解物，プロリンや，ソルビトール等の浸透圧調節剤を含む再分化培地20mlに20mg置床する。20～35℃で3週間フラスコ盪湯し，培地をいったんすべて抜き取り，40mlの別の培地に交換して，さらに3週間培養する方法である。本法により，フラスコ当たり最高 200個体の割合で，幼植物体を得ている。また，別の再分化方法として一段階で培養する方法も開発されている[17],[18]。この方法は，継代時に細胞塊の肥大抑制のため篩で細胞塊を物理的に破壊し，直径1000μm以下のもののみ移植し，分化誘導時には200～1000μm径のカルスをNAA 1mg/L，カイネチン1mg/L，ショ糖10g/L，ソルビトール30g/L，プロリン12mM，カゼイン加水分解物 100mg/LおよびMES 5mMからなる再分化培地20ml中に，20mg置床し，28℃で4～6週間振盪培養する方法である。なお，液体再分化開発を進める上で，固体培地で得られた以下の知見も参考にした。不定胚誘導の至適温度は，30～35℃であり[19]，植物ホルモンの影響に関してはABA 1-2 ppm，カイネチン0.5 ppm と低い方が不定胚誘導率が高く[20]，NAA 5 ppm，2,4-D 0.4 ppm，カイネチン0.5ppm，ABA 2 ppm のところで3週間不定胚誘導にした時，最も高い植物体再生率を得ること[8]，また，乾燥処理したカルスを置床する方が再分化率が高まること[21] など種々の知見が得られている。

1.2.3 置床・育苗

発芽した幼植物体を，苗化培地に植え付け，その生育条件（活着条件，苗立ち条件等）の把握に努めている。なお，ポット栽培や4a規模の圃場での栽培テストを行った結果，バイオ苗からも種子由来と遜色ない品質の米ができることがわかった。それらの結果をまとめると，カルスの継代数，幼植物体の誘導・培養方法によってイネの形質や特性が若干異なることで示される。そのほか，種子由来イネに比較し短稈化（20％短），若干の早生傾向や低稔実率等が見られている[22],[23]が，サンプル個数も少なく，現時点では明確ではないので，さらに分析を続ける予定である。

1.3 システム化要素技術

1.3.1 技術開発の状況

ファーメンタを用いた液体培養技術，装置技術の開発状況は，以下の通りである。

カルス増殖に関しては，30L規模までの培養データ蓄積と培養技術の確立，増殖率向上のための添加培養法や培地中pHモニタリングデータを用いた増殖量の把握方法等を開発した。

液体再分化技術に関しては，リットルレベルのファーメンタを用いて培養条件の解明等鋭意研

究を進め，初めて再分化幼植物体の安定的誘導達成の目途をつけ，さらにその効率化，培養槽のスケールアップに取り組んでいる状況にある。

置床技術に関しては，置床の均一化，自動化，置床材の検討を進めており，育苗技術に関しては，育苗環境条件や活着促進剤等の化学調節剤適用条件検討を通じて初期育苗条件の開発を進めている。ここでファーメンタによる液体培養技術の特長は既に表1に示しているものと同じである。また，表2に現時点におけるファーメンタ培養技術の進展状況を示す。

表2 ファーメンタ培養技術開発進捗現況

カルス増殖	ファーメンタ増殖安定化	高効率高増殖率；添加高密度化	スケールアップ；30L連結化	；推進済み分
液体再分化	ファーメンタ再分化安定化	高効率高再分化高品質化	スケールアップ連続化	

1.3.2 カルス増殖技術

(1) 培地組成

基礎技術で確立されたN6培地を主体とした培地を使用し，フラスコでの増殖技術を越えた技術を開発した。例えば，培養過程においてpHを指標としてNH_4^+，NO_3^-を添加したり[24]，NH_4^+富化による増殖率向上技術[25]を開発した。

(2) 培養環境条件

1Lファーメンタについて，ファーメンタ固有の，増殖率を最大にする攪拌速度，通気条件，温度条件，攪拌羽根形状，スパージャ条件などの各培養環境条件を求めた。さらに，それらを全体として，統合したときの増殖率は，10〜20倍/2週間であることを確認した。また，30L培養槽でも，1Lとほぼ同様の傾向が認められた。

(3) ファーメンタ k_La の挙動

ファーメンタの培養パラメータとして，まず，酸素移動容量係数k_Laを取り上げた。k_Laは，ガッシングアウト法により，溶存酸素測定値変動から求めた。その値は，およそ$5\,hr^{-1}$以上あれば良いことがわかり，スケールアップ指標としても使えることがわかる。

図2に，5Lファーメンタのk_Laの特性を示す。図から容易にわかるように，k_Laは，攪拌速度Nと通気量Fに依存しており，定式化して求めることもできる。

(4) 各種培養方式の増殖特性

通気攪拌法と対比して，回転ドラム，エアーリフト，揺動攪拌式[26]の増殖率を求めたが，特に顕著な差異は認められなかった。

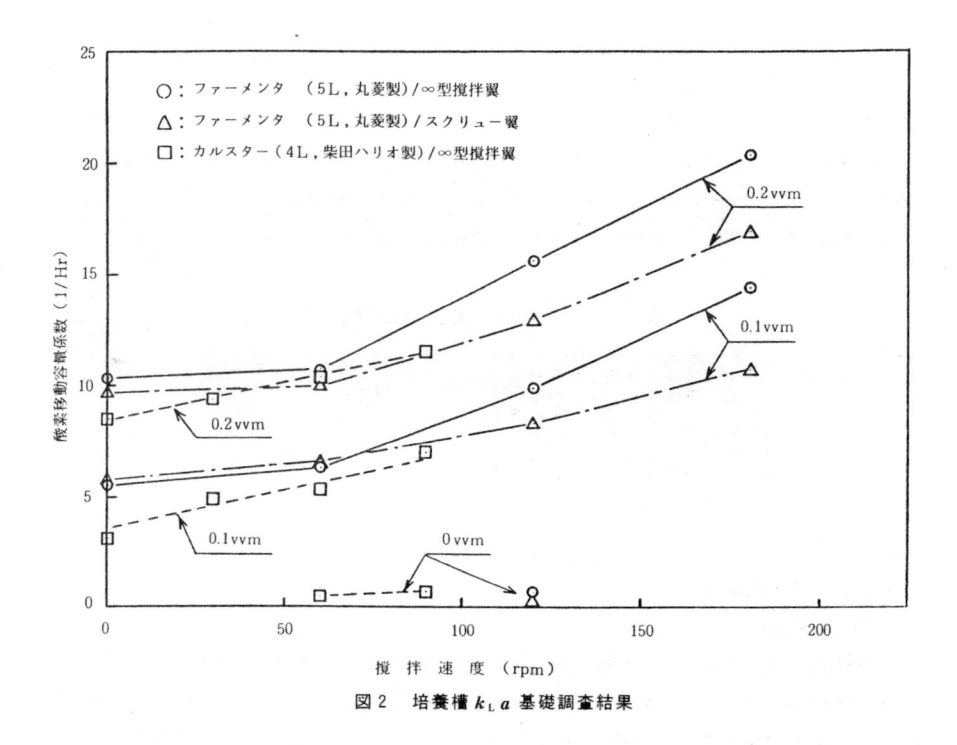

第5章 バイオテクノロジーによる種苗工場のプロセス化

図2 培養槽 $k_L a$ 基礎調査結果

凡例:
- ○：ファーメンタ（5L，丸菱製）/∞型攪拌翼
- △：ファーメンタ（5L，丸菱製）/スクリュー翼
- □：カルスター（4L，柴田ハリオ製）/∞型攪拌翼

縦軸：酸素移動容積係数（1/Hr）
横軸：攪拌速度（rpm）

(5) 培養プロセスのモニタリングの必要性

カルス増殖過程を制御するためにはカルス性状を把握することが必要である。

カルスをサンプリングし，その特性の経時変化をオンライン把握することは困難なので，培地成分の消長からカルスへの当該成分の吸収量を把握し，その生長量や活性などの特性を間接的に把握することにした。具体的には，以下の手法を採用している。

(6) 機器分析による培地組成分析

液体クロマトグラフを導入し，カルス・培地成分中の糖分，NH_4^+，K^+，Ca^{+2}，Mg^{+2}等の陽イオンやNO_3^-，SO_4^-，PO_4^-等の陰イオンや2,4-D等を分析し，摂取速度の消長の検討を行っている[27]。通常糖分析用，イオンクロマトグラフィー用等専用機を配置し，常時分析できる体制としている。

また，培地自動サンプリング装置も開発導入し，随時サンプリング可能な体制となっている。同装置は，可搬で，少量培地の非循環採取，冷却保存形であり，能力としては，3個のファーメンタから定時に，順次定量サンプリング可能なものである[28]。さらに，培地のみならず，カルスのサンプリングも可能な機器を開発した。また，原子吸光分析装置も導入しカルス，培地の

Zn，Fe，Mg，Ca等のミネラル分析も行っている[13]。

(7) 連続モニタリング装置

カルスの量または質の把握のため以下の培地組成連続モニタリング機器を導入している。

① pH計

pH計は，培養プロセスのモニタリングにとって，重要な機器である。

pH計は，ドリフトがあり，使いづらいが，少なくとも1継代は安定作動するよう機器を整備しておく必要がある。その絶対値と時間変化の大きさを追跡することにより，カルス増殖時の活性，増殖量を推定するパラメータを，時々刻々得る方式が開発された[25]。

② EC（電気電動度）計

培地電導度の低下量が，カルス生長量と比例対応していることは，既に報告されている[29],[30]。ただし，培地添加すると，電導度レベルが変化するので推定値のレベル補正が必要となる。

培地添加に左右されず，カルス生長量を求めるには，レーザ式濁度計や電導度補正付静電容量計[31]がある。前者は，培地組成にかかわらず，レーザ送受信2点間に含まれるカルスの体積量を測定するものであり，広範囲にわたり，直線性を有していて，扱いやすい。ただし，カルスが容器内で均一に分散し，測定点が，全体を代表していることが前提である。後者は，前者と同様な定量特性を持っているが，測定端子の表面積が比較的広いので，全体の代表性は，前者より優れている。

③ DO（溶存酸素）計

培地中のDO測定は，カルスの活性を求めるために欠かせない。単純なDO測定値のみならず，通気一時停止後の，培地中の溶存酸素量の時間変化追跡から，カルスの呼吸速度が求められ，重要なモニタリング情報を与える。

以上生長量と活性のモニタリング方式について，述べたが，生長量の経時変化を求めることができれば，各時点における比増殖率が求まる。この比増殖率は，カルスの活性を示すパラメータである。したがって，成長量測定は，カルスの量と質の特性把握のキーである。なお，上記モニタリングに当たっては，測定の信頼性向上のため，2〜3方式を併用すれば，より確実な培養状況の把握ができると考える。

(8) **カルス組織の特性**

なお，手間はかかるが，カルスを連続採取し，オフラインで，カルス組織の形態変化，酵素活性変化を観察することにより，生成プロセスを把握することもできる。ただし，この時，いかにして，採取カルスに代表性をもたせるかが課題である。なお，培養イネの細胞組織のSEM観察像例を報告している[32]。

1.3.3 液体再分化技術

本プロセスの特長は，既に表1に示しているように，カルス増殖と対比して，適格培養条件の

幅が狭く，より精密な流動条件，k_La条件やシアストレス条件等の培養条件の設定が必要なことである。

基礎技術で選定された基本培養系を基にして，リットルレベルのファーメンタを用いて，フラスコでの培養条件の移し替えや培地条件および培養環境条件の解明を積極的に進め，再分化幼植物体の安定誘導技術を他に先駆けて開発した。現在，さらに培養系の安定性向上，幼植物体再分化率の向上や培養槽スケールアップ技術の開発に努めているところである。開発状況は，表2に示すように，いまだ開発途上にあるも，今後が期待される。

1.3.4 置床育苗技術

大量培養に適した，培養物の基本的な置床育苗技術を開発中である。置床に関しては，置床用無菌トンネルの開発，液体播種方式の置床装置の開発，置床材の検討に努めている。また，育苗に関しては，育苗装置への培地供給装置の開発や，活着条件や苗立て条件等の初期育苗条件の検討，化学調節剤の検討等がなされている。

1.4 システム化技術開発

1.4.1 バイオ苗生産システムの開発

現在開発中の要素技術をつなげ，図3に示すシステム開発を目指している。

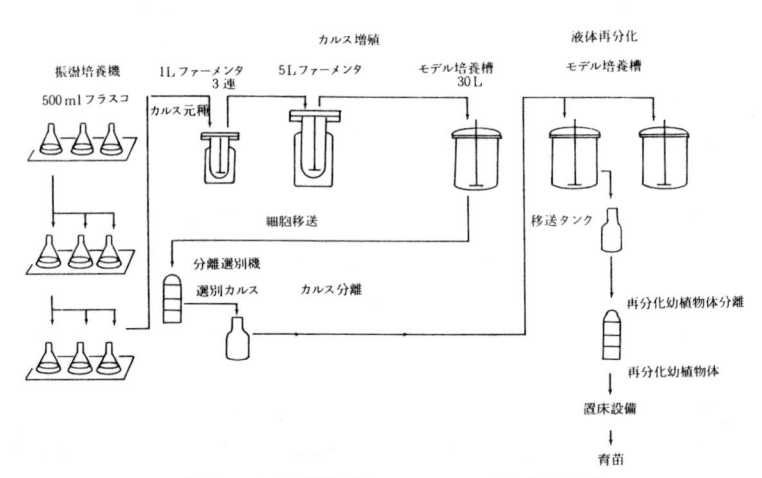

図3 バイオ苗生産システムフロー図（概念図）

Ｆ１カルス誘導〜元種サスペンション継代培養〜カルス増殖〜液体再分化〜置床〜育苗の連続システム開発を目指す。この際ＳＩＰ（Sanitary in Place）方式無菌処理とし，主ラインに付帯した移送，分級，選別，計量設備も含めたものを開発する。

1 イネバイオ苗大量生産システムの開発

以上，事業化の可能性を示すに充分な規模のスケールアップシステムの構築とその運転を通じて，効率データの採取，操業上の問題点の把握が可能となる。

1.5 開発工程

カルス増殖，液体再分化，置床育苗の各プロセスにわたり，第1段階の基礎技術開発は，ほぼ完了した。なかんずく，その中核をなす液体再分化技術は，各研究センターの担当者を集めた集合研究を通して，初めて基本培養系開発を成し遂げた。次いで，研究室を横断したプロジェクト体制でリットルレベルのファーメンタによる幼植物体再分化に取り組み，安定培養の達成を他に先駆けて成し遂げた。現在，さらに効率的再分化培養条件の検討，培養制御指標の探索等を進めている。また，研究の方向としては，基礎重点的発想から装置開発的発想への転換をはかり，装置のスケールアップ等の工業化開発を重点指向し，効率よく推進することを目指している。

1.6 今後の課題

現在開発を進めているが，さらに開発すべき課題として，以下の事項が挙げられる。

(1) 培養効率向上・スケールアップ

ファーメンタでの幼植物体再分化率向上，再分化培養期間短縮，数キロリットルレベルへスケールアップするための要素技術，生産システム化技術開発。

(2) 品質の確保

できるだけ変異の少ない培養法の解明や培養ステージを揃え，一斉に発芽させる同調性，斉一性制御技術の確立および栽培性や食味の良いイネ F_1 品種の確立。

(3) 非密閉系における育苗

再生植物体の有菌開放系での処理技術の開発等バイオ苗生産の置床・順化・育苗技術の開発，さらに支援技術として再生植物体の長期間保存法，優良植物体選別法等。

(4) 経済性の追求

培地コスト，初期設備投資削減，ランニングコスト，流通コスト低減への取り組み。

最後に，本文作成にあたり，㈱ナーサリーテクノロジーの多くの関係の皆様には，資料の提供，内容の検討等種々お世話になった。ここに深く感謝の意を表します。

第5章　バイオテクノロジーによる種苗工場のプロセス化

文　献

1) K. Ozawa and A. Komamine, "Establishment of a system of high-frequency embriogenesis from long term cell suspension cultures of rice (*Oryza sativa* L.)", *Theor. Appl. Genet.*, 77 : 205-211 (1989)
2) 吉田泰二, "ハイブリッドイネの大量増殖法", 植組培養学会, 第2回コロキウム : 22-25 (1990)
3) 吉田泰二, 大槻義昭, 小田文昭, "イネのF_1の *in vitro* における大量増殖法　1. 液体培養系の作出と効率的再分化法", 育雑, 38 (別2) : 140, #206 (1988)
4) 中薗敦之, "イネバイオ苗大量生産システムの開発", 植物工場学会, SHITA REPORT, No.1, 種苗工場 : 42-49 (1991)
5) 日経バイオ・テク, BIO INTELLIGENCE BI-1, 2 '90-12-3
6) ㈱ナーサリーテクノロジー　会社概要
7) 塚原正義, 広澤孝保, "イネ培養細胞からの効率的植物体再生", 育雑, 40 (別2):54-55 #128 (1990)
8) 江波戸八重子, 小林等, 沖井三孔, "イネ不定胚の植物体再生に及ぼす不定胚誘導条件の影響", 育雑, 41 (別1) : 30-31, #110 (1991)
9) 松野司法, 石崎恵一郎, "イネ不定胚生産技術の確立 I", 育雑, 40 (別1):266-267 #262(1990)
10) 松野司法, 村山治子, "イネ不定胚誘導法（胚盤Eカルス法）の改良", 育雑, 40 (別2) : 50-51 #126 (1990)
11) 松野司法, 丸山清明, 広澤孝保, "イネ胚盤Eの品種適合性について", 第2回植組培養コロキウム : 100-101, #p-17 (1990)
12) 川上利行, 滝川健次, 沖井三孔, "イネの再分化系における2, 4-D消長並びに再分化率", 育雑, 41 (別1):18-19, #104 (1991)
13) 川上利行, 沖井三孔, "イネの再分化系におけるミネラルの消長", 育雑, 41 (別2): 300-311 #344 (1991)
14) 小林等, 広澤孝保, "液体培養によるイネカルスからの効率的な植物体再生系", 育雑, 41 (別1):22-23 #106 (1991)
15) 小林等, 広澤孝保, "イネ懸濁培養細胞からの植物体再生に及ぼす培養条件の影響", 第12回植組培養学会要旨 : 110, A22, 1991.7. 20-24
16) 小林等, 広澤孝保, "イネ懸濁培養細胞からの植物体再生に及ぼす浸透圧調節剤の影響", 育雑, 41 (別2):254-255 #320 (1991)
17) 塚原正義, 広澤孝保, "イネ再分化における培養諸要因の影響について", 植物生理学会第31回要旨, 3. 28-30 (1991)
18) M. Tsukahara, T. Matsuno, T. Hirosawa, "Regenaration of plantlet in the rice suspension culture" 1991 WORLD CONGRESS ON CELL AND TISSUE CULTURE, JUNE 16-20, 1991 ANAHEIM CA, USA - *Journal of the tissue culture association*, 27, Num. 3 Part II #413 March (1991)
19) 小林等, 沖井三孔, "イネの不定胚誘導に及ぼす培養温度の影響", 育雑, 40 (別1):110 -111 #150 (1990)

20) 小林等, 沖井三孔, "イネの不定胚誘導に及ぼす植物ホルモン並びに培養温度の影響", 育雑, **40**（別2）:48-49 #125 (1990)
21) 塚原正義, 広澤孝保, "カルスの乾燥処理による再分化率の向上について", 第12回植組培養学会要旨:108, **A20** 7.21-24 (1991)
22) 松野司法, 塚原正義, 清水明, 小山内英一, 小林統, "培養由来イネ当代に見られた変異" 育雑, **41**（別2）:312-313 #350 (1991)
23) 塚原正義, 広澤孝保, "二つの異なるイネ再分化培養系におけるアルビノ個体の発現について", **41**（別2）:314-315 #351 (1991)
24) 岡本彰宏, 桜沢治, 広澤孝保, "イネ細胞培養における増殖効率の検討", 農化学会誌, **25**（3）:607, #3A2a10 (1991)
25) 中園敦之, 舘山重春, 内堀博雄, 滝川健次, "培地中 pHモニタリングによるイネ細胞増殖量の把握", 日本植物工場学会誌, **3**（3）投稿中, 1992.3予定
26) 中園敦之, 舘山重春, 内堀博雄, 滝川健次, "攪拌培養装置", 公開特許番号 平2-286075 11.26 (1989)
27) 内堀博雄, 中園敦之, 舘山重春, "イネ培養細胞における培地成分摂取量の定量化法", 農化学会誌, **25**（3）:607 #3A2a11 (1991)
28) 中園敦之, 岡本彰宏, 小西晴夫, "培養細胞等のサンプリング装置", 特許出願番号, 平2-237789 9.7 (1990)
29) 田谷正仁, J.E.Pernosil, J.R.Bourme, "培地の電導度測量に基く植物細胞濃度のモニタリング", 化工学会, 第22回秋期大会要旨:349 #SG 204 (1987)
30) 加藤嘉博, 本多裕之, 小林猛, 木村達朗, "西洋ワサビ毛状根からのパーオキシターゼの効率的分泌生産", 化工学会, 第55回年会要旨:392 #1 307 (1990)
31) 三島健, 三村精男, 高原義昌, "動物および植物細胞の計測方法", 公開特許公報（A）昭-64-67200, 3.13 (1989)
32) 斉藤朋子, 金子康子, 松島久, 塚原正義, 広澤孝保, "植物培養組織の直接SEM観察法", 植物細胞工学, **3**（3）:41-60 (1991)

2 光独立栄養培養,順化,栽培システム

林 真紀夫*

2.1 はじめに

植物組織培養では,①ウイルスフリー苗・無病苗が生産できる,②均質な苗を大量に生産することが可能,③実生よりも短期に苗生産できる,などの利点を有しており,この技術を利用した苗生産が実用化している。

しかし,植物組織培養苗(以下,培養苗)生産において,現在の技術・方法では,①人手に頼る部分が多い,②生産過程で枯死する比率が高い,③生産に数カ月がかかる,などから苗生産単価が高いという問題がある。このため,培養苗が利用されるのは,今のところ,比較的付加価値の高い園芸作物が中心である。

現在培養苗が利用されていない多くの作物(園芸作物のみならず工芸作物,食用作物,樹木など)に関しても,苗生産単価を下げることができれば,培養苗の利用量は飛躍的に増加するものと予想される。

それには,培養方法および培養装置の改善,培養苗の大量生産化,生産のシステム化による省力,省資材,培養期間の短縮,歩留まりの向上などを図る必要がある。

培養苗の大量生産化,生産のシステム化を図る一方法として,小植物体(小さな植物体)を無糖培地で培養する方法(無糖培養法,光独立栄養培養法)が注目できる。

ここでは,この光独立栄養培養法,さらに順化のための環境調節,環境調節装置を用いた挿芽による苗生産などについて述べる。

2.2 光独立栄養培養

2.2.1 一般の培養法における苗生産過程

培養苗は,一般に図1に示したように過程を経て生産される。この生産過程を次のステージに分けることができる。

- 初代培養ステージ:外植体の置床。カルスの形成やシュートの生長。
- 増殖(継代)ステージ:増殖(数を増やすため)ための培養の繰り返し。
- 発根ステージ:増殖ステージで形成されたシュートの伸長。シュートからの発根。
- 順化ステージ:培養器から取り出した小植物体の順化。

培養苗生産においては,植物体数の増える増殖ステージ以降での生産効率向上が特に重要となる。

以下で述べるのは,増殖ステージ以降についてである。

---

* Makio Hayashi 東海大学 開発工学部 生物工学科

2 光独立栄養培養，順化，栽培システム

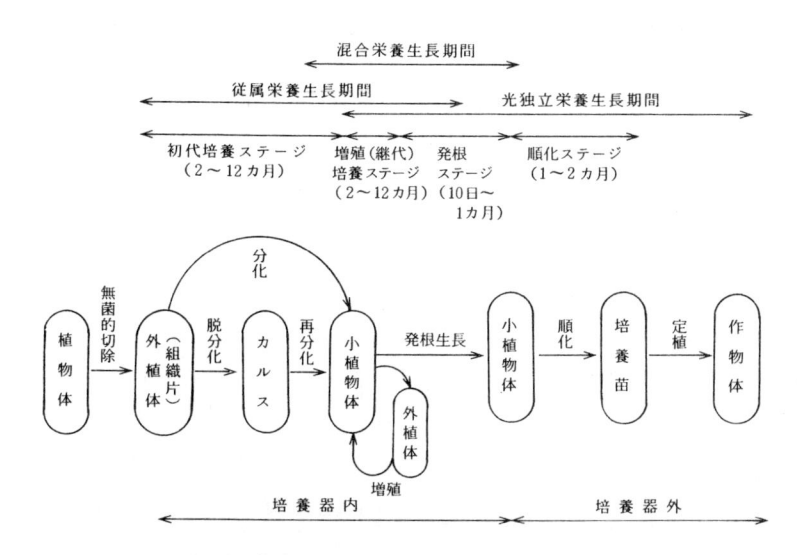

図1 植物組織培養プロセスの模式図（古在，杉，1986に加筆）

2.2.2 光独立栄養，混合栄養，従属栄養

クロロフィルを含む植物体は一般に光合成能力をもつ。空気中のCO_2を炭素源とする生長様式を「光独立栄養生長」とよぶ。他方，培地中の糖を炭素源とする生長様式を「従属栄養生長」と呼ぶ。従属栄養生長と光独立栄養生長の両方を合わせ持った生長様式を「混合栄養生長」と呼ぶ。

培地に糖を添加する従来の培養方法では，光合成能力を持たない植物細胞組織は「従属栄養生長」をし，緑色を呈した（クロロフィルを含む）外植体または小植物体は，「混合栄養生長」をしているとみてよい。

後述するように，培地に糖を添加しない場合でも，培養器内の環境が好適に維持されれば，小植物体は枯死することなく「光独立栄養生長」をし得る。

いずれの生長様式においても，増殖ステージおよび発根ステージにおける小植物体の生長は，表1の物理的環境要因と関係している。

表1 培養器内の小植物体の生長に及ぼす物理的環境要因

地上部
　温度（気温，植物体温度）
　相対湿度，絶対湿度，水蒸気分圧
　光（光合成有効光量子束密度）
　放射（紫外，赤外，遠赤）
　ガス濃度（炭酸ガス，酸素，エチレン）
　流速 など
地下部
　温度
　培地の水ポテンシャル
　培地の固さ，物質拡散 など

2.2.3 CO_2濃度,光強度および培地ショ糖濃度と小植物体の生長

図2は,通常の培養方法で鉢上げ可能なまでに生長したスパティフィラム小植物体を含む培養器内のCO_2濃度の経時変化測定例[2]である。暗期(6〜14時)の炭酸ガス濃度は7,000ppmまで上昇するが,明期の濃度は70〜90ppmまで低下している。この濃度は,炭酸ガスの補償点に近いとみられ,CO_2濃度が制限要因となって光独立栄養生長的側面が抑制されていることがうかがえる。

図3は,培地器外のCO_2濃度を人為的に高めることにより培養器内CO_2濃度を250〜500ppmに高めた場合(CO_2施用区)と,CO_2無施用の場合(CO_2無施用区)の小植物体の乾物重の経日変化を,培地中のショ糖濃度0,1および2%について示している。

試験開始後30日目において,いずれのショ糖濃度の場合も,CO_2無施用区に比べCO_2施用区の方が小植物体の乾物重が多く,生長がよい。

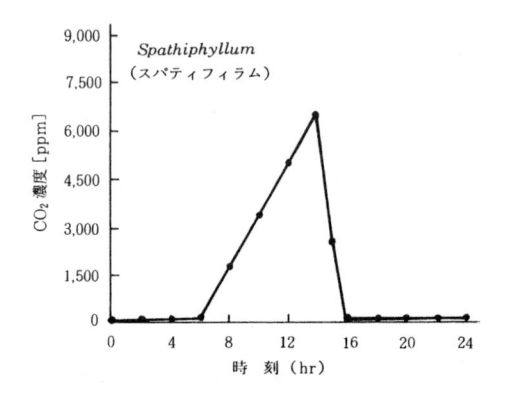

図2　培養器内CO_2濃度の経時変化

(富士原・古在・渡部,1987)

(明期:14〜6時,暗期:6〜14時
培養器内空気容積:155ml,棚面照度:4,800 lx)

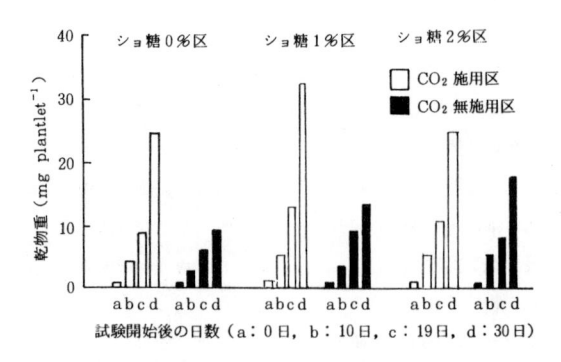

図3　CO_2施用区,CO_2無施用区における培養小植物体(カーネーション)の平均乾物重の経日変化(Kozai et al., 1988)

しかし，ここで注目されるのが，CO_2施用ショ糖0％区の小植物体の乾物重が，CO_2無施用ショ糖2％区のそれよりも多くなっている点である。

従来，植物組織培養では，培養器内で培養中の小植物体は，培養器内の培地中に炭素源としてのショ糖を添加し，従属栄養的側面を助長してきた。ところが，最近のこれらの試験結果から，培養器内で生長した小植物体であっても，茎葉が分化し，緑色を呈した小植物体は光合成能力を持ち，培地にショ糖を添加しなくても，光強度を高め，CO_2濃度を高めることで光独立栄養が促進され，従来の培養法によるよりも，小植物体の生長が促進されることが確認されている[3],[4]。

培地へショ糖を添加しない無糖培養では，①滅菌処理が軽減できる，②コンタミネーションの発生が抑制できる，③培養器の大型化が可能，④環境調節がしやすい，⑤順化が容易，などの多くの利点が考えられる。

2.2.4 培養器の大型化

図4および図5に示す培養装置が試作され，運転試験およびイチゴを供試した無糖培養試験が行われ，培養器の大型化の検討[5]がされている。

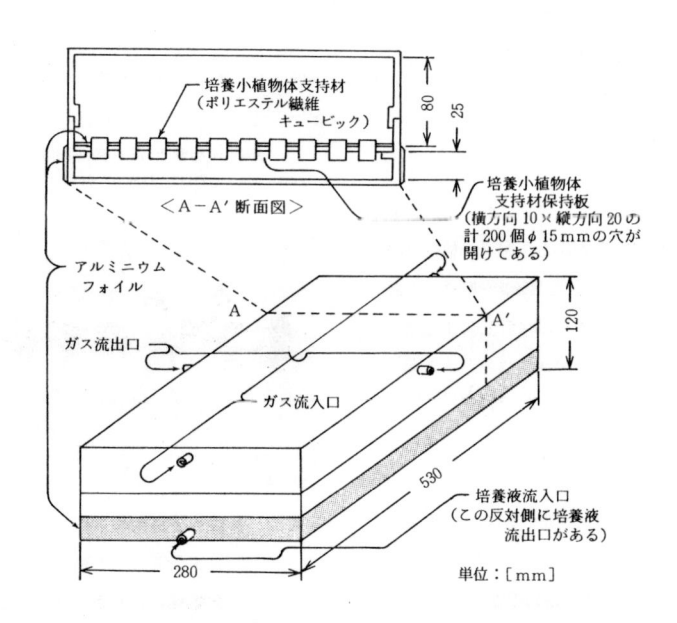

図4 培養ボックス部の概要（Fujiwara *et al.*, 1988）

第5章　バイオテクノロジーによる種苗工場のプロセス化

この大型培養器は，培養環境調節機能を有し，小植物体を光独立栄養生長させることを前提としている。このため，小植物体の炭素源供給は，培養液へのショ糖添加ではなく，培養ボックス内のCO_2濃度を外気程度に高めることにより行う。照射光強度は，従来の培養法の2倍以上とする。

この大型培養器は，オートクレーブによる蒸気加圧滅菌はしないことを前提にしており，滅菌はアルコール消毒などで行う。

増殖培養ステージ後のイチゴ小植物体を供試し，従来の培養と，この装置により環境調節を行った無糖培養との生長比較が行われている。写真1は，培養開始後28日目の両試験区の小植物体を比較した写真である。装置区の小植物体の乾物重は，従来培養区（対照区）のそれの1.7倍である。

この試験でも，無糖培養において，CO_2補給と光強度を高めることが，小植物体の生長促進に有効であり，環境を好適に維持することにより，従来の培養法によるよりも小植物体の生長が促進されることが示された。

また，植物支持材に光があたることによる藻の発生などの問題もみられたが，大型培養器による培養が可能であることが示された。

2.2.5　光独立栄養生長の促進

光独立栄養生長を促進させるためには，

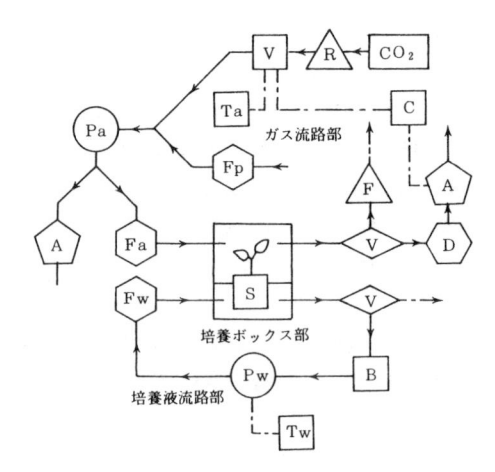

CO_2：CO_2ボンベ，R：流量計付圧力調整器，V：電磁弁，F_p：除塵フィルタ，P_a：エアポンプ，F_a：気体用フィルタ，V：三方活栓，D：除湿器，A：CO_2分析計，F：流量計，C：CO_2コントローラ，T_a：電磁弁用タイマ，B：培養液用ポリエチレン容器，P_w：ローラポンプ，F_w：液体用フィルタ，T_w：ローラポンプ用タイマ，S：培養小植物体支持材，→：シリコンチューブ

図5　装置構成と構成機器
（Fujiwara et al., 1988）

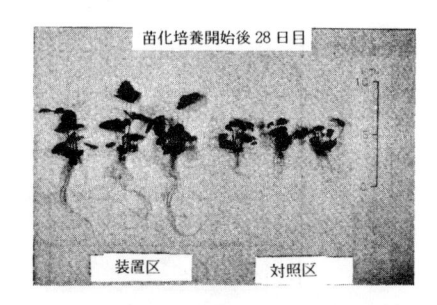

写真1　大型培養器利用（左側：装置区）および従来培養法（右側：対照区）における培養開始28日目のイチゴ小植物体の様子（Fujiwara et al., 1988）

①光強度を高めること，②CO_2濃度を高めること，の二つが重要である。この二つは，混合栄養生長の場合の生長促進にも共通することである。

現在使用されている培養器において，培養器内の光強度を高めるには，培養器の栓に光透過性の高い資材を用いるとともに，光を有効に利用するために，現在の照明方法の改善策が必要である。そこには，当然，省エネルギー技術が伴っていなければならない。これについては，ここでは省く。

CO_2濃度を高めるには，培養室のCO_2濃度を高めるとともに，培養器の通気量を多くすることである。

培養室のCO_2濃度の制御には，施設園芸ですでに実用化しているCO_2施用の制御器や装置をそのまま利用できる。

培養器の通気量を多くするには，写真2に示すような，雑菌不透過性の通気フィルターが市販され始めているので，これを利用する方法がある。

写真2の右側は，培養器の蓋に穴をあけ通気フィルターを取り付けた場合，左側は取り付けなかった場合であり，両者に生長や形態のはっきりした差がみられる。

培養中に，光独立栄養生長的側面を促進しておくことは，後の順化を容易にすることにも関連する。

写真2 培養器の蓋に通気フィルターを取り付けた場合（右側）と取り付けなかった場合（左側）のバレイショ小植物体の比較（田中ほか）

2.3 順化と環境調節

2.3.1 順化とは

培養器から取り出した小植物体を生産圃場や温室に定植する前に，生長抑制や枯死しないように外界の環境に徐々に順応させ，生産圃場に移植後に順調に生育するようにしておくことが必要である。これを順化(Acclimatization)と呼ぶ。順化期間は，通常，3週間から2カ月程度である。

2.3.2 なぜ順化が必要か

培養器から取り出された小植物体が生長抑制を呈したり，枯死するのは，表2に示したようないくつかの原因によるものと考えられる。

培養器内で生長した小植物体は，水ストレスを受けやすく[7),8)]光合成能力も低い[7),9)]。このため，環境の急激な変化，特に湿度低下や強光に対して順応できない。これらへの対処は環境調

第5章 バイオテクノロジーによる種苗工場のプロセス化

表2 培養器から取り出された小植物体が生長抑制を呈したり枯死する原因および対策
(林,1987)

原　　　　因	対　　　　策
内的原因 ①培養器内の高湿度・弱光環境下で生育した小植物体は，根の発達や気孔の開閉調節機能が不十分 　葉面の表皮クチクラワックスが少ない　　　　　　　　　　　　　水ストレスに弱い ②葉面積が小さく，クロロフィル含量が少なく，光合成能力が低い	・初期の相対湿度を高く（水蒸気飽和差を小さく）維持し蒸散を抑制，その後徐々に相対湿度の日較差をつける ・光量の段階的な増加
外的原因 ③培養器から取り出して順化温室へ移植する際の断根などによる植え傷み ④移植時の培地成分や水ポテンシャルの急激な変化	・培地ごと移植する方法の検討 ・培地成分の段階的な移行

節によるところが大きい。

順化の難易は作物の種類によって異なるし，また，同じ品種であっても培養条件の違いによる小植物体の形態の違いによって大きく異なる。

水浸状の小植物体や発根状態の悪い小植物体は，順化が困難である。

2.3.3 従来の順化方法

現在，実用場面での順化は，それぞれの研究者や生産者がそれぞれ工夫した方法で行っている。基本的には順化初期に高湿度・弱光とし，その後徐々に湿度を下げ，光量を増す。

例えば，培養器から取り出した小植物体を鉢などに植え，これを順化用温室に入れる。順化用温室内は寒冷紗カーテンなどで遮光し強光に当てないようにするとともに，ミスト装置で加湿し内部を高湿度に維持する。後半は光量を多くするとともに湿度を下げていく。

しかし，これらの順化方法では，屋外気象条件（日射量，気温，湿度）の影響をかなり受けるため，しばしば活着率の低さや生長抑制が問題となる。

2.3.4 順化の方向性

順化は，次の二つの方向から解決を試みる必要があろう。

一つは，培養器内から取り出した後の環境調節である。培養器から取り出した直後は小植物体を高湿度条件下におき，その後湿度を徐々に下げるとともに光量を徐々に高め，気孔開閉機能の正常化，表皮クチクラの発達を促し，光合成能力を高める。

もう一つは，培養器内の培養段階における環境調節である。通常，順化は，培養器から取り出した後に行われるが，培養器内培養中にある程度順化を済ませておくのも，一つの方法である。すなわち，培養器内培養中に，培養器内湿度を徐々に下げるとともに，光量を高め，CO_2補給を行い，気孔開閉機能の正常化，表皮クチクラの発達を促し，光合成能力を高める。この方法は，従来の培養方法や培養装置では達成が困難であり，これらの改良を必要とする。

2 光独立栄養培養，順化，栽培システム

以下に述べるのは，前者の順化に関してである。

2.3.5 順化のための環境制御装置（順化装置）

前述のことから，①培養苗の順化過程における生存率を高め，②順化に必要な期間を短縮し，③環境ストレス耐性を高め，④光合成能力を高めるための環境制御装置（順化装置と呼ぶ）が開発されている[10),11)]（図6）。この順化装置はマイクロコンピュータによる計測，制御の他に，記録，解析，通信ソフトウェアを備えているので，順化過程における好適環境を逐次探索するための研究用装置としても利用できる。

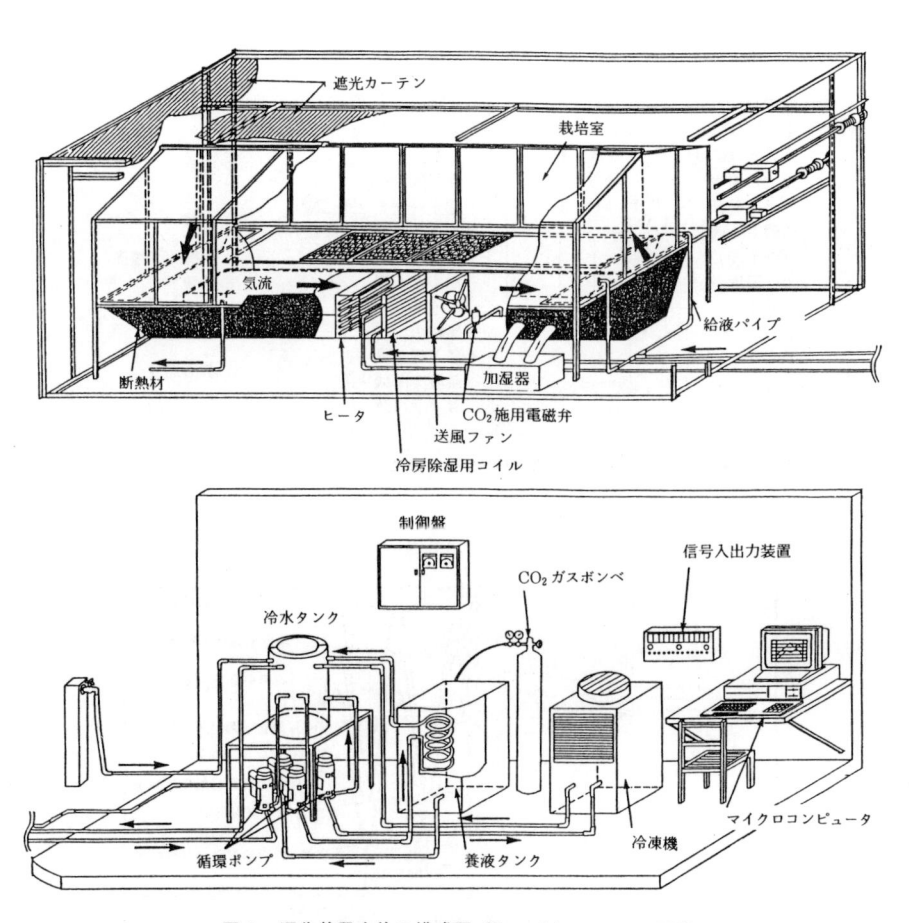

図6 順化装置本体の模式図（Hayashi *et al.*, 1987）

第5章　バイオテクノロジーによる種苗工場のプロセス化

　図7は，地上部および地下部環境を制御するために必要なセンサおよび環境制御機器などを，制御内容と被制御環境要因と関連させて示す。
　この装置では，培養苗を前述の目的に沿うよう順化するために，順化曲線と呼ぶ曲線にもとづいて各環境要因の設定値または設定範囲を時間変化させる。室内気温（室温）に関する順化曲線を模式的に示したのが図8である。波形の山と山あるいは谷と谷の間がほぼ24時間である。

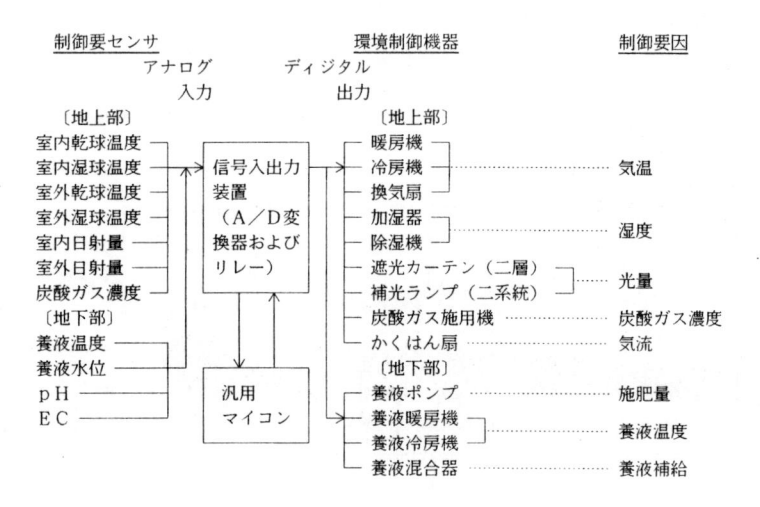

制御要センサ		環境制御機器	制御要因
アナログ入力	ディジタル出力		

〔地上部〕
- 室内乾球温度
- 室内湿球温度
- 室外乾球温度
- 室外湿球温度
- 室内日射量
- 室外日射量
- 炭酸ガス濃度

〔地下部〕
- 養液温度
- 養液水位
- pH
- EC

信号入出力装置（A／D変換器およびリレー）

汎用マイコン

〔地上部〕
- 暖房機 ┐
- 冷房機 ├─ 気温
- 換気扇 ┘
- 加湿器 ┐
- 除湿機 ┴─ 湿度
- 遮光カーテン（二層）┐
- 補光ランプ（二系統）┴─ 光量
- 炭酸ガス施用機 ─ 炭酸ガス濃度
- かくはん扇 ─ 気流

〔地下部〕
- 養液ポンプ ─ 施肥量
- 養液暖房機 ┐
- 養液冷房機 ┴─ 養液温度
- 養液混合器 ─ 養液補給

図7　センサおよび環境制御機器の構成（古在，林ほか，1987）

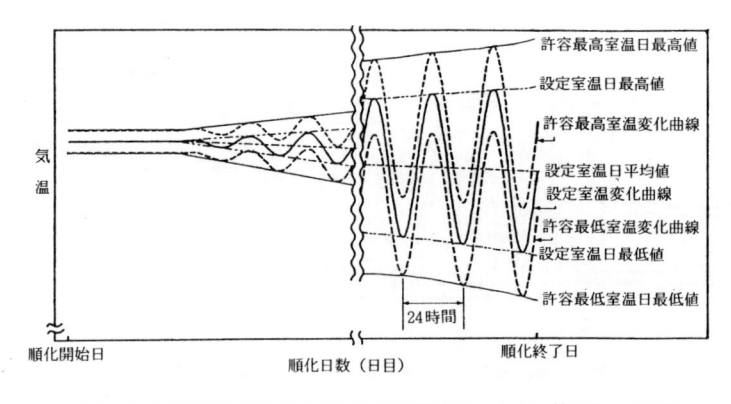

図8　室内気温に関する順化曲線を示す模式図（古在，林ほか，1987）

同図において，順化開始日およびその後数日間の設定室温およびその許容最高・最低室温変化曲線は経時変化がなく一定であり，培養中の培養器内の気温（一般には約25℃）に近似させる。他方，順化終了日およびその前の数日間の設定室温変化曲線は，移植直後に遭遇すると想定される気温の経時変化曲線に近似させる。この間の日の設定室温変化曲線は，順化期間中，順化終了日のそれに次第に近づく。

同様な考え方にもとづいて，湿度，光量，養液温度などに関する順化曲線が生成され，それらにもとづいて，順化室内の環境調節を行うことができる。順化曲線は，作物の種類，順化時期あるいは順化期間に応じて利用者によって修正される。

2.3.6 順化環境と小植物体の生長

順化装置を利用して順化環境を前述の順化曲線にもとづいて制御した場合の順化（順化装置利用区）と，慣行法による順化（慣行法区）を行った場合の比較栽培試験結果を図9に示す。試験には比較的活着が困難とされているジャーファーメンターを用いて組織培養されたイチゴ（宝交早生）の小植物体を供試している。順化開始4週間目以降，順化装置利用区の生体重，乾物重および草丈は慣行法区のそれを上回っている。このように，順化環境の違いにより両区に生育の差が認められる。

また，枯死率も慣行法区が20％であるのに対し順化装置利用区では4％となり，差がみられる。

2.3.7 CO_2 施用効果

順化中の光独立栄養期にある小植物体は，CO_2 施用による生長促進が期待できる。図10は，イチゴを供試し，順化期間中の順化装置内の CO_2 濃度が約750ppm（外気の約2倍の濃度）になるように CO_2 施用

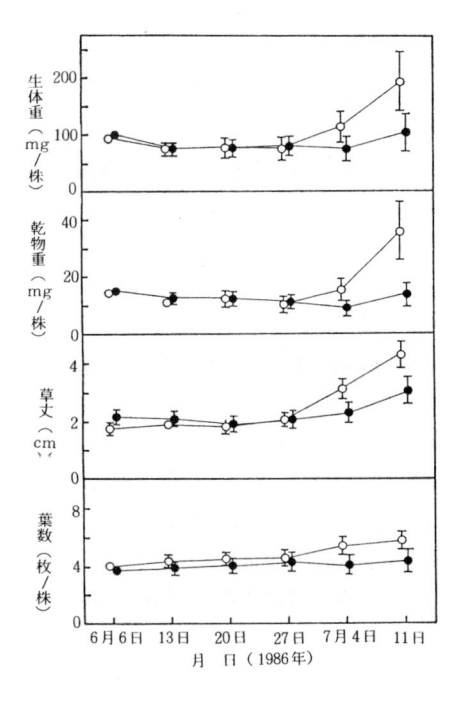

図9 順化装置利用区および慣行法区におけるイチゴの生体重，乾物重，草丈および葉数の変化

（古在，林ほか，1987）

○：順化装置利用区，●：慣行法区（母平均の信頼限度は95％）

第5章　バイオテクノロジーによる種苗工場のプロセス化

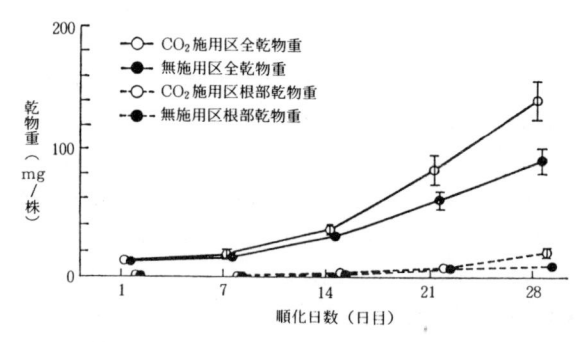

図10　CO_2施用区および無施用区におけるイチゴの全乾物重および根部乾物重の変化（林，古在．1987）

（母平均の信頼限度は95％）

した場合（CO_2施用区）と無施用の場合（無施用区）の生長比較試験結果である。

順化約1カ月後のCO_2施用区の全乾物重は，無施用区のそれの約1.5倍，根部乾物重は約2倍になっており，CO_2施用区の生長がまさっている。その他，草丈や葉面積についてもCO_2施用区の方がまさっている。このように，CO_2施用は順化中の培養苗の生長を促進し，順化期間短縮方法の一つとして期待できる。

2.4　環境制御装置を利用した挿芽による苗生産法

従来の植物組織培養苗生産においては，一般に，ショ糖が添加された培地を含む培養器内で外植体／小植物体を伸長，発根させる。発根後の小植物体は，培養器から取り出され，培地を洗い流された後，順化温室などに移植され順化させる。この一連の過程において，滅菌処理，培地交換，移植などに多くの作業や資材を必要としている。

これをできるだけ簡略化する方法として，組織培養由来の茎葉を含む小植物体の単節を節挿しし，これを環境制御装置内で光独立栄養生長させ，発根・順化を同時並行して行う方法が試験[12]されている。

写真3は，カーネーションを例に，従来の培養法とこの方法（直接発根法と呼ぶ）を比較している。

この直接発根法では，①発根ステージにおいて培養器を用いないのでCO_2や湿度環境などを直接的に制御できる，②培養液に糖を添加しない，したがって滅菌処理が軽減できる，③コンタミネーションによる損失が少ない，④発根ステージから順化ステージへ移行するための移植が省けるので植え傷みによる生長抑制や枯死が少ない，などの特徴が考えられる。

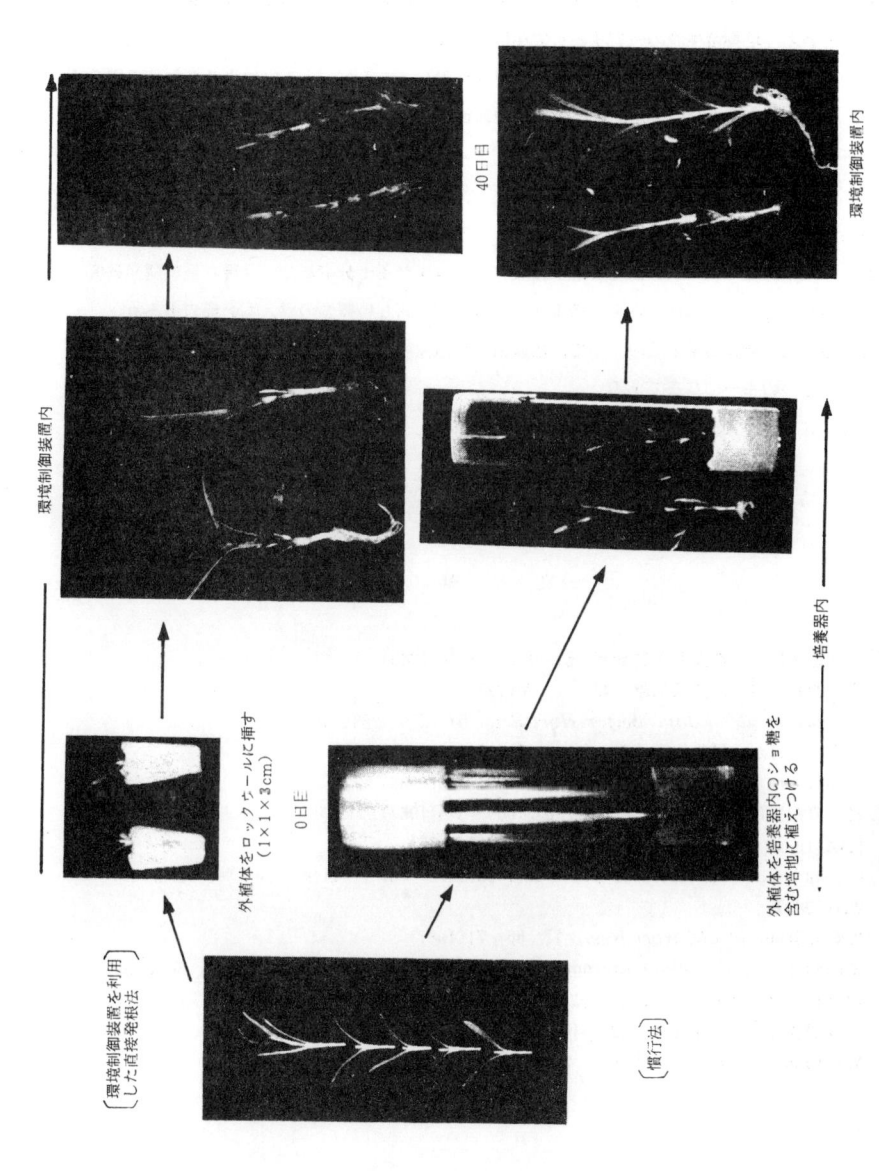

2 光独立栄養培養，順化，栽培システム

写真3 環境制御装置を利用した直接発根法と慣行法における0, 30, 40日目のカーネーション小植物体（または外植体）の様子（Hayashi et al., 1988）

〔環境制御装置を利用した直接発根法〕

外植体をロックウールに挿す（1×1×3cm）

環境制御装置内

環境制御装置内

40日目

環境制御装置内

培養器内

外植体を培養器内のショ糖を含む培地に植えつける

〔慣行法〕

第5章 バイオテクノロジーによる種苗工場のプロセス化

さらに，環境を好適に制御することにより，従来の方法によるよりも小植物体の種々の環境に対するストレス耐性を短期間に高め，また，小植物体の生長を促進し，苗生産期間を短縮することも可能といえ，培養苗生産の一方法として注目できよう。

上記の試験では太陽光を利用した環境制御装置を利用しているが，人工光による植物苗工場を想定すれば，太陽光下よりも外乱が少なく，環境調節が容易であり，上記方法による安定的な苗生産も可能と思われる。

2.5 おわりに

培養苗の大量生産のための自動化技術や装置の開発はまだ不十分であり，今後さらに開発研究が必要である。そのためには，従来の培養法に固執しない新しい概念の導入も必要であろう。

ここで述べた，無糖培養もその一つで，培養苗の大量生産のための自動化，システム化を進める上でのひとつのキーになるであろう。

（本稿は，SHITAシンポジウム講演予稿集に加筆したものである。）

文　　献

1) 古在豊樹ほか，農業および園芸，**61**，1005-1010(1986)
2) 富士原和宏ほか，農業気象，**43**，21-30(1987)
3) T. Kozai et al., *J. Jap. Soc. for Hort. Sci.*, **57**, 279-288(1988)
4) 古在豊樹ほか，植物組織培養，**4**，22-26(1987)
5) K. Fujiwara et al., *Acta Hort.*, **230**, 163-168(1988)
6) 林　真紀夫ほか，農業および園芸，**62**，669-678(1987)
7) E. Earle et al., *HortScience*, **10**, 608-610(1975)
8) C. Y. Hu et al., Handbook of plant cell culture, Vol. 1, Macmillan, New York, 177-227(1983)
9) B. W. W. Grout et al., *Hort. Res.*, **17**, 65-71(1987)
10) M. Hayashi et al., Plant micropropagation in horticultural industries, Belgian Plant Tissue Culture Group, *Florizel*, **87**, 123-134(1987)
11) 古在豊樹ほか，農業気象，**42**，349-358(1987)
12) M. Hayashi et al., *Acta Hort.*, **230**, 189-194(1988)

3 ジャーファーメンターによる種苗大量生産技術システム

高山眞策*

3.1 はじめに

　植物組織培養は,有用植物の大量増殖の手段として非常に有効であり,すでに野菜,花き,果樹,観葉植物などのクローン植物を大量に増殖する技術として世界的に普及し利用されている。我が国においても例外ではなく,ウイルスフリーの植物種苗などの増殖に広く利用され,種苗の品質を高める上で大いに役立っている。クローン増殖の対象になっている植物の種類は,代表的なものだけでも表1に示すように多岐にわたっている。組織培養でこれらの植物を増殖する場合,一般に小型の容器(100ml～1L程度)を用いて寒天培地で培養する方法が採用されている。この方法の最大の欠点は,多くの無菌操作設備(例えばクリーンベンチ,培養容器,広い培養室など),労働力,電気,ガスなどを必要とすることであり,苗のコストを高める原因になっている。特に,労働力がコストに占める割合は高く,50～70％にも達するといわれているほどである。

　クローン植物種苗のコストを低減させるためには,生産プロセスの省力化,簡易化,自動化などの技術開発が必要である。主要な技術開発項目として;

1) 光独立培養による培養の簡易化
2) 大型容器を用いた省力化
3) 機械化あるいはロボットによる自動化
4) ジャーファーメンターによる苗の大量生産
5) 不定胚を利用した人工種子化

などがある。

　以上の技術のうち,1),2),3),5)については本書の中で他の著者が述べているので,ここではジャーファーメンターによる種苗大量生産について紹介し,クローン植物大量生産技術の新しい省力化の方向を探ってみたい。

3.2 ジャーファーメンターによる大量培養は省力化のキーテクノロジー

　省力化およびコストを低減するためのキーとなる技術がジャーファーメンターを用いた液体大量培養法である。この方法は,現在主流となっている寒天培養法と異なり,メスで植物体を分割することはせず,多数の芽あるいは植物体が塊状になった状態のまま培養する方法であり,人手をあまりかけずに10～20Lの容器で大量培養することができるので著しい省力化が可能となる。しかも寒天培養と比較して生育も早い(図1)ので,より効率良く増殖することができる利点を有している。寒天培養と比較して生育が早くなる理由は;

---

*　Shinsaku Takayama　　東海大学　開発工学部　生物工学科

第5章 バイオテクノロジーによる種苗工場のプロセス化

a) 液体培地内で培養されるので培養物と培地との接触面積が大きい。
b) 強制通気撹拌を行うので酸素の供給が良好であり，生育が促進される。
c) 培養物が常に浮遊しながら培養されるので極性がなくなり，頂芽優勢現象が解除された結果，培養塊の表面に分化した多数の芽をすべて生育させることが可能になる。

等であろう。

　液体培養技術としては，培養容量が小さい場合には300ml〜2L程度のフラスコを振とうしながら培養する「液体振とう培養法」が用いられるが，培養容量が大きくなり，種苗を大量増殖す

表1 組織培養でクローン増殖されている植物

	植物名	増殖方法 A B C D		植物名	増殖方法 A B C D
果樹	リンゴ	○ ○ ●	花き	フリージア	○ ○
	ナシ	○ ○		グラジオラス	○ ○ ● ●
	チェリー	○ ○		カトレア	○ ○ ● ●
	モモ	○ ○		シンビジウム	○ ○ ○
	ブドウ	○ ○ ●		ファレノプシス	○ ○
	カンキツ類	○		ミルトニア	○ ○
				デンドロビウム	○ ○
野菜	ジャガイモ	○ ○ ● ●	観葉植物	ベンジャミーナ	○
	アスパラガス	○ ○ ● ●		ポインセチア	○
	イチゴ	○ ○ ● ●		アンスリウム	○ ○ ● ●
	ショウガ	○ ○ ●		ディフェンバキア	○ ● ●
	コンニャク	○ ○ ●		モンステラ	○
	ナガイモ	○ ○ ●		フィロデンドロン	○
	サトイモ	○ ○ ●		シンダプシス	○
	メロン	○ ○		カラジウム	○ ● ●
	トマト	○		アロカシア	○
花き	ユリ	○ ○ ● ●		アナナス類	○ ● ●
	ベゴニア	○ ○ ● ●		ネオゲリラ	○
	キク	○ ○ ●		ドラセナ	○
	セントポーリア	○ ○ ●		ヘゴ	○ ●
	ガーベラ	○ ○ ●		アジアンタム	○
	カーネーション	○ ○ ●		ネフロレピス	○
	ゼラニウム	○ ○		アスプレニウム	○
	バラ	○ ○		ナンテン	○
	ロードデンドロン	○		ネペンセス	○
	グロシニア	○ ○ ●		スパティフィラム	○ ● ●
	ストレプトカーパス	○ ○ ●		ギボウシ	○ ●
	シャクヤク	○ ○		オフィオポゴン	○ ●
	スターチス	○ ○	特用作物	コーヒー	○ ○ ●
	カスミソウ	○ ○		チャ	○ ○
	リンドウ	○ ○ ●		バナナ	○ ○ ●
	ヒヤシンス	○ ○ ●		パイナップル	○ ○ ●
	アリウム・ギガンチウム	○ ○ ●		オイルパーム	○ ○ ●
	コルチカム	○		キャッサバ	○ ○
	アマリリス	○ ○ ●	林木	ユーカリ	○
	ネリネ	○ ○ ● ●		ポプラ	○
	スイセン	○			
	リコリス	○ ○			
	クロッカス	○ ○			

注：増殖方法
　　A：生長点培養によるウイルスフリー　　B：寒天培養　　C：液体振とう培養
　　D：ジャーファーメンター培養　　（●：研究レベル　○：実用レベル）

3 ジャーファーメンターによる種苗大量生産技術システム

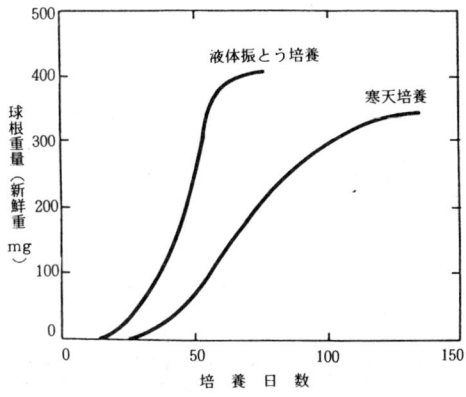

図1 ヤマユリの成育におよぼす培養方法の影響

る場合にはジャーファーメンター培養を行う。一般にジャーファーメンター培養では1Lから100Lほどの容量で培養を行う。100L以上も可能であるが，実用的には20L以下が操作性（例えば持ち運び，殺菌，材料の移植，培養増殖した植物体の取り出しなど），設備コスト，光の照射効率などの点から好ましいといえる。

3.3 ジャーファーメンターとは

ジャーファーメンターとは一般には，微生物や動植物細胞の液体通気培養に用いる培養装置のことを指している。前述のように1L程度の小型のものから100Lを越える大型のものまであり，小型のものは研究用，大型のものはパイロット試験用あるいは実用生産用として利用されている。さらに大型のものは，ジャーファーメンターと呼ばずに培養タンクあるいは単にファーメンターと呼び，工業生産に利用されている。ジャーファーメンターの運転条件は培養対象によって大きく異なる。微生物を培養する場合には十分に通気し，さらに動力駆動式の撹拌羽根で培地を強く撹拌して酸素が十分に供給されるようにする。これに対して，植物細胞の場合には微生物に較べはるかに呼吸活性が弱く，また微生物のように強い撹拌を行うと細胞や組織の損傷が激しく，生長が顕著に抑制される。そのため，一般に通気量を少なくし，撹拌も行わないか，行っても弱い撹拌とすることが多い。組織が大きく生長するクローン植物大量増殖の場合にはこの傾向は特に顕著である。

各種ジャーファーメンター（図2）の中で，クローン植物大量増殖用としてはエアリフト型，回転ドラム型，スピンフィルター型，変形パドル型インペラー型，気相培養型などが適している。光の照射は前述のように問題が多いが，現状では光ファイバーで培養槽内に導入し拡散照射させる方法（池田 1987, 高田・太田 1988）が好ましいと言えよう。

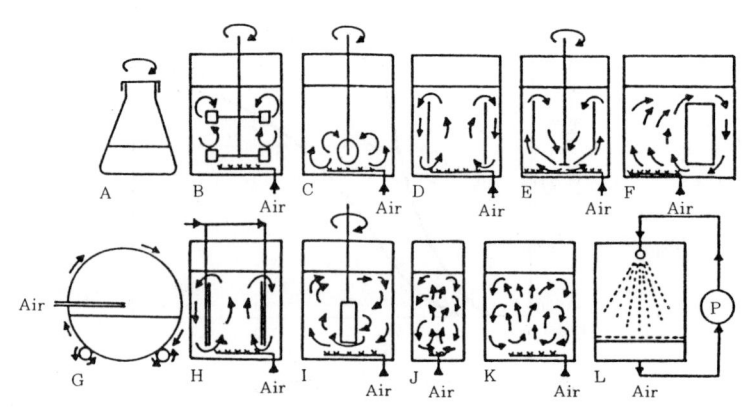

第5章 バイオテクノロジーによる種苗工場のプロセス化

A=振とう培養フラスコ, B=平羽根タービン型, C=多孔板インペラー型, D=エアリフト型, E=カプランタービン付ドラフトチューブ型, F=エアリフト式ループ型, G=回転ドラム型, H=光導入型, I=スピンフィルター型, J=気泡塔型, K=通気型, L=気相型

図2 各種ジャーファーメンター

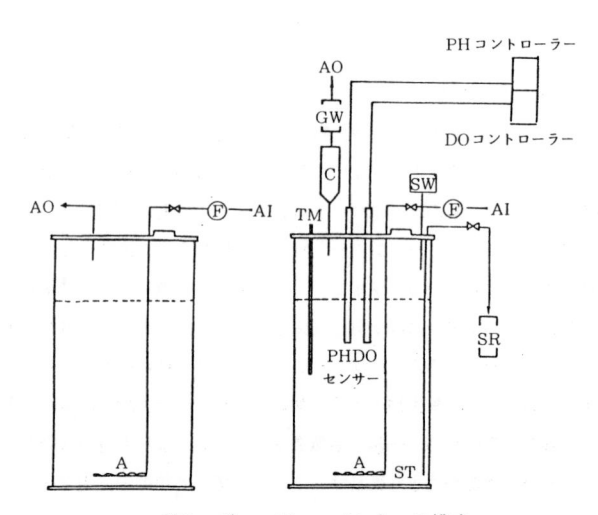

図3 ジャーファーメンターの構成

　種苗大量生産に使用するジャーファーメンターの構成を図3に示した。最も簡易なものは液体培地を入れた無菌の容器に無菌フィルターを通して無菌空気を通気するだけでも良い。研究用として使用するジャーファーメンターにはｐＨ,溶存酸素,酸化還元電位などの計測制御装置を装

166

着して自動的に培養し，記録を取ることが可能である。特に最近はマイクロコンピューターが手軽に利用できるようになり，自動化が進んでいる。

3.4 ジャーファーメンターによる種苗大量増殖の実例
本稿では，著者らの研究結果を中心にジャーファーメンターによる大量増殖について紹介する。
3.4.1 イチゴ
イチゴはウイルス感染によって収量が低下するので，組織培養で増殖したウイルスフリー株が広く栽培に利用されている。組織培養によるイチゴの繁殖は，Boxus ら(1977)，Damiano(1980)，大沢ら(1974)の報告に見られるように容易であるが，農家に供給する苗をすべて品質の良い組織培養で増殖したばかりの原々株とすることは，寒天培養法では容易なことではない。そこで，著者ら（高山ら，1985 a, b）は組織培養によるウイルスフリー原々株の大量供給方法を種々検討した結果，著者らが以前にベゴニアやユリ（Takayama and Misawa, 1981, 1982, 1983）で報告した液体振とう培養法ならびにジャーファーメンターによる液体通気培養法が有効であることが明らかになった（図4）。これらの方法で増殖した植物は，分割後直接土壌に移植して順化栽培することによって苗にすることができる。

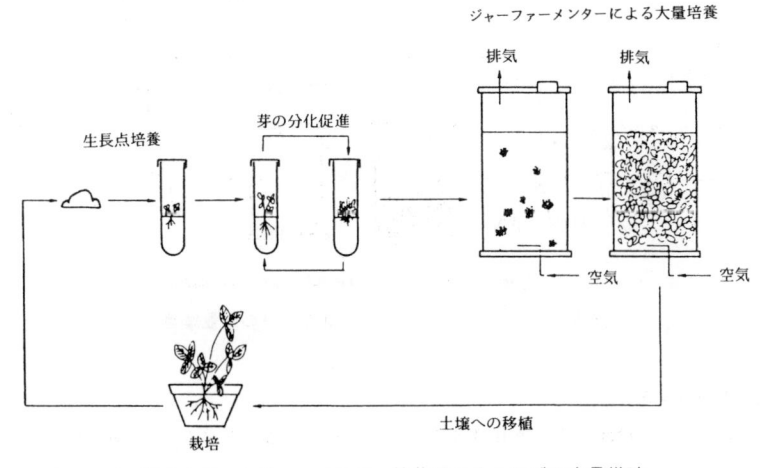

図4 ジャーファーメンター培養によるイチゴの大量増殖

3.4.2 ユリ
ユリの仲間（ユリ属）にはヤマユリ，カノコユリ，テッポウユリ，スカシユリなど世界で原種として約80種，栽培品種としては3,000 品種以上が知られている。園芸上重要な品種はリン片挿

第5章 バイオテクノロジーによる種苗工場のプロセス化

しで増殖されているが，ウイルスの感染によって著しい品質の低下をきたし，しかも増殖率が低いので球根生産の大きな障害となった。そのため，生長点培養でウイルスフリー化し，組織培養で大量増殖されている。著者らの実験結果によると，ユリ属植物の大量増殖には液体振とう培養やジャーファーメンター培養が有効である。特に，サイトカイニン添加によってリン片を大量に分化させた後に液体振とう培養でリン片を生育させ，さらにこのリン片から液体振とう培養あるいはジャーファーメンター培養で子球を形成させる手法が有効である（図5，Takayama 1983）。著者らは，ジャーファーメンターを用いたユリの増殖プロセスをさらに簡易化するために，リン片の分化誘導に長時間を要するサイトカイニンによるリン片分化法ではなく，組織培養で分化成育させた子球を切断分割して液体培地で子球形成させる手法を採用した。この手法でユリ子球形成の作業効率がさらに高まった（妻木，高山 1992）。

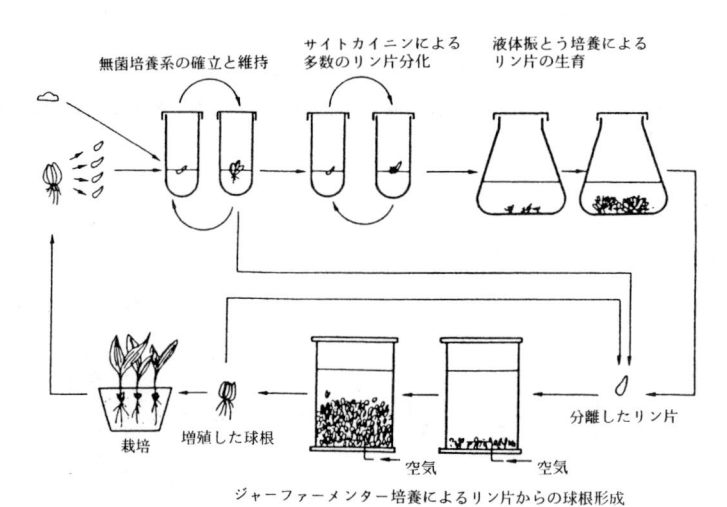

図5　ジャーファーメンターによるユリの大量増殖

3.4.3　ヒヤシンス

ヒヤシンスは学習教材として水栽培されることが多い。主要な増殖法としてスクーピング，ノッチングなどがある。しかし，増殖率が低く，ユリの場合と同様にウイルスの被害も多いので，組織培養による大量増殖が検討された。いくつかの研究報告があるが，ユリに比べて増殖が困難であり，技術的には非常に難しいものの一つに数えられている(Hussey 1980, Pierik and Post 1975, Pierik and Steegmans 1975, 田村, 嘉部 1971)。

著者らは，ユリなどの場合と同様に液体振とう培養を適用し，ユリのような高い増殖率ではな

いが，スクーピング並の大きさの子球を効率良く形成できることを明らかにした（Takayama et al., 1991, 高山，天羽，深野 1985, 図6）。この場合，生長点培養で無菌培養を確立した直後は分化する子球数が少なく，その最大数は4程度であったが，約2カ月ごとに分割して継代培養を続けると分化数が次第に増加し，2～3年後には20～30になった。分化した子球は液体振とう培養で良く肥大し，約40％が球根直径10mm以上になった。

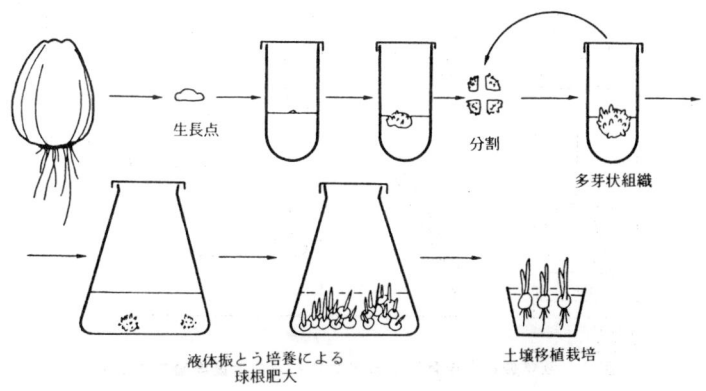

図6　液体振とう培養によるヒヤシンスの大量増殖プロセス
（Takayama, Amo and Fukano, 1991）

3.4.4　アマリリス

アマリリスは球根花卉として重要である。しかし，リン片挿しなどの従来法は繁殖能率が低くまたウイルスの汚染が広がっているために球根生産や切花生産の障害になっている。増殖能率を高める目的で組織培養法（Miiら 1974, 梁川ら 1976)が検討されている。しかし，いずれも増殖効率は高いとはいえず，増殖した子球も小さなものばかりである。著者ら（高山ら 1986, 林ら1987，林 1984)はユリ，ヒヤシンスなどと同様に液体振とう培養を基本として増殖法を種々検討した結果，図7に示す手法を確立した。まず母球根を無菌化し，リン片切片から子球を形成する（約5カ月間，ただし母球根から直接生長点培養で子球形成する場合には省略できる）。次にこれらの子球を材料にして生長点培養を行う。生長点培養で確立した子球を出発材料にし，子球に切れ目を入れて振とう培養すると約3カ月で子球を形成する。このプロセスを繰り返すことにより年間数百倍に増殖することができた。

3.4.5　グラジオラス

グラジオラスは切花として良く利用され，栽培面積は全国で100haを越えるほどである。しかし，主要な栽培品種のほとんどがウイルスに感染しているといわれ，切花の品質低下が問題にな

第5章 バイオテクノロジーによる種苗工場のプロセス化

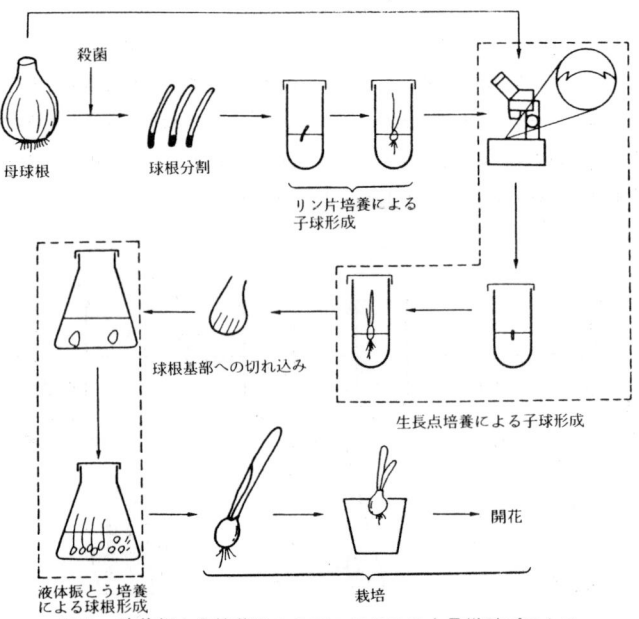

図7 液体振とう培養によるアマリリスの大量増殖プロセス

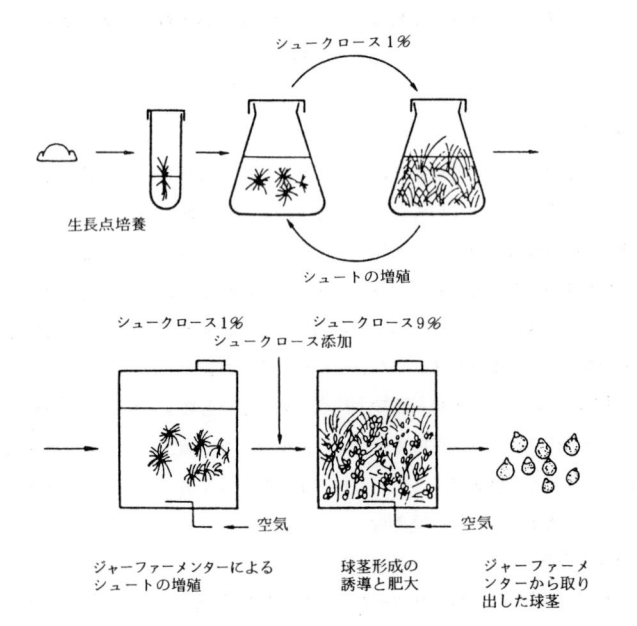

図8 ジャーファーメンターによるグラジオラスの大量増殖

っている。生長点培養で作出したウイルスフリー株の組織培養による増殖について検討されているが，効率はかならずしも良いものではない（Bajaj 1982，高津 1978）。著者ら（高山ら 1987）はジャーファーメンターによる大量増殖を確立したのでその結果を紹介する（図8）。まず，生長点培養でウイルスフリー株を作出する。これをムラシゲ・スクーグ培地の塩類強度を 1/2～1倍とし，シュークロース濃度を10g/Lとした液体培地（振とう培養，ジャーファーメンター培養のいずれでも良い）で培養してシュートを増殖する。次いでシュークロース濃度を90g／Lに高めるとシュートの基部に球茎が形成される。2Lのジャーファーメンターを用いた実験では，約300個の球茎が得られている。

3.4.6 ベゴニア，セントポーリア，グロキシニア

著者ら（Takayama and Misawa 1981）は，若い葉の切片を培養してその表面に多数の芽を分化させ，これを液体培地に移植して振とう培養することにより効率良く植物体を得る方法を確立した。この方法で得られた植物体の葉を無菌的に切断し，培養を繰り返すことにより植物体を大量に増殖することが可能である。

3.4.7 カーネーション，キク

カーネーションやキクはウイルスに感染すると切花の品質が顕著に低下し，市場性を失う。そのために，生長点培養でウイルスフリーにした後，網室内で挿木を繰り返して増殖し，ウイルスフリー苗として出荷されている。挿木増殖の効率が高いので，ウイルス再感染に対する予防措置が十分な環境で挿木増殖することができれば，組織培養のみで大量増殖することは必ずしも必要ではない。しかし，培養のみで大量増殖できればウイルス再感染の危険が全くなくなるのでコストが安くなりさえすれば十分に価値がある。著者らの検討結果（高山ら 1982）によると，液体振とう培養でカーネーションやキクを大量に増殖できるが，発根順化プロセスが必要であり，しかもビトリフィケーションの発生も多いので，かならずしも効率の良い方法とはなっていない。今後の検討が必要である。

3.4.8 サトイモ，カラスビシャクなど

サトイモ，カラスビシャクなどのサトイモ科植物はいずれもジャーファーメンターで容易にシュートを大量増殖することができる（高山ら 1989a）。しかし，大量増殖されたシュートを土壌に移植して栽培するのは，1）移植に多くの人手が必要である，2）順化栽培が必要である，3）貯蔵が困難であるなどの理由から結構大変であるし，コストもかかる。そこで，移植が簡単で直接栽培でき，しかも貯蔵性が高い球茎を大量に形成させることを目標にして培養条件を検討した。さまざまな努力にもかかわらず貯蔵組織である球茎をジャーファーメンター内で大量に形成させることは決して容易なことではない。著者らは，さまざまな条件検討を進める中で，ジャーファーメンターでシュートを大量増殖した後に，培養槽内への通気量を高めて培地を蒸発させると，シュートの基部が顕著に肥大して球茎が特異的に形成される現象を見出したので，この現

第5章 バイオテクノロジーによる種苗工場のプロセス化

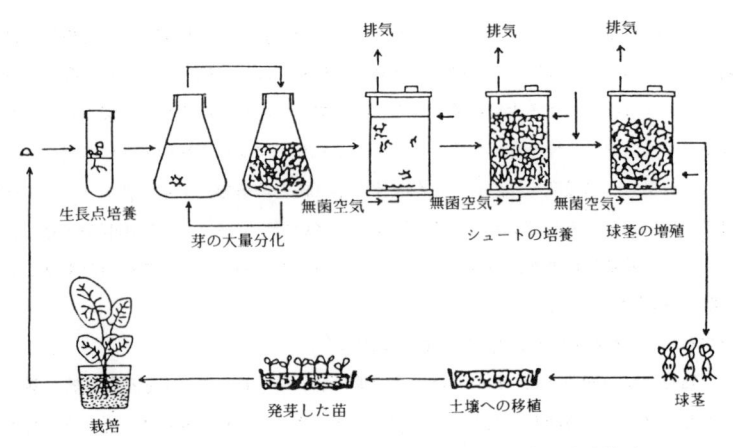

図9 ジャーファーメンターによるサトイモ球茎の大量増殖

象を利用して球茎の大量増殖技術を確立した（図9，高山ら 1989b）。得られた球茎は貯蔵性，発芽性ともに良好である。

3.4.9 ジャガイモ

ジャガイモは重要なデンプン資源であり，欧米を初めとする多くの国で主食として食されている。ジャガイモはウイルス感染によって収量・品質が顕著に低下するので，ウイルスフリー株を栽培するのが一般化している。ウイルスフリーのタネ芋の大量増殖の手法としてマイクロチューバーを利用しようという傾向が強い。著者ら（秋田，高山 1987ab，1988ab，1989）はジャーファ

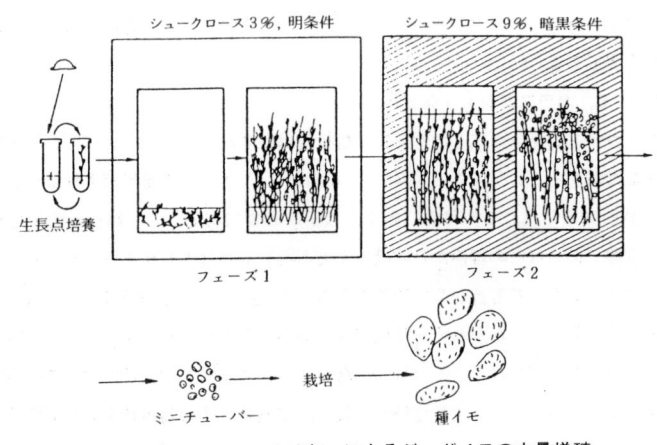

図10 ジャーファーメンターによるジャガイモの大量増殖

172

ーメンターによるマイクロチューバーの大量増殖を試みた。その結果,まずシュークロース3%とし,植物体に十分に光が当たるようにして培養し,ついでシュークロース濃度を9%になるように添加すると同時に,光の照射をやめて暗黒下で培養すると,ジャーファーメンター内でマイクロチューバーを増殖できた（図10）。

3.5 今後の課題

以上クローン植物大量増殖技術システムの現状を紹介した。研究と技術の進歩ならびに技術の普及は目覚しい。しかし,まだ多くの問題が未解決のまま残されているといってよい。なんといっても問題なのは,褐変したり分化しないなどの理由で培養できない植物が多いことである。また,現行のクローン植物の生産プロセスの大半が人手で行われているために培養コストが高い点である。これらの問題点を解決するためには, 1）分化,発育の制御に関する基礎研究, 2）大量培養,育種,栽培技術などの関連技術開発, 3）技術のシステム化, 4）販路の開拓というような諸点に関しさらに研究が進展し,種々植物が自由に培養できるようになり,自動化と省力化が達成されなければならない。今後の研究展開に期待したい。

文　献

＜主要文献＞

- 高山眞策：クローン増殖と人工種子，オーム社刊, pp.1〜191(1989)
- 田中秀夫,高山眞策,林　隆久,真野佳博,猪口雅彦：植物細胞工学, pp.1〜315(1992)
- Takayama, S. : Mass propagation of plants though Shake-and bioreactor-culture techniques. In "Biotechnology in Forestry and Agriculture, Vol.15" (Y.P.S.Bajaj, Ed.), Springer Verlag, in press.

＜引用文献＞

1) Murashige, T. : Plant propagation through tissue cultures, *Annu. Rev. Plant Physiol.*, 25 : 135-166(1974a)
2) Murashige, T., Serpa, M. and Jones, J.B. : Clonal multiplication of Gerbera through tissue culture, *Hortsci.*, 9 : 175-180(1974b)
3) 池田　博：光合成培養槽,公開特許公報　昭60-237984(1985)
4) 高田俊哉,太田喜元：植物細胞の光照射培養,植物組織培養の実用化の現状と今後の展望 pp.94〜95(1988),日本植物組織培養学会
5) Boxus, Ph., Quoirin, M. and Laine, J.M. : Large scale propagation of strawberry plants from tissue culture., In : Reinert, J. and Bajaj, Y.P.S.(Eds.)., Applied

and Fundamental Aspects of Plant Cell, Tissue, and Organ Culture, pp. 130-143 (1977), Springer Verlag, ISBN 0-387-0677-8

6) Damiano, C. : Planning and building a tissue culture laboratory, In: Proceedings of the Conference on Nursery Production of Fruit Plants Through Tissue Culture - Applications and Feasibility, pp. 93〜101(1980), USDA

7) 大沢勝次, 戸田幹彦, 西 貞夫：やく培養の利用に関する研究Ⅱ, イチゴやく培養によるウイルスフリー株の大量育成, 野菜試報A1 : 41-57(1974)

8) 高山眞策, 天羽孝子, 深野真弓, 大沢勝次：ジャーファーメンターによるイチゴの大量繁殖に関する研究, （第1報）無菌培養系の確立と低温培養による系統保存, 園芸学会昭和60年度春季大会研究発表要旨：218-219(1985a)

9) 高山眞策, 元川寛子, 天羽孝子, 深野真弓, 大沢勝次：ジャーファーメンターによるイチゴの大量繁殖に関する研究, （第2報）液体培養法の検討ならびにジャーファーメンターによる大量増殖法の確立, 園芸学会昭和60年度春季大会研究発表要旨, 220-221(1985b)

10) Takayama, S. and Misawa, M. : Mass propagation of *Begonia* × *hiemalis* plantlets by shake culture, *Plant Cell Physiol.*, **22** : 461-467(1981)

11) Takayama, S. and Misawa, M. : A scheme for mass propagation of *Begonia* × *hiemalis* by shake culture, *Scientia Hortic.*, **18** : 353-362(1982)

12) Takayama, S. and Misawa, M. : The mass propagation of *Lilium in vitro* though stimulation of multiple adventitious bulbscale formation and through shake culture, *Can. J. Bot.*, **61** : 224-228(1983)

13) Takayama, S. : Mass propagation of Lilies through *in vitro* culture with special reference to *Lilium auratum*, Thesis submitted to Kyoto University, pp. 1-105(1983)

14) 妻木直子, 高山眞策：液体振とうおよびジャーファーメンター培養によるヤマユリの簡易大量増殖に関する研究, 植物工場学会誌, **3** (2)：印刷中(1992)

15) Hussey, G. : Propagation of some members of the Liliaceae, Iridaceae and Amaryllidaceae by tissue culture. In : Brickell, C. D. , Cutler, D. F. and Gregory, M. (Eds.), "Petloid Monocotyledons", pp. 33〜42(1980), Academic Press

16) Pierik, R. L. M. and Post, A. J. M. : Rapid vegetative propagation of *Hyacinthus orientalis* L. *in vitro*, *Scientia Hortic.*, **3** : 293-297(1975)

17) Pierik, R. L. M. and Steegmans, H. H. M. : Effect of auxins, cytokinins, gibberellins, abscisic acid and ethephon on regeneration and growth of bulblets on excised bulb scale segments of Hyacinth, *Physiol. Plant*, **34** : 14-17(1975)

18) 田村 親, 嘉部博康：ヒアシンスの組織培養(2), 農業および園芸, **46** : 785-788(1971)

19) Takayama, S., Amo, T. and Fukano, M. : Rapid Clonal Propagation of *Hyacinthus orientalis* bulbs by shake culture, *Scientia Hortic.*, **45** : 315-321(1991)

20) 高山眞策, 天羽孝子, 深野真弓：液体振とう培養によるヒヤシンスの大量増殖に関する研究（第1報）球根の分化条件ならびに液体振とう培養法の検討, 園芸学会昭和60年度春季大会研究発表要旨, pp. 370-371(1985)

21) Mii, M. , Mori, T. and Iwase, N. : Organ formation from excised bulb scales of *Hippeastrum hybridum in vitro*, *J. Hort. Sci.*, **49** : 241-244(1979)

22) 梁川 正, 坂西義洋：しゅじゅの有皮りん茎のりん葉組織の培養片における子球形成, 園

芸学会，昭和51年度春季大会研究発表要旨，pp. 274-275(1976)
23) 高山眞策，天羽孝子，深野真弓，林　勇：組織培養によるアマリリスの繁殖に関する研究，第1報　組織培養における増殖法の検討，園芸学会昭和61年度春季大会研究発表要旨，pp. 400-401(1986)
24) 林　勇，高山眞策，天羽孝子，深野真弓：組織培養によるアマリリスの繁殖に関する研究　第2報　組織培養による繁殖子球の生育並びに開花，園芸学会昭和62年度春季大会研究発表要旨，pp. 414-415(1977)
25) 林　勇：組織培養アマリリスの生育ならびに開花（第1報）培養後1年目並びに2年目の生育と開花，昭和59年度神奈川県園芸試験場花卉試験報告書，pp. 65-66(1984)
26) Bajaj, Y. P. S., Sidhu, M. M. S. and Gill, A. P. S. : Some Factors affecting the in vitro propagation of gladiolus, Scientia Hortic., 18 : 269-275(1982)
27) 高津　勇：グラジオラスの生長点培養の実際とウイルスフリー化，農業および園芸，53：797-800(1978)
29) 高山眞策，天羽孝子，深野真弓，中沢久美子，秋田　求：液体培養法によるグラジオラスの繁殖に関する研究，第10回植物組織培養シンポジウム講演要旨集，pp. 88(1987)
29) Takayama, S. and Misawa, M. : Factors affecting differentiation and growth in vitro and a mass propagation scheme for Begonia× hiemalis, Scientia Hortic., 16 : 65 -75(1982)
30) 高山眞策，三澤正愛，松川時晴，小林康生：液体振とう培養を用いたカーネーションの繁殖，園芸学会昭和57年度春季大会研究発表要旨，pp. 296-297(1982)
31) 高山眞策，石尾慎史，大沢勝次，ジャーファーメンターによるサトイモ科植物の大量増殖に関する研究（第1報）サトイモ苗条の大量増殖，園芸学会平成元年春季大会研究発表要旨(1989a)
32) 高山眞策，石尾慎史，秋田　求，大沢勝次：ジャーファーメンターによるサトイモ科植物の大量増殖に関する研究（第2報）サトイモ球茎の大量増殖，園芸学会平成元年春季大会研究発表要旨（1989b）
33) 秋田　求，高山眞策：組織培養法によるジャガイモ塊茎形成に関する研究（第1報）無菌培養系の確立と塊茎形成に関与する諸条件の検討，園芸学会昭和62年度秋季大会研究発表要旨，pp. 264-265(1987)
34) 秋田　求，高山眞策：組織培養法によるジャガイモ塊茎形成に関する研究（第2報）液体培養法を用いた塊茎の形成，園芸学会昭和62年度秋季大会研究発表要旨，pp. 266-267(1987)
35) 秋田　求，高山眞策：組織培養法によるジャガイモ塊茎形成に関する研究（第3報）培養方法による塊茎形成部位の変化，園芸学会昭和63年度秋季大会研究発表要旨，pp. 228-229(1988)
36) 秋田　求，高山眞策：組織培養法によるジャガイモ塊茎形成に関する研究（第5報）培養由来の塊茎の性状について，園芸学会平成元年研究発表要旨（1989）
37) キース・レイデンボー：植物種類似物，公開特許公報　昭59-102308(1984)
38) 平林保治，今中嘉彦，市川弥太郎：人工種子，公開特許公報　昭63-152905(1988)

4 組織培養苗生産プロセスのロボット化

輪竹宏昭*

4.1 はじめに

現在，花や観葉植物ではかなりの種類のものが，組織培養を利用して実際に苗の生産が行われている。代表例としては，ランやガーベラ，ユリを初めとしたグラジオラス，フリージャなどの球根類，かすみ草，スターチス，一部のバラなどであるが，文字どおり，'高嶺の花'であったランが，組織培養による生産のおかげで，庶民でも手の届く程度の価格に下がったし，また，絶滅の危機に瀕していた沖永良部島のテッポウユリも，組織培養による苗生産で，再生に成功している。

しかしながら，これらは何れも手作業による研究室的な生産形態で，工場的な自動生産にはなっていない。

また，地球環境の保全の観点から，造林用樹木の優秀な苗の大量生産も今後の重要な課題であるが，こちらの方は，組織培養での苗生産はまだ行われておらず，目下，組織培養技術の研究の段階である。

いずれにしてもこれからは，農家も苗を買う時代となることは間違いなく，バイオテクノロジーを利用して優秀な苗を作出し，それを工業的に自動生産できるシステムの確立を急ぐ必要がある。

本稿では，この苗生産システムの開発・確立のための参考として，ロボットを中心に自動化機器の紹介をしたい。

4.2 海外における自動生産システム

欧米においては既に苗生産の分業化が確立しており，苗生産の専門企業が多数存在している。このなかには，年間に1億本以上の苗を生産している企業もかなりあり，自動化も大変に進んでいる。

規模的には国内のものとは大きな隔たりがあると思えるし，また組織培養による苗の生産でもないが，苗生産の自動化を研究するに際しての，ひとつの参考にはなると思うので，その一例をまず紹介する。

ここに紹介するのは，オランダで菊の苗だけを生産している企業の例で，脇芽を切り取ってきた後の，挿し芽増殖による苗生産ラインである。したがって，現場は無菌室ではなく普通の温室内で，オープントレイ上のピートモス培地に挿し芽をして苗を育て，トレイごと出荷するものである。

写真1は，栽培者から返却されてきたトレイが，洗浄され，滅菌，乾燥された後，コンベアに

---

* Hiroaki Watake　㈱東芝　電気・計装事業部

4　組織培養苗生産プロセスのロボット化

乗って出てきているところである。その後各トレイは，複数台のソイルブロック成型マシンに順次供給され，自動的にピートモスが充填されて（写真2），挿し芽工程へと送られる。この挿し芽作業のみは，手作業で行われている。

挿し芽されたトレイは，写真3に示すような搬送装置（「アグリロボット」と呼ばれている）

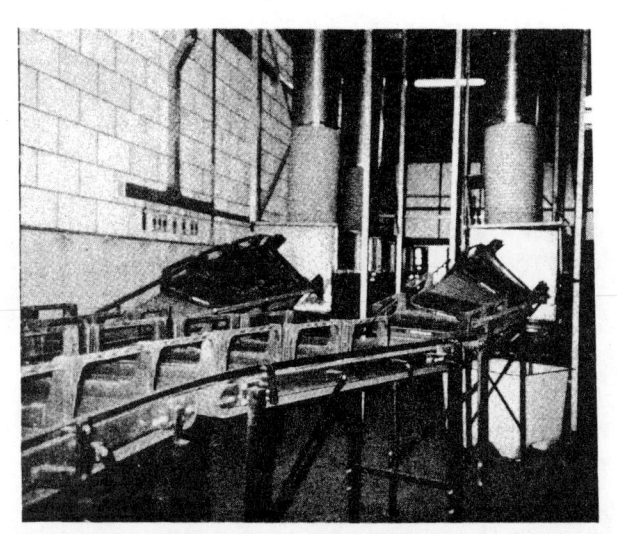

写真1　トレイの洗浄・滅菌工程

写真2　ソイルブロック成型機

第5章　バイオテクノロジーによる種苗工場のプロセス化

写真3　アグリロボットの苗定置作業

で温室内へ運ばれる。

　このアグリロボットは，800cc のジーゼルエンジンを内蔵した自走ロボットで，コンピュータからの無線指示により，温室内の指定された場所にトレイを自動的に定置してゆく。また，出荷時期に達したトレイ群も，コンピュータからの指令をうけたアグリロボットにより，温室内から梱包場所まで運び出される。

　このように，苗生産工場のほとんどのラインが自動化されており，2～3 haの現場にオペレータ要員が2～3人いるだけであるが，ただ1カ所，挿し芽ラインのみが手作業で（写真4），全従業員の70～75%がこの作業に携わっている。このような単純で細かな作業は，1日の作業時間も6時間程度が限度で，しかも，午前中に比べて午後は，作業能率が35%も低下するという。

4.3　挿し芽増殖ロボット

　上記のような挿し芽作業を行うロボットが東芝で開発され，1990年に大阪で開かれた花博の政府苑に展示されたので，その概要を紹介する。

　このロボットは，キクやカーネーション，マツ，ユーカリ，バレイショ等のように，シュートがまっすぐに伸びて，途中の節から脇芽が出るような苗を対象にして開発されたもので，各苗の節の3次元位置を検出して，その節間を切りとって挿し芽をしてゆくロボットである。ただし，カーネーションやキクなどの，密植している増殖圃場での脇芽の切り取りは行えず，組織培養苗を対象としているが，現在一般に行われている試験管や培養瓶ではなく，オープントレイ上で

4　組織培養苗生産プロセスのロボット化

写真4　挿し芽作業

の作業を基本に考えられている。

このロボットには，二つの重要な機能を持たせてある。

一つは，苗が植えられた状態のまま，苗の形状，節の位置を認識できることである。

二つめは，クリッパが柔らかな幼苗に傷をつけないよう，ソフトに掴むことができるように考慮されていることである。

4.3.1　苗の認識

このロボットでの苗の位置検出と形状の認識には，カメラは用いられておらず，レーザ光線を苗に向けて照射し，苗から反射してきた光を受け，三角測量の原理で位置を検出するもので，この操作を連続して行うことにより形状も認識する。

ロボットシステムは写真5に示すように，節の切断・移植を行う6軸垂直多関節ロボット（左側）と，苗の認識を行う直交ロボット（右側）から成っている。

この認識用ロボット内に，半導体レーザ発振子と受光部（距離センサ）とが内蔵されており，発振されたレーザ光を，左右にスキャニングしながら苗に向かって照射する（図1）。苗に当っ

第5章　バイオテクノロジーによる種苗工場のプロセス化

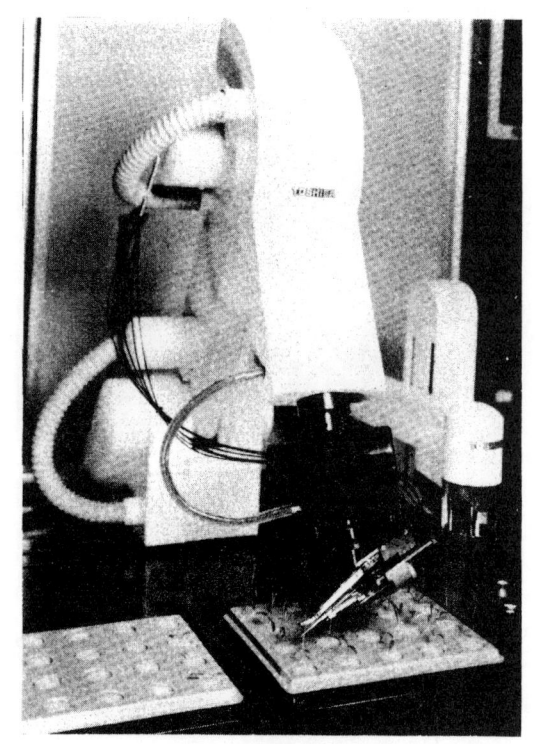

写真5　挿し芽増殖ロボット

て反射してきた光は距離センサで受光し，図2に示すように三角測量の原理を利用して，光の反射点のX，Y位置を計測する。この計測を，苗の下方から上方へ向かって連続的に行うと，各点の3次元位置として計測できるため，この点をコンピュータ内でプロットしてゆくと，図3の(b)に示すような形に苗の形状が認識できる。

　この形状をもとにして，枝分かれしている箇所や，茎が太くなっている箇所を節と判断し（図3(c)），切断する場所を決めて（図3(d)），その点の3次元位置とロボットハンドのとるべき姿勢とを，切断・移植ロボットへ指令として与える。

　苗は垂直には伸びておらず，いずれかの方向に傾いているため，グリッパが苗を摑む時，グリッパに対して茎が常に垂直になるような姿勢で苗を摑み，移植の際に，苗をまっすぐに挿し芽できるようにしている。

4.3.2　ソフトグリッパ

　グリッパは，送りネジを回転させることにより開閉制御される。

　送りネジを回転させるサーボモータは，送りネジに直結させると制御も簡単であるが，グリッ

4 組織培養苗生産プロセスのロボット化

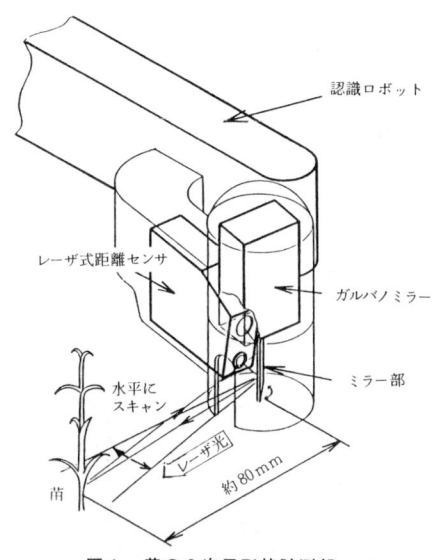

図1 苗の3次元形状計測部

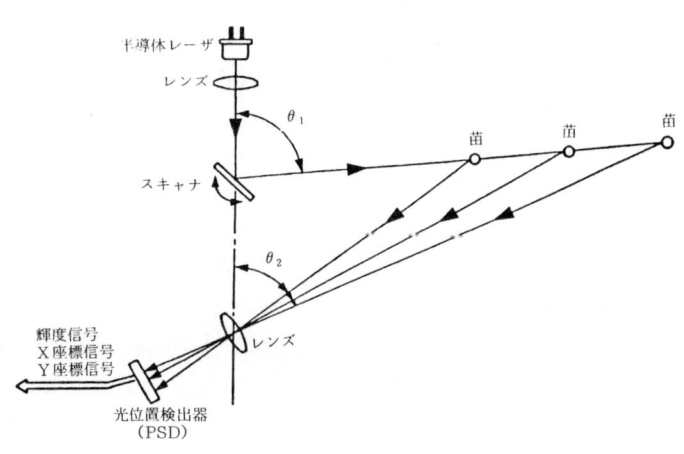

図2 苗位置の検出

パ部が大きくなるため,モータは別置きとし,ワイヤロープを介して送りネジを回転させている。
　把持力は,対象により予め値を決めて入力しておき(例えば,カーネーションの培養苗の場合は30gf),グリッパに貼り付けたひずみゲージからの信号をもとに,この設定値を保つように制御する。実際の制御は図4に示すように,力と位置とのハイブリッド制御を行っている。

第5章　バイオテクノロジーによる種苗工場のプロセス化

グリッパの閉側と開側とにリミットポイントを設け，グリッパがその間にある時は，ひずみゲージからのフィードバック信号により制御され，リミットを越すと，サーボモータに連結されたポテンショメータからのフィードバック信号を受けて，グリッパの閉および開位置の停止制御を行っている。

　また，サーボモータに連結されたタコジェネレータで，グリッパのスピードを検出し，その微分制御も加味して，グリッパの動作をスムーズにしている。

4.4　ミニバラ挿し芽ロボット

　培養苗生産の自動化の，ひとつの方向とも思われるロボット（装置）を紹介する。

　これは，山口県の大竹テクノ開発協同組合が，三井石油化学工業との共同で開発したもので，ミニバラの幼苗を切断して挿し芽する工程を，そっくり自動化した装置である。

　この装置は，図5の上段に示したような工程全てを，図5の下段に示すようにクリンキ

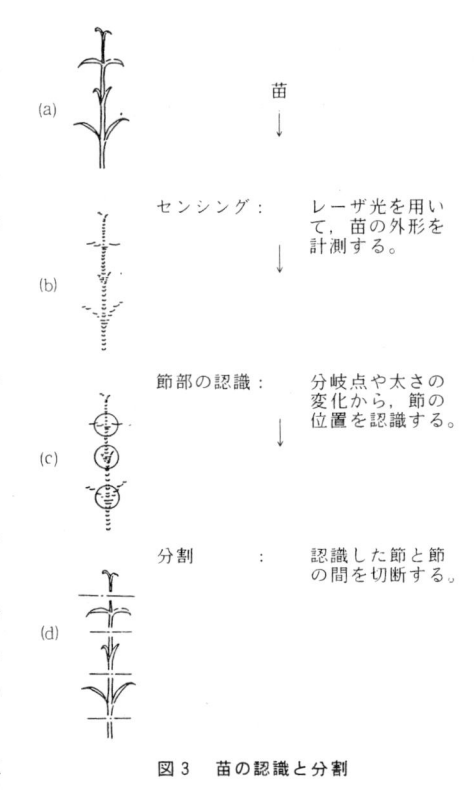

(a)　苗
(b)　センシング：レーザ光を用いて，苗の外形を計測する。
(c)　節部の認識：分岐点や太さの変化から，節の位置を認識する。
(d)　分割：認識した節と節の間を切断する。

図3　苗の認識と分割

ャビネット内に収納してある。一方の端から，培養された幼苗が入っている試験管を，他方の端から空の試験管を供給すると，あとは自動的に滅菌され，苗入りの試験管はキャップが外され，空の試験管には寒天培地が分注されて，共にロボットのそばまで供給される。

　ロボットは，試験管の中から苗を取り出して，設定された長さで苗を切断して，増殖用の試験管内に挿し芽をし，キャップを施して外へ送り出す。このロボットでは苗の認識は行っておらず，苗を取り出したか否か，キャップを外したか否か，施栓できたか否か，などの誤動作のチェックのみを行っている。

4.5　カルス移植ロボット

　キリンビールが米国Twyford社と共同で，カルスを分割して移植するロボットを開発した。

　まずは，観葉植物のベンジャミナを対象に開発したものであるが，寒天培地いっぱいに，芝生状に再分化する植物に対しては応用可能である。

4 組織培養苗生産プロセスのロボット化

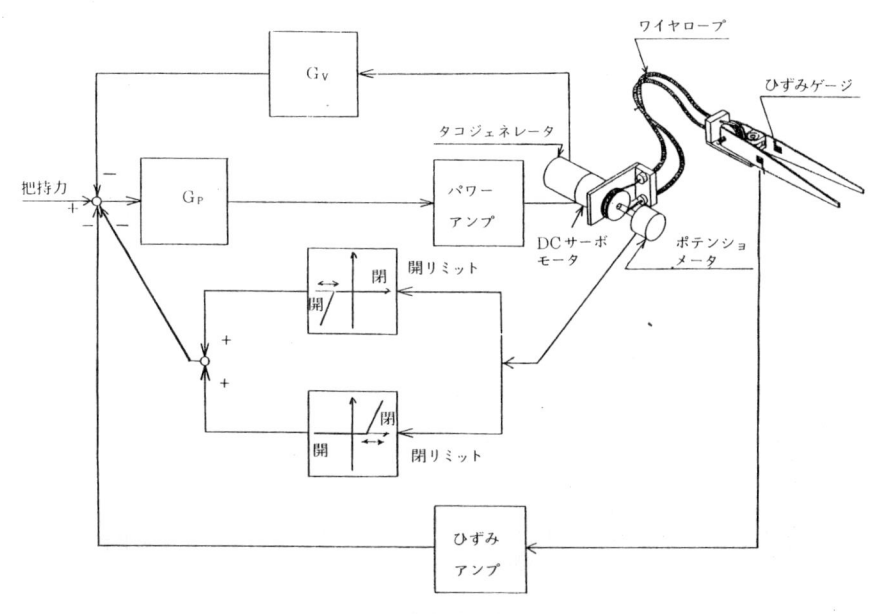

図4 把握力の制御

　この装置も，ロボットの作業部はクリンキャビネット内にあり，外から，苗が培養された瓶と寒天が分注された瓶とが供給されると，ロボットはそれぞれの蓋を開け，カルスを36分割して，その9片ずつを増殖用の寒天培地上に置床する。
　現在開発されているものは，四角の培養瓶に合わせてあり，カッタもそれに合わせて，6×6の36分割を行う。

4.6　ロボット化のシステム開発
　現在国内で開発されている，培養苗生産に係わるロボットを簡単に紹介した。
　苗生産の自動化・ロボット化を検討するに当たっては，いろいろな面から考えてゆく必要がある。そのひとつは，現状のやり方をベースにした方式とするか，あるいは全く新規に自動化システムを構築するか，ということである。
　4.4項と4.5項に紹介した装置は，現方式をそのまま自動化したものである。まず自動化を試みてみよう，という場合には，このような方式で比較的簡単に実用化できるが，利用範囲は限定される。
　種苗工場としての自動化システムを目指すなら，ある部分だけのロボット化の検討だけでは不

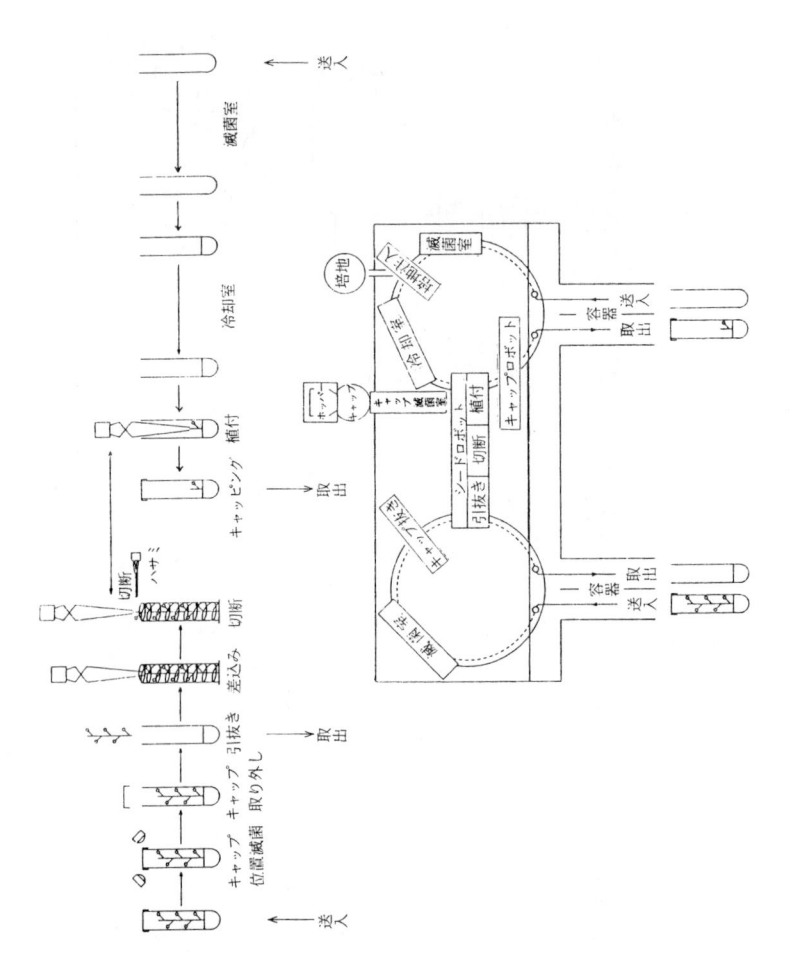

第5章　バイオテクノロジーによる種苗工場のプロセス化

図5　ミニバラ自動挿し芽装置フロー図

4 組織培養苗生産プロセスのロボット化

写真6 カルス移植ロボット

十分で，全工程にわたって，ロボット化に向いたシステムにすることを念頭において，検討を進めることが重要である。

　試験管やフラスコは排して，オープントレイ化は必須であろうし，寒天培地に固執せず，繊維状の培地に培養液を含浸させたもののほうが，より自動化に向いている。また，無菌化（室）の問題も，コスト面での大きな阻害要因である。無菌室にせずに，スポット滅菌で対応する検討も重要事項のひとつである。

　いずれにしても，ユーザとメーカが一体となって開発に取り組む体制の構築が第一である。

文　　献

1） 木名瀬　淳，建石泰三，苗の増殖用ロボットの開発―苗節検出法―，日本ロボット学会第7回学術講演会予稿集（1989）
2） 輪竹宏昭，植物細胞工学，3, No.1, 77（1991）
3） 岩崎昭良，苗生産システム国際シンポジウム実行委員会第2回講演会予稿集，61（1991）
4） 建石泰三，木名瀬　淳，農園芸におけるスーパーテクノロジー（アクティ21），13,（1991）

185

第6章　種苗工場と対象植物

高山眞策*

1　はじめに

　本章では，種苗大量増殖の現状と種苗生産の対象作物について述べる。種苗生産工程の自動化を達成するために，種苗生産のもとになる素材の形態と特性を良く理解しておくことが重要である。素材の形態は，種子，球根，塊茎，塊根，球茎，枝，葉，木子，ムカゴ，組織培養株（植物体，球根，塊茎など）など多様である。これらの形態と特性によって，種子を播種して育苗するのか，挿木なのか，組織培養を利用するのかなどが決まる。

2　種子からの育苗

　種子からの育苗が行われる植物は，野菜，花きを中心に多数存在する。種子からの苗生産の工場化が最も進んでいる事例として，イネの育苗を取り上げることができる。イネの育苗は集団利用や大規模面積の委託栽培などを背景にして育苗センターで大規模に行われる事例が増加しており，中には100ha以上もの大面積を対象とした育苗センターもある。イネの育苗施設も建設されている。これらの施設がそのまま野菜や花きの種苗工場開発の雛形となるものではないが，装置化，施設化が進んだ工場生産システムには学ぶべき点が多い。

　種子からの育苗を工場的に実施するためには，現状では成型苗システムが優れている。野菜や花きの育苗において，最近成型苗システムの導入が積極的に進められており，種苗工場が実現している事例も増加している。このシステムでは，1)種子の発芽が良いこと，2)自動播種が可能であること（細かすぎる種子や不定形の種子はコーティングしてあると扱いやすい），3)生育が速いこと，4)育苗した苗を直接農家に販売できること，5)一品種当たりの種苗生産数が多い，などが重要である。成型苗システムの利用が進んでいる代表的な植物にはトマト，ナス，ピーマン，レタス，パンジー，サルビアなどがある。自動化技術，栽培技術，コート種子技術，などの改良と共に，対象植物はさらに増加するであろう。

＊　Shinsaku Takayama　東海大学　開発工学部　生物工学科

3　接木苗の生産

接木が必要とされる植物は，果樹類が代表的なものである．リンゴ，ナシ，ブドウ，モモをはじめとするほとんどの果樹で接木苗が利用されている．台木品種には，矮性化や耐病性などの特性を有する品種が使用される．トマト，メロン，スイカ，カボチャなどの果菜類でも耐病性の台木が必要であり，広く接木苗が使用されている．接木苗の生産は非常に手間がかかるものであり，自動化も困難なことから，これまでは接木苗を専門に生産する種苗業者はほとんど存在せず，自家生産に頼っていた．しかし，農業人口の減少などにより多量の接木苗を生産することも容易ではなくなってきたことから，接木苗生産の自動化が重要な課題となってきた．果樹類の接木作業のうち，圃場で行われる場合（居接）には自動化は困難であるが，リンゴ，ナシなどで台木を掘りあげて接木を行う場合（揚接）には自動化できる可能性がある．ただし，果樹類は木本性であるため，切断，穂の挿入，固定などに大きな力を要するので技術化の障害が大きい．トマト，メロン，カボチャなどは草本であるために切断，穂の接着が容易なので，機械式あるいはロボットによる自動化が進められている．近い将来には実用レベルの技術が確立されるであろう．

4　挿木，取木，株分け

挿木繁殖苗として最も生産本数が多いのはカーネーションである．カーネーションは，茎頂培養で増殖したシュートをポットで育成したのち，ウイルス検定を行う．ウイルスフリーであることが確認されると，以後は株の分枝の先端部を挿穂として挿木で大量増殖される．カーネーションと同じナデシコ科の植物であるミヤコワスレも同様にして挿木で大量増殖される．ベゴニア属植物，セントポーリア，ゼラニウムなども挿木繁殖される．球根ベゴニアやゼラニウムは頂芽挿し，リーガーベゴニア，セントポーリアなどは葉挿しで増殖される．木本植物には挿木や取木で増殖される種類が多い．ヤナギ科，モクセイ科，ユキノシタ科，ニシキギ科，クロウメモドキ科，ツバキ科，バラ科，キョウチクトウ科，ツツジ科，スイカズラ科などの植物には挿木の容易な種類が多い．また，針葉樹のイチイ，カヤ，イヌマキ，ナギ，イヌガヤ，チョウセンマキ，スギ，メタセコイア，コノテガシワ，ヒノキ，ヒムロなども2カ月～数カ月を要するが挿木で増殖することができる．

カーネーションの挿穂のように大きさ，形が均一な場合には挿木の自動化が容易であろう．しかしその他の植物の挿木の自動化には形状認識などが必要となるので，画像処理を行うか，機械的に行う場合には新しい工夫が必要であろう．

取木，株分けなどについては自動化の試みはなされていない．需要との関連も含めて今後の検討課題であろう．

5　球根増殖

　地下部の組織が肥大し，内部にデンプンを多量に蓄積したものを一般に球根と呼んでいる。したがって，球根はユリやタマネギに代表される鱗茎（bulb）のみを意味するものではなく，シクラメン，ジャガイモなどの塊茎（tuber），ダリヤ，サツマイモなどの塊根（tuberous root），グラジオラス，クロッカス，サトイモなどの球茎（corm），カンナなどの根茎（rhizome）なども含めて一般に球根類と呼ぶ。

　球根増殖の最も単純な方法は子球の形成や分球などの自然増殖を利用する方法である。子球や分球は，さらに栽培されて成球に育成される。チューリップ，グラジオラス，スイセン，クロッカスなどは子球形成や分球が容易である。自然増殖が困難な植物は人為的な増殖方法をとることが必要である。人為的方法による代表的な球根増殖には，鱗茎，球茎を対象にしたリン片挿し（scale cutting），球根基部の底盤部をナイフなどでえぐり取るスクーピング（scooping），球根の基部にノッチ（切れ目）を入れるノッチング（notching），球根の中心部（core）をコルクボーラーで抜き取るコーリング（coring）などがある。なお，球根に傷を付けることになるので，傷が腐食しないようにカルス化あるいはスベリン化することが必要になる。この操作は一般に高温多湿条件下で行うことが多く，傷を治すという意味でキュアリング（curing）と呼ぶ。

　球根増殖プロセスは，球根の大きさ別の選別，スクーピング，ノッチング，リン片挿し，球根の分割などに機械を導入することが可能である。ヒヤシンス球根のスクーピングなどは機械化されており，1日に1人で数千個の球根を処理することができる。

　球根増殖の最大の課題はウイルス感染である。そのために茎頂培養や熱処理によるウイルスフリー化が積極的に行われている。ウイルスフリー化した球根の大量増殖には，次節に述べる組織培養が有効である。

6　組織培養による大量増殖

　組織培養による大量増殖の対象植物としては，花き・観葉植物が主体となっており，野菜，果樹がこれに次ぐ。組織培養による大量増殖の現状については，第4章，第5章で野菜，果樹，花きなどの現状について記述されている通りであり，試験管，ジャムびん，ポリ容器などの比較的小型の容器を使用して手作業による増殖が行われている。組織培養の利用方法には，1)クローン植物そのものを組織培養で大量に増殖する，2)茎頂培養でウイルスフリー植物を作り出し，これを挿木などで大量増殖する，という2通りの方法がある。組織培養による大量増殖の方法については，単に培養容器の中で植物体が増殖しさえすれば良いわけではない。増殖した植物体は，培養容器から取り出さなくてはならないし，取り出した植物体を洗浄し，大きさ，形を揃えて培養

6 組織培養による大量増殖

表1 種苗工場の技術課題

素材の形態	種苗化技術
種子	自動播種，手による播種，コート種子化，圃場への種子の自動播種
球根	リン片挿し，スクーピング，ツインスケイリングなどの自動化
枝	挿木の自動化，接木の自動化，発根苗の育苗圃場への自動定植
葉	葉挿し，増殖植物の大きさ別のソーティング，ポット移植，プラグ化
組織培養株	大量培養，ロボット化，大量順化培養，球根化など
植物体	種苗の大きさ別のソーティング，ポット移植，プラグ化，順化栽培
球根・塊茎など	箱苗化，ポット移植，圃場移植

土に移植し，さらに順化栽培を経て栽培育成して初めて種苗になる。組織培養による大量増殖も，単に植物体を増殖するだけではなくて，いかに効率良く苗として利用できる植物体を作り出すかに重点が置かれるべきである。従来からの組織培養技術で増殖した植物を，コンピューターで制御した人工環境下で効率良く順化する方法について，千葉大学の古在，東海大学の林らが検討しており，順化装置や培地に炭素源を添加しないで培養する独立栄養培養などの方法が組織培養苗の順化を効率良く行ううえで必須であるとしている。また，香川大学の田中らも，フッ素樹脂で作成した袋の酸素透過性が著しく良いことを利用して簡易培養技術を開発し，主としてランの大量増殖に応用して成果を上げている。植物体を液体培地中で大量増殖するジャーファーメンター培養は，空気中で生育する植物を育成する方法としては邪道ではないかと考えるのが普通であろう。しかし，筆者らの経験では単子葉植物の大量増殖には液体培地が適していることが多いし，特に球根類の大量増殖には液体培地が適しているようである。また，一般の草本類に対しても，培地の組成を検討したり，植物体を大量増殖した時点でジャーファーメンターへの通気を高めることによって乾燥に対する抵抗性が高く，土壌への移植活着が良好な植物体を大量増殖できることが可能となることが明らかになっている。

以上に述べた技術は，主としてシュートを大量増殖して苗そのものを組織培養で作る技術である。これらとは別に，不定胚を大量増殖して種苗として利用しようとする研究も，林木や穀類などのクローン化のためのキーテクノロジーとして大きな課題となっている。㈱ナーサリーテクノロジーでは，イネの不定胚をジャーファーメンターで大量増殖し，得られた不定胚を直接種苗として利用しようと研究が進められている。しばらく以前まではイネの不定胚を大量に形成させることは非常に困難な技術であるとされてきたが，ナーサリーテクノロジーではすでにジャーファーメンターによる不定胚大量生産技術を確立し，増殖した大量の不定胚由来のイネを実際に水田で栽培する試験も行っている。

組織培養による種苗生産はすでに実用化して20年以上の実績を有しているが，ジャーファーメンターや不定胚による文字通りの大量増殖が実用化すると，適用対象植物はさらに拡大するものと期待されている。

第6章　種苗工場と対象植物

表2　各種植物の種苗形態

植物名	種苗の形態	栽培の形態
野菜		
アシタバ	種子，株分け	移植
アスパラガス	株分け，種子，クローン	移植
イチゴ	ウイルスフリー苗，株分け（ランナー）	移植
ウド	種子，株分け	移植
エダマメ	種子	播種→間引
エンドウ	種子	播種→間引
オクラ	種子	播種→間引
カボチャ	種子（ポット）	移植，土耕
カリフラワー	種子	移植
コニンニク	球根（ウイルスフリー）	球根の植付け
ゴボウ	種子	播種→間引
キャベツ	種子	移植
キュウリ	種子，接木苗（ポット，成形苗）	移植，土耕栽培，水耕栽培
ゴマ	種子	播種→間引
コモチカンラン	種子	移植
サトイモ	種イモ（球茎）	移植
ジャガイモ	タネイモ（ウイルスフリー）	タネイモを植付け
ショウガ	株分け，クローン	移植
サツマイモ	切取り苗	苗の植付け
サヤインゲン	種子	播種→間引
シソ	種子	播種
シュンギク	種子	播種
スイカ	種子，接木苗（ポット，成形苗）	移植，土耕
セルリー	播種	播種，移植
ダイコン	種子	播種→間引
タマネギ	種子	移植
チンゲンサイ	種子	播種→間引
トウガラシ	種子	移植
トウモロコシ	種子	播種→間引
トマト	種子，接木苗（ポット，成形苗）	移植
ナス	種子，接木苗（ポット，成形苗）	移植
ニンジン	種子	播種→間引
ニンニク	種子，クローン	移植
ニラ	ウイルスフリー球根	移植
パセリ	種子	播種→間引
ハクサイ	種子，ポット苗，成型苗	移植
ビート	種子，紙ポット苗，成型苗	移植
ピーマン	種子，ポット苗，成型苗	移植
ブロッコリー	種子	移植
ホウレンソウ	種子	播種→間引
ミツバ	種子	ウレタンプラグへの播種，播種，水耕栽培
メロン	種子，接木苗（ポット，成形苗）	移植，土耕栽培，水耕栽培
ヤマノイモ	塊根（ウイルスフリーのタネイモ）	タネイモの植付け
ヤマユリ	球根（ウイルスフリー）	球根の植付け
ユウガオ	種子，ポット苗	移植
ラッキョウ	種子	播種→間引
ラッカセイ	ムカゴ，株分け	移植
レタス	種子，成型苗	ウレタンプラグへの播種，水耕栽培，土耕栽培
ワサビ	種子，クローン苗	移植
花き・観葉植物		
アゲラタム	種子（ポット苗，成型苗）	移植
アザレア	挿木苗	移植
アスタ―	種子（ポット苗，成型苗）	移植
アナナス	株分け，クローン苗	移植

（つづく）

6 組織培養による大量増殖

植 物 名	種 苗 の 形 態	栽培の形態
アネモネ	塊根(ポット苗,成形苗)	移植
アマリリス	ツインスケーリングによる増殖球根,クローン球根	
インパチエンス	種子(ポット苗,成形苗)	移植
エラチオールベゴニア	頂芽挿し苗,クローン苗	移植
オリズルラン	株分け(ランナー)	移植
カーネーション	挿穂苗(ウイルスフリー)	移植
ガーベラ	クローン苗(ポット苗,成形苗)	移植
カトレア	株分け,無菌播種苗,クローン苗	移植
カンナ	株分け(根茎)	球根の植付け
カンパニュラ	種子(ポット苗,成形苗)	移植
球根ベゴニア	種子,クローン苗	移植
キキョウ	種子(ポット苗,成形苗)	移植
キク	株分け(吸枝)	移植
	挿芽苗,冬至芽苗,クローン苗	移植
木立ちベゴニア	頂芽挿し苗	移植
キンギョソウ	種子,ポット苗,成形苗	移植
グラジオラス	木子,クローン球根(ウイルスフリー)	球根の植付け
グロキシニア	種子,クローン苗(ポット苗,成形苗)	移植
クロッカス	分球	球根の植付け
ケイトウ	種子(ポット苗,成形苗)	移植
コスモス	種子	播種,移植
ゴムノキ	取木,挿木	移植
コリウス	種子(ポット苗,成形苗)	移植
サルビア	種子(ポット苗,成形苗)	移植
サンスベリア	株分け(オフセット)	移植
シクラメン	種子,塊茎分割による増殖苗	移植
シネラリア	種子(ポット苗,成形苗)	移植
シャクヤク	株分け	移植
シャスターデージー	種子(ポット苗,成形苗)	移植
シンビジウム	株分け,クローン苗	移植
ストック	種子,ポット苗,成形苗	移植
スターチス	種子,クローン苗(ポット苗,成形苗)	移植
ストレプロカーパス	種子,葉挿し苗	移植
ゼラニウム	種子,挿芽苗,成型苗	移植
セントポーリア	葉挿苗,クローン苗	移植
ダリア	種子,塊根	移植
チューリップ	分球	球根の植付け
テッポウユリ	球根(ウイルスフリー)	球根の植付け
デンドロビウム	茎挿し,株分け	移植
ドラセナ	心挿し,茎挿し	移植
ニチニチソウ	種子(ポット苗,成形苗)	移植
ハイドランジェア	挿木苗	移植
ハイビスカス	挿木	移植
ハナショウブ	株分け(根茎)	球根の植付け
ハボタン	種子(ポット苗,成形苗)	移植
ハマスゲ	株分け(吸枝)	移植
バラ	接木苗	移植
パンジー	種子(ポット苗,成形苗)	移植
ファレノプシス	無菌播種苗,クローン苗	移植
フリージア	分球	球根の植付け
プリムラ類	種子(ポット苗,成形苗)	移植
ボタン	株分け,取木	移植
ペチュニア	種子(ポット苗,成形苗)	移植
ポインセチア	挿芽苗	移植
ポピー	種子	播種
マリーゴールド	種子(ポット苗,成形苗)	移植
ユキノシタ	株分け(ランナー)	移植

(つづく)

第6章 種苗工場と対象植物

植物名	種苗の形態	栽培の形態
リュウゼツラン	株分け（オフセット）	移植
レックスベゴニア	葉挿苗	移植
果樹		
アンズ	接木	移植
イチジク	挿木，接木	移植
ウメ	挿木，接木	移植
オリーブ	挿木，接木	移植
カキ	接木	移植
カンキツ類	挿木，接木，クローン苗	移植
ククリミ	接木	移植
サクランボ	挿木，接木	移植
ナシ	挿木，接木，クローン苗	移植
ブドウ	挿木，接木，クローン苗	移植
ビワ	挿木，接木	移植
ペカン	挿木，接木	移植
モモ	挿木，接木，クローン苗	移植
リンゴ	挿木，接木，クローン苗	移植
林木		
アカマツ	種子	移植
カラマツ	種子	移植
スギ	種子，挿木	移植
ヒノキ	種子，挿木	移植
ポプラ	種子，挿木，クローン苗	移植
ユーカリ	挿木，クローン	移植

第7章　地球環境問題と種苗工場

大政謙次*

1　はじめに

　人口の増加や経済活動の活発化に伴って，化石燃料の大量消費や化学物質の使用，森林伐採，焼き畑，過放牧などに原因する地球環境の破壊が進んでいる。このため，近年この問題に関する国際会議が頻繁に開かれ，対応が検討されている。今後，環境破壊の防止や野生生物の保護等についての条約や宣言が採択されると，従来のようなエネルギー消費型や自然破壊を伴う産業に構造的な変革が求められる。地球環境の破壊という観点からみると，農業は環境を破壊する主要な原因の一つと考えられており，人口増加に対する食糧問題への対応と併せて，その生産形態の改善が緊急の問題である。また，野生植物種の保護や砂漠緑化，熱帯林の修復などに関連した対応も必要である。

　育苗生産は，農作物の管理生産化を目的として発展してきたが，最近，植物工場的な考え方に基づく種苗工場として，より効率化された生産方式が模索されている。さらに，今後，新しいニーズとして，上記のような地球環境問題に関連した対応が求められる。そこで，ここでは，地球環境問題の視点からみた植物工場，特に，種苗工場のあり方について考えてみたい。

2　地球環境問題とは

　具体的な地球環境問題には，地球の温暖化，熱帯林の減少，砂漠化，オゾン層の破壊，酸性雨，開発途上国の公害問題，野生生物種の減少，海洋汚染，有害廃棄物の越境移動などがある。これらの問題に共通しているのは，長い時間かかって進む現象で，国境を越え広い地域で被害が発生するということである。また，各々の問題が複雑な相互関係をもち，互いに影響し合うという点にある（図1）。

2.1　温暖化

　地球温暖化は，大気中に存在する温室効果ガスによってもたらされる。太陽からの光は大気を透過して地表面の温度を上昇させる。一方，地表面からは，プランクの法則に基づいて絶対温度

---

*　Kenji Omasa　国立環境研究所

第7章　地球環境問題と種苗工場

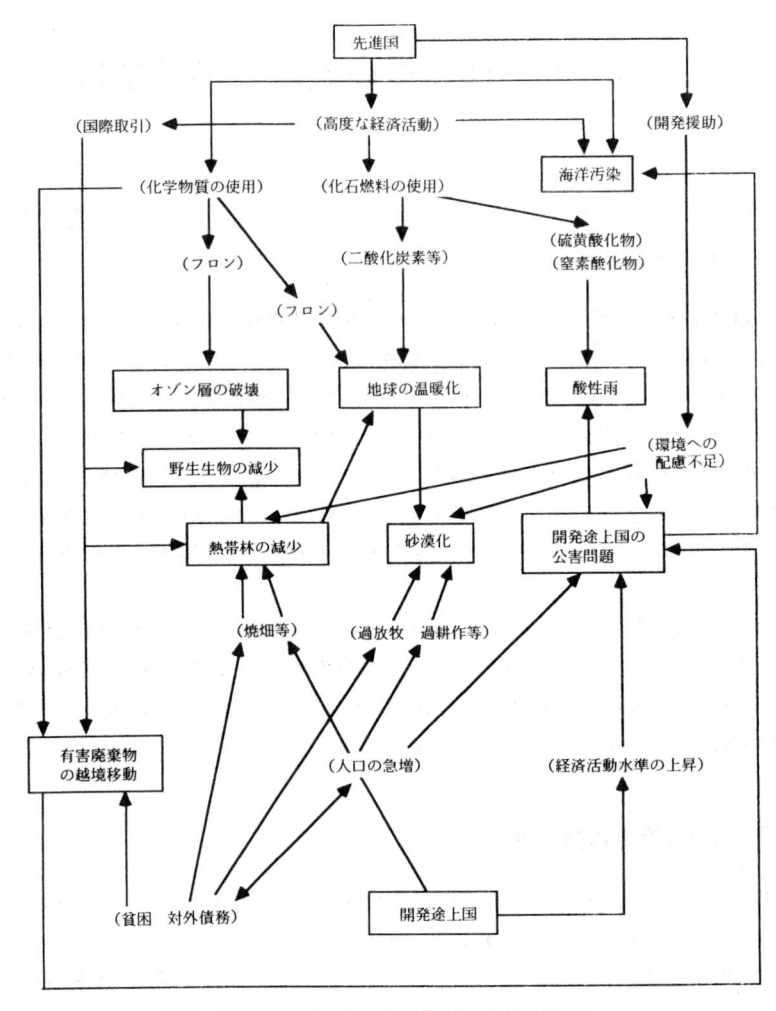

図1　地球環境問題の相互関係（環境庁資料）[2]

の4乗に比例した赤外線が放射されるが，大気中に温室効果ガスが存在すると，赤外線が吸収され気温が上昇する。温室効果ガスとしては，二酸化炭素の他に，メタン，亜酸化窒素，フロンなどがある。これらのガスの温室効果の強さには違いがあり，二酸化炭素を1とすると，同一濃度でメタンが約10倍，亜酸化窒素が約100倍，フロンが約1万倍であると言われている。これに大気中の濃度を考慮して，各種の温室効果ガスの温暖化への寄与の程度を推定したのが表1である。二酸化炭素の濃度は，産業革命以前の段階で約280ppmであったものが，現在では約350ppm程度に

上昇している。他の温室効果ガスの濃度上昇は，二酸化炭素のそれよりも大きく，これらの温室効果ガスを合わせた温暖化への寄与は2030年代には産業革命以前の二酸化炭素による効果の2倍に達し，地球全体の平均気温を数度上昇させると言われている。る。なお，二酸化炭素は化石燃料の燃焼や

表1 各種温室効果ガスの温暖化への寄与の程度

	1980年以前[2]	1980年代[6]
二酸化炭素	66％	55％
メタン	15	15
亜酸化窒素	3	6
フロン11と12	8	17
その他	8	7

森林伐採などにより発生し，フロンは人工的に作られた物質である。また，メタンは水田や閉鎖性水域で発生し，亜酸化窒素は施肥や燃焼との関係が深いと考えられている。

　温暖化は，海水の膨張や極地での氷の融解による海面上昇の他，人間活動や生態系に様々な影響をもたらす。農業に関連した分野では，収量の増大などの好影響が予想される地域がある反面，高温障害，病虫害，オゾン被害，水資源の不足，乾燥化などによる影響が地域によっては増加する。また，森林や自然植生への影響は植生帯の移動として現れ，移動速度が気候変動に追従できない場合には，植生が破壊され，二酸化炭素などの温室効果ガスの排出源になる。このため，近年，頻繁に種々の国際機関が主催する会議が開かれ，1988年には国連環境計画（ＵＮＥＰ）と世界気象機関（ＷＭＯ）の共催により，温暖化に関する科学的知見の収集や影響の評価および対策を検討するための"気候変動に関する政府間パネル（ＩＰＣＣ）"が設置された。現在，温暖化効果ガスの排出制限をも含めた検討がなされている。

2.2　砂漠化

　砂漠化の問題は，1968年から1973年にかけてのアフリカのサハラ砂漠南縁のサヘル地域が大干ばつに襲われ，約20万人が飢餓により死亡したのを契機に注目されるようになった。現在，サハラ砂漠や中国のタクラマカン砂漠などのように，既に砂漠化している地域の周辺地域を中心に，世界各地の乾燥・半乾燥地域や半湿潤地域で砂漠化が進行している（図2）。1984年の砂漠化の現状に関する国連の調査によると，世界の砂漠化した土地の面積は，3,475万km^2で，総陸地面積の23％，乾燥地域における全生産地域面積の75％を占めている。そして，毎年，日本の陸地面積の約16％に相当する6万km^2の土地が新たに砂漠化により荒廃している。砂漠化は，飛砂による砂漠の拡大，長期の干ばつや集中的な降雨による土壌荒廃などの気象的要因の他，過放牧や無秩序な耕作，不合理な水管理などの人為的要因により著しく進行する。

　砂漠化を防止するために，ＵＮＥＰなどの国際機関や各国政府，その他様々な民間機関が活発に活動している。わが国でも，国際機関の砂漠化防止への取り組みと平行して，ＪＩＣＡ（国際協力事業団）による植林協力のための青年海外協力隊の派遣や関連省庁による調査，さらに，企業やＮＧＯ（非政府組織）などの民間レベルでの植林や乾燥地農業に対する活動が活発に行われ

第7章　地球環境問題と種苗工場

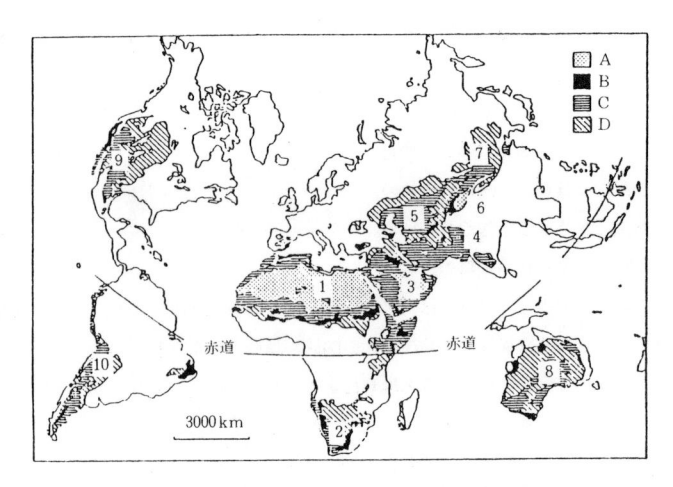

図2　世界の砂漠化地図（FAO/UNESCO/WMO/1977）[3]
（砂漠化の危険度）A．現存の砂漠　B．非常に高い　C．高い　D．中程度
（砂漠名）1.サハラ砂漠；2.カラハリ砂漠；3.アラビア砂漠（ルブアルハリ，ネフド等）；4.タール砂漠；5.中央アジア砂漠（カラクーム，キジルクーム等）；6.タクラマカン砂漠；7.ゴビ砂漠；8.グレートオーストラリア砂漠（ビクトリア，サンデー等）；9.北アメリカの砂漠（モハーベ，グレートソルトレーク等）；10.アタカマ砂漠

ている。

2.3　熱帯林の減少

　熱帯林は，熱帯地域に分布する森林で，降雨との関係で，熱帯多雨林，熱帯季節林，サバンナ林などに分ける事ができる。地球上の森林総面積の44％を占めており，希少なものも含めて多種多様な動植物が生存し，地球環境の保全に寄与している。ＦＡＯ（国連食糧農業機関）とＵＮＥＰの調査によれば，人口増加による耕地化などのために，毎年本州のほぼ半分の面積に相当する11.3万km²の熱帯林が減少しており（表2），木材の伐採，薪炭材の採取などのために，さらに深刻な影響を受けている。また，ＩＵＣＮ（国際自然保護連合）などの報告によると，熱帯林の

表2　熱帯林の他の用途への転換に伴う減少（FAO/UNEP 1981）[1]

	閉鎖林	疎林	合　計
	万km²（減少率％）		
熱帯アメリカ（23カ国）	4.34(0.64)	1.27(0.59)	5.61(0.63)
熱帯アフリカ　（37）	1.33(0.61)	2.35(0.48)	3.68(0.52)
熱帯アジア　　（16）	1.83(0.60)	0.19(0.61)	2.02(0.60)
合　計　　　　（76）	7.50(0.62)	3.81(0.52)	11.31(0.58)

2　地球環境問題とは

減少によって，地球上に生存している野生生物種の15％程度が21世紀までに絶滅すると予測されている。熱帯林の減少の原因としては，焼畑耕作が全体の45％を占めており，その他，農地への転用，過放牧，薪炭材や商業材の不適切な伐採，森林火災などがあるが，これらの原因の背景には，砂漠化の場合と同様，開発途上国における急激な人口増加と貧困がある。このため，熱帯林の減少に対処するためには，野生生物種を保全するための保護区の設定や地域住民の生活を考慮した持続的な熱帯林管理システムの整備などが望まれている。

熱帯林の問題に関しては，1987年のＷＣＥＤ（環境と開発に関する世界委員会）の"持続可能な開発"を提唱した報告や，開発援助の際の環境アセスメントに関する1985年のＯＥＣＤ（経済開発協力機構）の勧告などがあり，ＴＦＡＰ（熱帯林行動計画）やＩＴＴＯ（国際熱帯木材機関）などによる国際的な取り組みも行われている。また，野生生物種の保護に関してはＵＮＥＳＣＯ（国連教育科学文化機関）のＭＡＢ（人間と生物圏）計画やＩＵＣＮの活動がよく知られている。

2.4　オゾン層の破壊

オゾン層の破壊とは，冷凍機の冷媒やエアロゾルの噴射剤などを始めとして広く用いられている各種フロンが，太陽からの有害な紫外線を吸収している成層圏のオゾン層を破壊し，人間や動植物に影響を与えるという問題である。フロンは人為的に作られたものであるので，他の地球環境の問題に比べて対策が立てやすい。1985年に国際共同研究や各国での対策の実施を内容とした"オゾン層保護に関するウイーン条約"が制定され，そのわずか２年後には，具体的規制を盛り込んだ"オゾン層を破壊する物質に関するモントリオール議定書"が採択された。今後，10年間でフロン消費量を５０％削減の合意がなされ，20世紀末までに特定フロンの全廃が政治的な目標として検討されている。

2.5　酸性雨

酸性雨は，石炭や石油などの化石燃料の燃焼により発生した硫黄酸化物や窒素酸化物が，大気中で複雑な化学反応を繰り返して，最終的に硫酸イオンや硝酸イオンとなって，強い酸性の雨や粒子状物質を降下させる現象をいう。通常，雨水のｐＨは大気中の二酸化炭素が溶け込んでいるために，ｐＨ5.6程度の値を示す。このため，ｐＨ5.6以下を酸性雨というが，土壌などの影響も考慮して，米国の全国酸性降下物計画の報告書では，ｐＨ5.0を酸性雨の基準にしている。わが国でも，ｐＨ4.5～5程度の酸性の雨が観測されているが，樹木の酸性雨被害は，自然災害やオキシダント等の大気汚染害，樹木自身の自然更新との区別がしにくく，どの程度酸性雨の影響を受けてきるのか明確ではない（写真１）。また，植物に対する毒性は，一般に，ガス状物質の方が酸性雨のようなイオン化した物質よりも強い。このため，ガス状物質の影響も含めて，酸性

197

第7章 地球環境問題と種苗工場

雨を捉える必要がある。

　酸性雨についての国際協力は，北米や欧州を中心に進んでいる。酸性雨の原因物質である硫黄酸化物については，1985年のヘルシンキ議定書により，硫黄の排出量を1993年までに1980年の排出量に対して30％削減することが21カ国で合意されている。また，窒素酸化物については，1988年に採択されたソフィア議定書により，1987年の時点の水準に凍結することが25カ国で合意されている。わが国でも，酸性雨の生態系への影響は顕在化していないが，環境庁を中心に1983年から酸性雨の対策調査を行っている。

3　種苗工場との関連

　地球環境問題に関連して，二酸化炭素，窒素酸化物，フロンなどの排出規制が実施されると，それに対応した技術の開発が必要となる。施設農業は一般的にエネルギー消費型であるので，オイルショックを契機として，省エネルギー，省資源型施設の開発が盛んに行われた。今後は，この傾向が一層強まり，太陽光や風力などの自然エネルギーの積極的な活用も必要となろう（写真2）。また，農薬等の農業用資材も単に機能的に優れているというだけでなく，無公害で，リサイクルが可能なものに転換していく必要がある。そして，地域リサイクルシステムの中に農業施設を位置づけ，動物飼育，植物栽培などから出るゴミ，排水，し尿などを人間生活やその他の産業廃棄物と共に種々の処理系で処理した後，肥料や生活物資として再利用することが必要となる（図3）。もちろん，エネルギーについてもできるだけ再利用できるシステムが望ましい。種苗

写真1　都市近郊のスギの被害

写真2　米国（カリフォルニア州 San Gorgonio Pass）の風力発電（Ms L. Kaehl 提供）

3　種苗工場との関連

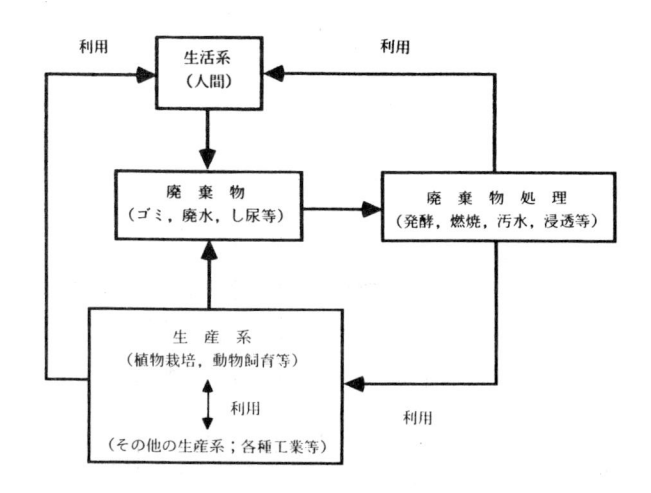

図3　リサイクルシステムの概念図

工場等，植物工場の延長として考えている施設では，経済性の面からも特に，省エネルギー，省資源の立場でのシステム設計が必要となろう。

　砂漠化や熱帯林破壊原因は，人口の増加に伴う食糧の確保や無秩序な開発にある。先進国の援助などで，砂漠化や熱帯林の破壊が進行している地域で，アグロフォレストリーのように土壌荒廃や森林破壊をもたらさないで食糧を生産する農業技術の可能性を探る必要がある。砂漠化地域で，点滴灌がいのようにあまり水を使わない農業技術が普及すれば，小面積で食糧の確保が可能となり，砂漠化の防止に役立つであろう。本来，砂漠化地域には，太陽や風力のエネルギーが十分にあり，施設農業の立地条件としては適しているように思える。図4は，砂漠地域であるカタールで，日揮㈱のグループが試作した太陽光利用型の植物栽培システムの例である。砂漠地域では，太陽光からエネルギーを十分得ることができるが，逆に，灌水のための水と温室内の温湿度調節が問題となる。このため，屋根の部分に熱線カットのためのフィルムと併用して海水フィルタを設け，蒸発の潜熱と併せて昼間の温室内の温度上昇を抑えている。この海水フィルタは，同時に夜温低下を抑える効果ももっており，また，得られた回収凝縮水は植物栽培や温室内の冷却加湿に利用できる。植物栽培ベッドは，海水を蒸発させ，不足する水分の補給を行うように設計されている。このような装置が実用化されると，現地生産の農作物の緑化植物などの苗を供給する種苗工場としても利用できるであろう。

　熱帯林の破壊や自然保護の観点から，遺伝子資源としての希少・有用植物の系統保存や供給，開発，およびその関連施設の研究も必要とされる。また，その一環としての種苗工場化の研究も必要である。一般に，保護を必要とする希少植物は，通常の方法では栽培が困難であり，特殊な

第 7 章　地球環境問題と種苗工場

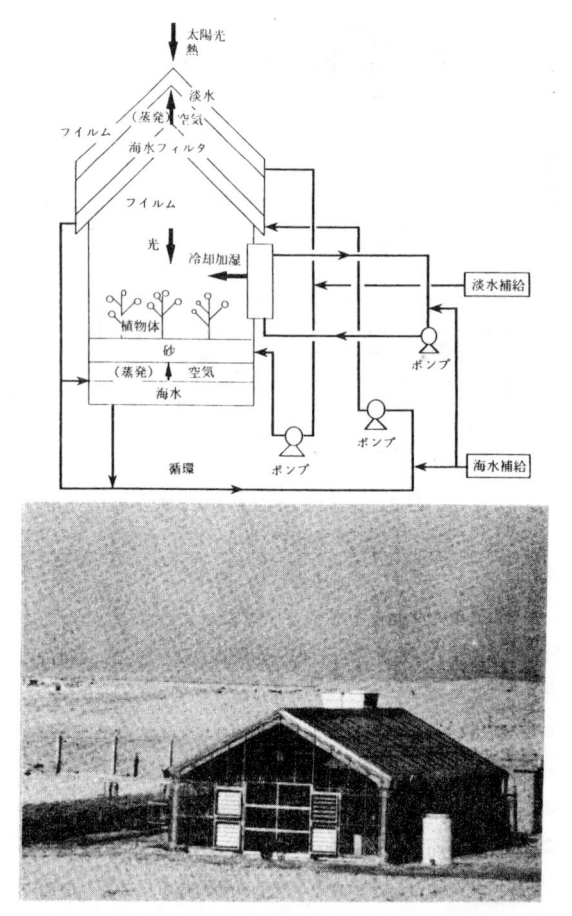

図 4　カタールでの太陽光利用型の植物栽培システムの実験（日揮提供）

栽培管理が要求される。そして，組織培養やその他のバイオテクノロジーの技術を駆使した遺伝子の厳密な保存管理が必要とされる。現在，著者らは，種々の希少・有用植物の種子採取や組織培養による系統保存と大量供給法についての研究を行っているが，写真 3 は，その栽培実験の例である。写真の植物は，中国の砂漠化地域（新疆，内蒙古）で生育している耐乾性，耐塩性植物で，園芸作物と異なり，その生理機能や環境反応についての知見が不足している。

　環境指標植物は，大気汚染や温暖化，紫外線増加などの指標となる植物で，通常，在来種の中から感受性の高い種が選ばれる。指標植物として，実際に屋外で用いるためには，遺伝的な違いによる反応の違いを除くために，遺伝的に均一なものが望ましい。このため，遺伝的に均一なク

3　種苗工場との関連

写真3　中国の砂漠化地域で生育している植物のファイトトロンでの栽培実験
（国立環境研究所）

ローン植物の供給が試みられている。バイオテクノロジーの技術を用いて，特殊な環境に指標性をもつ植物や環境耐性をもつ植物の開発も盛んである。植物の性質を改変するバイオテクノロジーとしては，細胞の薬剤処理，細胞融合，細胞への核，細胞小器官の導入，遺伝子導入などに分類できる。

図5は，組換えDNA技術により大気汚染耐性（指標性）植物を作成する手順の模式図である。光化学オキシダントの主成分であるオゾンに対する耐性には，還元物質のアスコルビン酸が関与し，アスコルビン酸の酸化還元に関与する酵素グルタチオンレダクターゼ（GR）がオゾンに対する耐性を制御していることが知られている。そこで，当研究所の近藤らのグループは，オゾンに感受性が高く，GR活性の低いタバコにGR遺伝子を導入することにより，オゾン耐性をもつ植物の開発を進めている。具体的には，植物のGR遺伝子がまだ単離されていないので，大腸菌のGR遺伝子を入手し，こ

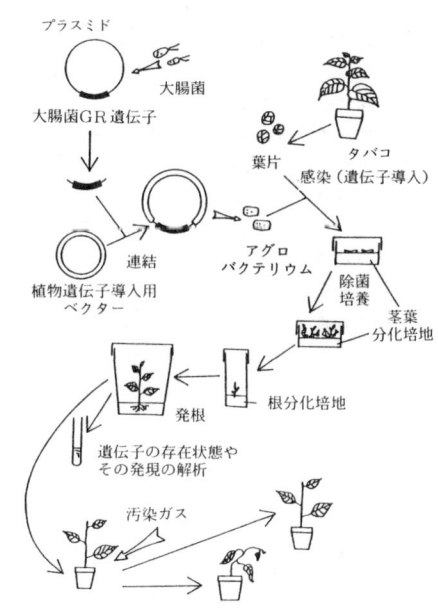

図5　組換えDNA技術により大気汚染耐性（指標性）植物を作成する手順[*]

第7章 地球環境問題と種苗工場

の遺伝子が植物体内で発現するように改変して，植物の遺伝子導入用ベクターに連結した。これを土壌細菌の一種であるアグロバクテリウムを介して植物体に導入し，遺伝子組換えタバコを作成している。現在，この形質転換タバコが，実際にオゾン抵抗性をもつかどうかを調べている。遺伝子の組換えによる新しい植物の開発には，未解決の問題も多く，実用化されるまでには，まだ多くの時間を必要とする。

　地球環境問題に関連して，各種の環境変化に対してより感受性の高い植物や，砂漠緑化のための植物，二酸化炭素の吸収能力の高い植物などの選抜や開発に関する研究は緒についたところであり，今後の成果が期待される。近い将来，このようにして得られた植物が，工場的生産のもとに，大量供給される時代がくると期待するのもあながち夢ではないであろう。

文　　献

1) 科学技術庁資源調査会 (1985) 熱帯林の開発と保全に関する基礎調査
2) 環境庁長官官房総務課（編）(1990) 地球環境キーワード事典，中央法規
3) 環境庁水質保全局 (1990)，砂漠化の現状と対策
4) 環境庁 (1991)，環境白書（総説，各論）
5) 環境庁企画調整局地球環境部，環境保全対策課研究調査室 (1991)，平成2年度地球環境研究総合推進費研究成果報告集
6) 霞が関地球温暖化問題研究会（編）(1991)，ＩＰＣＣ地球温暖化レポート，中央法規
7) 農林水産省農業環境技術研究所 (1991)，地球環境と農林業
8) 国立環境研究所 (1991)，バイオテクノロジーによる大気環境指標植物の開発に関する研究特別研究年報，平成2年度　3-8
9) 科学技術庁研究開発局 (1991)，砂漠化機構の解明に関する国際共同研究，平成2年度成果報告書
10) 大政謙次 (1992)，地球環境問題と生物環境調節，生物環境調節，(30：1-8)

第8章　種苗の法的保護の現状

山下　洌*

1　はじめに

　植物新品種や種苗等の新植物育成分野での研究成果を法的に保護する制度としては，技術の一般的保護制度である特許制度と植物品種を保護するための特別の制度である植物品種保護制度の二種類の制度があり，本分野での研究成果を適切に保護するためには，この両方の制度を有効に活用することが必要である。

　植物の新品種の保護に関する国際同盟（UPOV）では，1988年以来，植物の新品種の保護に関する国際条約（UPOV条約）改正案の検討を行っていたが，1991年3月に外交官会議を開催し，植物品種の法的保護の強化を主な内容とする条約改正案を採択した。条約改正案の検討段階では，植物品種を特許と植物品種保護の双方で保護することを禁止する第2条(1)の取り扱いが重要な争点となったが，植物育成分野における研究成果を有効に保護するためには，植物品種を特許と植物品種保護の双方で保護することを禁止する第2条(1)を削除し，植物品種の保護には特許法と植物品種保護法の双方を適用することを認めるべきであるとの意見がバイオ産業界や米国政府などから出されたため，第2条(1)が削除され植物品種の保護の方式については各加盟国が自由に決定できる事項となった。

　条約改正に伴い，農林水産省は，早期に種苗法を改正する計画であり，1991年12月には改正の試案を公表した。その際の説明では，農林水産省としては植物品種の特許保護を禁止すべきであるという従来の立場を維持するとのことであった。

　本問題は，今後，政府機関や関係団体等で更に検討されることになると予想されるが，現時点では植物育成分野での研究成果がどのように保護されるのかは明らかではなく，本分野において研究投資を行っている者にとって重大な関心事となっている。以下，ここでは，新植物育成分野における特許保護，改正UPOV条約及び種苗法改正試案の概要及びその問題点について述べる。

---

*　Kiyoshi　Yamashita　　住友化学工業㈱　特許室

2 種苗法と特許法の保護対象について

2.1 種苗法の保護対象

種苗法は，植物品種を保護する為の特別法であり，その保護対象は個々の植物品種である。しかし，後で述べるとおり，植物新品種の育成者に与えられる植物品種権の効力は，当該品種の種苗を業として生産，販売する行為等に対する独占権である。また，改正法試案では，一定の条件で，当該品種から得られた収穫物や直接の生産物にも植物品種権の効力が及ぶ。

品種は，植物の実用上の最下位の分類単位であるが，品種より上位の分類単位の新植物は，種苗法では保護できない。また，方法や植物の部分も保護対象ではない。従って，種苗法では，種苗，細胞，組織，新植物の育成方法，種苗の大量増殖方法，植物体の再生方法など品種以外の植物関連の技術を保護対象とすることはできない。

2.2 特許法の保護対象

植物品種に関しては，上記のとおり種苗法との関係が未解決であるが，特許法は，技術の一般的な保護法であり，特許法上は，植物育成分野での発明保護を制限する規定はなくすべての発明が保護される。特許法では，発明を「物の発明」と「方法の発明」の二種類に区別しており，発明を特許要件を満たす物又は方法として表現すれば，どのように表現するかは発明者の自由であるので植物育成に関して非常に多くのものが特許可能である。代表的な例としては次のようなものを挙げることができる。

(1) 植物関連の物
ⅰ．植物新品種（種苗法との関係が未解決）
ⅱ．植物品種よりも上位の概念での新植物
ⅲ．植物の一部
　　種苗，融合細胞，変異細胞，遺伝子など

(2) 製造方法
ⅰ．新植物及び植物新品種の育成方法
　　遺伝子組換え，細胞融合，細胞培養技術など
ⅱ．種苗や植物体の製造，増殖方法，栽培方法
　　人工種子やクローン苗の製造方法など
ⅲ．植物の部分の製造方法
　　融合細胞や変異細胞の製造法，遺伝子の単離方法，カルスなどの培養方法など

(3) 植物或いはその一部を利用する方法
植物組織の培養による有用産物の生産など

(4) 植物育成に使用するその他の物
発現ベクター，プラスミド，微生物など

3　特許法による保護について

3.1　特許要件

　植物関連の発明についても，他の技術分野の発明と同様に，産業上の利用可能性，新規性及び進歩性の特許要件を満たすことが必要である。また，発明の属する分野で通常の知識を有する者が容易に実施できるように発明を記載した明細書を提出しなければならない。

　動植物や微生物に特有な問題として，発明の再現性欠如の問題がある。生物関連発明で，その製造方法に再現性がない場合，発明生物，又は発明再現に使用する生物学的素材を寄託機関に寄託して，所定の条件で第三者が寄託機関から該素材を入手できるようにする寄託制度が世界的に採用されている。植物発明に関してもこの制度を利用することが可能であり，日本でも微工研は植物細胞の寄託を受理しているが，現在，植物の種子は受理していない。発明再現に必要な生物学的素材の寄託を受理する寄託機関がない場合には，日本では，出願人が自己の責任で該素材を保管し，所定の条件で第三者に入手可能とすることを出願人が保証することによって開示要件を満たすことができるとの運用がなされているが，この運用は他の国では認められていない。この為，植物関連素材の寄託制度を充実させる必要がある。

4　植物特許の効力に関する問題点

　動植物などについては，特許された例が少ないためにその特許権の効力範囲については不明な点が多い。この点に関する問題の多くは自己増殖するという生物の特徴に由来しており，植物などの生物発明を適切に保護するためには，この特徴を考慮した判断がなされる必要がある。植物関連の特許権の効力に関する疑問や意見としては以下のようなものがある。

(1) 植物遺伝子の特許権の効力

　遺伝子の特許権の効力は特許遺伝子を直接組み込んだ植物には及ぶが，該植物が自己増殖する場合には発明の使用がないので，該植物を増殖して得た第2世代以降の植物，該植物を他の植物と交配して得た植物には効力は及ばないとの意見。

(2) 植物の育成方法の特許権の効力

　植物を育成する方法の特許権は，該特許方法で直接得られた植物には及ぶが，これを更に増殖する行為には発明の使用はないので効力は及ばないとの意見。

(3) 特許権の消尽

特許権者あるいはその同意を得た者が特許植物を販売した場合，販売された物の特許権は消尽しこれを購入した者は購入した特許植物を自由に増殖，販売，使用することができるとの意見。

上記についての最終的な判断は，裁判所によってなされる事項であるが，生物に対する特許保護の実質上の意味をなくすような決定を裁判所がするとは考え難い。また，上記の問題は明細書を作成する際に，注意してクレームを作成することで解決できると思われる。例えば，遺伝子に関する発明の場合には，遺伝子に加え，遺伝子を導入した植物，これを交配して得た植物を特許請求の範囲に含め，育成方法の発明では，育成工程のみでなく，育成した植物の増殖工程を含めることによって問題を回避できる。また，明細書を作成する際には，実際に植物発明の実施をする場合に何を使用するかを充分に考えて特許を請求する物及び方法を定義することが重要である。例えば，植物体のみでなく，その子孫植物，その種苗，細胞や組織などの植物の一部などを含めることを考慮すべきである。更に，第三者が特許植物を用いて改良植物を育成した場合，当該特許権が改良植物に及ぶか否かは明らかではないので，特許植物を用いて他の植物を育成する用途についてのクレームを加えるべきである。権利消尽の問題についても，特許植物の種苗を販売する際に，その使用範囲について購入者と契約することにより問題は解決できると思われる。

5　改正UPOV条約の概要

5.1　保護対象

今回の改正案では保護対象である植物の品種が定義されたが，これは従来からの品種概念を変更するものではない。また，原則として，各加盟国は所定の期間経過後にはすべての種類の植物に本条約の規定を適用しなければならないことになった。但し，国連で発展途上国とみなされている国については，1995年末まで，その他の国は1993年末までは1978年改正条約に加盟することができることとされ，この場合には，全ての種類の植物を保護対象としなくても条約違反とはならない。

5.2　保護要件

以下のとおり新規性の判断日及び公知品種の判断時点が変更されたが，保護要件について大きな変更はない。

実体的な要件としては，新規性，区別性，均一性，及び安定性が要求される。その他の手続的な要件として，品種に誤認，混合を生じない名称を付与することが要求される。更に，各同盟国は国内法で定める形式的な要件に従って手続を行うこと及び必要な手数料を支払うことを要求できる。

(ⅰ) 新規性

品種は，当該品種の繁殖素材又は収穫物が，出願が受理された締約国の領土内で，出願日の1年以上前に，かつ，出願が受理された締約国以外の国の領土内で，出願日の4年以上前に，樹木又はぶどうの場合には6年以上前に，育成者の同意により又は同意に基づき，同品種の利用を目的として他者に販売又は譲渡されたことがない場合に新規とみなされる。

(ⅱ) 区別性

品種は，出願の時点においてその存在が公知となっている他の全ての品種から明確に区別されれば，区別性があるとみなされる。特に，ある国においてある品種に関し育成者権授与のための出願又は公的な品種目録掲載のための出願がなされ，かつ，その出願の結果として当該品種に育成者権が授与され又は当該品種が公的品種目録に掲載されることになるならば，当該品種は，その出願の時点で公知なものとなったとみなされる。

5.3 優先権

いずれかの締約国に品種保護の出願をした育成者は，他の締約国の当局に対する当該品種の育成者権授与のための出願に関して12カ月の優先権を有する。

5.4 育種権の範囲

新品種の育成者に与えられる育成者権の効力は，原則として，保護品種の繁殖素材に関する以下の行為についての独占権となっている。また，繁殖素材について権利行為をする合理的な機会がない場合には，収穫物やそれに由来する製品について権利行為をすることができる。更に，育成者権は，登録品種と明確に区別できない品種，登録品種を繰り返して使用し生産する品種（F1）に同様に効力が及ぶ。更に，改正条約では，従属の原則が導入され，登録品種に本質的に由来する品種についても権利が及ぶことになっている。

育成者権の効力範囲は以下のとおりである。

第14条　育成者権の範囲

(1) 繁殖素材に関する行為

(a) 保護品種の繁殖素材について以下の行為を行う場合には育成者の許諾を必要とする。

(ⅰ) 生産又は増殖
(ⅱ) 繁殖を目的とした調製
(ⅲ) 販売の申し出
(ⅳ) 販売その他販売の用に供すること
(ⅴ) 輸出
(ⅵ) 輸入

(vii) 上記(i)から(vi)に掲げる目的のための貯蔵
(2) 収穫物に関する行為
　保護品種の繁殖素材に関し育成者が育成者権を行使する合理的な機会がなかった場合，保護品種の繁殖素材を育成者の許諾に基づかずに用いて得た収穫物（完全な植物体及び植物体の部分を含む）に関して，上記(i)から(vii)の行為をするときには，育成者の許諾を必要とする。
(3) 収穫物から直接得られた製品
　収穫物から得た製品についても権利を及ぼすか否かは各加盟国が決定する事項となっている。
　各国は，育成者が育成者権を行使する合理的な機会がなかった場合，保護品種の収穫物を育成者の許諾に基づかずに用いることにより直接得られた製品に関して，上記の(i)から(vii)の行為は育成者の許諾を要する旨を定めることができる。
(4) その他の行為
　各加盟国は上記の(i)から(vii)の行為以外についても，育成者の許諾を必要とすることができる。
(5) 本質的に由来する品種，その他
(a) 上記(1)から(4)の規定は，次に掲げる品種にも適用される。
(i) 保護品種自体が本質的に由来する品種でない場合で，当該保護品種に本質的に由来する品種
(ii) 保護品種から明確に区別できない品種
(iii) その生産のために保護品種を反復使用しなければならない品種
(b) 本質的に由来する品種の定義
　上記(a)(i)の本質的に由来する品種とは，以下の3条件を満たす品種をいうと規定されている。
(i) 原品種，又は原品種に主として由来した品種に主として由来したものであり，原品種の遺伝型又は遺伝型の組み合わせから生じた本質的な特性の表現を維持していること
(ii) 原品種から明確に区別できること
(iii) 由来行為により生じた差異のほかは，原品種の遺伝型又は遺伝型の組み合わせから生じた本質的な特性の表現において原品種と一致すること
(c) 本質的に由来する品種は，例えば，自然的，人為的変異体若しくは体細胞変異体の選抜，原品種の植物体からの固体変異体の選抜，戻し交雑又は遺伝子工学による形質変換により得られることがある。
　本質的に由来する品種についてのガイドラインを作成することが外交官会議で採択されており，ＵＰＯＶの管理法律委員会において現在その検討がなされている。
第15条　育成者権の例外
　育成者権は次の行為には及ばない。

(i) 個人的で，かつ，非営利的な目的でする行為
(ii) 試験目的でする行為
(iii) 他の品種を育成するための行為，及び当該他の品種に関する上記の行為（但し，上記第14条(5)(a)(i)～(iii)の3品種は除かれる。）

(2) 農家の自家採種

　各加盟国は，合理的な範囲内で，かつ，育種者の正当な利益を保護することを条件とすることを前提に，農家が，育成者権の効力が及ぶ品種を自己の経営地で栽培して得た収穫物を，自己の経営地において繁殖の目的で利用することができるように，育成者権を制限することができる，と規定し農家の自家採種を認めるか否かは各国の決定事項としている。

第16条　権利の消尽

　保護の効力が及び品種の素材が育成者自身により，あるいはその同意を得て当該締約国の領土内においていったん販売その他販売の用に供された場合には，以下の行為を含む場合を除き，育成者権の効力は，これらの素材に関する行為には及ばない。

(i) 当該品種を更に増殖すること，又は，
(ii) 当該品種の繁殖を行い得るような素材を，最終消費を目的として輸出する場合を除き，当該品種の属する植物の属又は種について品種保護を行わない国に対して輸出すること

(2) 素材とは，品種に関して次のものをいう。
(i) あらゆる種類の繁殖素材
(ii) 完全な植物体及び植物の部分を含む収穫物
(iii) 収穫物から直接つくられた製品

5.5　仮保護の導入

　各国は，出願又は出願公開の日から権利付与までの期間，育成者の利益を守るための措置を講じなければならない。これは少なくとも補償金請求権を認めるものでなければならない。

5.6　育成者権の権利期間の延長

　育成者権の期間は，少なくとも登録から20年，樹木又はブドウは25年に延長された。

5.7　内国民待遇

　各同盟国は，他の同盟国の国民に植物品種保護に関して，内国民待遇を与えなければならない。

6 種苗法の改正試案について

農林水産省は，最終的なものではないが種苗法改正の試案を91年12月に公表している。この試案によれば，新たな植物品種保護法は次のような内容となる見込みである。また，種苗法という名称が植物品種保護法などの名称に変更される。

第一章　総則
(1)　法律の目的及び定義規定

法律の目的規定及び農林水産植物，品種，種苗，交雑品種及び従属品種の定義が置かれる。農林水産植物は，農林水産物の生産，加工に供される植物などと定義される見込みである。

品種の定義としては，ＵＰＯＶ条約の定義に従ったものとなる。種苗の定義は，従来からの定義が用いられる。従属品種の定義は，ＵＰＯＶ条約の定義をそのまま使用することは困難とのことで，今後検討して決定されるが，①原品種の基本的な特徴を維持すること，及び②原品種を用いて育成した品種であることが原則とされる。

(2)　外国人の権利能力

改正ＵＰＯＶ条約に従い，改正法では，他のＵＰＯＶ加盟国の国民に対して内国民待遇が与えられる。

第二章　品種登録の要件及び出願手続
(1)　保護要件

保護要件は，基本的には変更されず，未譲渡性（新規性），区別性，均一性及び安定性が要件となる。但し，未譲渡性については，基準日が出願日から１年前に変更される。また，先願主義及び優先権制度についての規定が置かれる。

(2)　農林水産大臣は，所定の方式に違反した出願を却下できる。これに対して出願人は，行政不服審査法による異議申立を行うことができる。

(3)　出願公表制度の導入

品種登録出願から２月程度の後に，農林水産大臣は出願品種の特性の概要などを公表する。

(4)　仮保護制度の導入

出願人が，出願公表の後，品種登録前に権利侵害行為に当たる行為をした者に，補償金を請求することができる仮保護制度が導入される。この請求権は品種登録後でなければ行使できない。

第三章　審査
(1)　品種登録の出願があった場合には，審査官が審査を行う。審査官が拒絶すべき旨の査定をしたときは，農林水産大臣は出願を却下しなければならない。

(2)　審査官が内定公表をすべき旨の査定をしたときには，内定公表をする。また，出願書類を公衆の閲覧に供する。この内定公表によって法律的効力は発生しない。

(3) 異議申立

　何人も，内定公表から60日以内に農林水産大臣に登録異議の申立をすることができる。この異議申立制度は，情報提供程度の簡素な手続となる予定である。

第四章　植物品種権

(1) 植物品種権の発生と権利期間

　植物品種権は，設定登録により発生し，その存続期間は登録から20年（永年性植物の場合は，25年）となる。

(2) 権利の内容

ⅰ．植物品種権の効力は次の各品種の種苗に及ぶ。

　① 登録品種

　② 登録品種の従属品種

　③ 登録品種と明確に区別できない品種

　④ 登録品種を親品種とする交雑品種

権利の内容は，上記の品種の種苗について，業としての以下の行為を専有する権利となる。

　① 増殖

　② 種苗として使用する目的をもって行う調製

　③ 有償で譲渡する旨の申出

　④ 有償譲渡

　⑤ 輸出

　⑥ 輸入

　⑦ 上記の各行為の目的での貯蔵

ⅱ．収穫物及び直接生産物

　植物品種権の権利は，種苗について権利行使をすることが原則とされ，種苗について権利行為をすることができなかった場合，上記品種から得られた収穫物或いはその直接の生産物についての上記の行為について権利行使をすることができる。権利行為をすることができなかった場合の例としては，侵害を知らなかった場合や外国で品種が栽培されその収穫物又は直接生産物が輸入された場合などがある。ここでいう直接の生産物としては，品種の特性を維持していることを条件とし，例えば，植物から得られる医薬品や香料などであるとの説明がなされている。

(3) 権利が及ばない行為

ⅰ．試験研究目的での行為，これには育種行為も含む。

ⅱ．権利の消尽

　植物品種権は，品種を増殖することについては消尽しないとする規定が設けられる。

(4) 利用権の設定

専用利用権及び通常利用権の許諾，登録について規定が設けられる。専用利用権の規定によって，利用権者が侵害行為の差し止め請求をすることや，再利用権の許諾が可能となる。

(5) 農家の自家採種を認める規定が置かれる。

自家採種を認める範囲は，自営農家及び有限会社などの法人であり，植物の種類や農家の規模は考慮されない見込みである。また，交雑品種については，その親品種の権利者に当該登録品種の実施権を認める。その他，先育種権を認める。

(6) 現行種苗法にある品種の育種方法についての特許権と登録品種との権利関係の調整規定（第12条の5第2項第5号，6号）は，その必要性が見直される予定である。

第五章 権利侵害

(1) 植物品種権の侵害があったときには，その侵害の停止，予防の請求をすることができる差し止め請求権を認める。

(2) 侵害とみなす行為

増殖目的の品種の栽培行為は侵害とみなす。

第六章 品種の名称

(1) 登録品種の種苗を販売するときには，登録品種以外の名称は使用できないとする規定が置かれ，収穫物の販売にも適用される。

第七章 裁定

(1) 公共の利益を目的とする場合の通常利用権の許諾の裁定制度が設けられる。

(2) 従属品種の権利者が，自己の品種についての実施のために，原品種の植物品種権について通常利用権の許諾についての裁定を求めることを可能にする。この場合には，原品種の権利者も従属品種についての通常利用権についての裁定を求めることを可能にする。

第八章 紛争処理

(1) 判定制度

利害関係人は，農林水産大臣に対してある品種が，①登録品種の従属品種であるか否か，②登録品種と明確に区別できる品種であるか否かについての判定を求めることができる判定制度が設けられる。判定の請求があったときは，判定委員が指定され判定がなされる。判定の性格は，鑑定であり法的効果はないものとなる。

(2) あっせん制度

植物品種権に関する民事紛争が生じた場合に，当事者がその紛争の解決を図るために農林水産大臣に対してあっせんの申請をするあっせん制度が設けられる。申請があった場合には，あっせん委員が任命されあっせんを行う。

第九章 無効及び取消

(1) 無効請求制度

何人も，品種登録が法律に違反してされたときは，農林水産大臣に対して当該品種登録を無効とすることを請求することができる無効請求制度が設けられる。

(2) 無権利者に対する権利移転請求

品種登録が正当な権利を有しない者の出願に対してされたときは，正当な権利者は当該植物品種権を自己に移転すべきことを請求できる制度が設けられる。

(3) 品種登録の取消

登録品種の特性が登録したときと異なることになった場合等は登録品種は取り消される。

第十章　その他

(1) 侵害に関して罰則規定が置かれる。

(2) 経過規定：現行法で登録になった品種にも，原則として，改正法が適用される見込みである。

7　おわりに

改正法では植物品種権は大幅に強化され新植物育成を促進すると期待される。しかし，植物品種権は，植物の最小の分類単位の品種を保護対象とするものであるので，植物育成分野の研究成果の適切な保護のためには，品種以外の他の植物育成技術を併せて保護することが重要であり，この為には特許法の保護が必要となる。また，登録された植物品種の実施が他の知的所有権に抵触する場合に，その関係をどのようにするかが重要な問題となり，以下の事項が，今後どのように規定されるか今後の動きに注意する必要がある。

(1) 特許権との関係

植物品種について植物品種保護法と特許法との関係が今後どのようになるのかは明らかではないが，農林水産省担当者からは，農林水産省としては植物品種についての特許保護は認めない立場であるとの説明がなされている。また，植物品種保護法により保護された植物品種を製造，販売する行為が，植物遺伝子に対する特許権を侵害するような場合の為に，特許権と植物品種権との権利の調整規定を設けることを検討する必要があるとの指摘がある。植物育成分野での研究成果を適切に保護するためには，植物品種保護のみでは不充分であり特許制度が有効に機能することが重要であるので，これを制限すべきではないと考える。

(2) 農家の自家採種の範囲

農家が購入した種苗を自己の経営地で次の年も使用できるように植物品種権は制限される見込みであるが，この農家には有限会社などの法人を含み，農家の規模も制限されない見込みである。

ＵＰＯＶ条約では，育成者の利益を充分に保護することを条件に育成者の権利を制限できると規定しているが，自家採種が大規模に行われる場合に，育成者の権利が充分に保護されることになるのか疑問となる。

第8章　種苗の法的保護の現状

(3) 従属品種の定義

現行のUPOV条約では，育種素材としての品種の自由使用を原則としており，登録品種を用いて他の品種を育成すること及びその他の品種に関する行為には，育成者権は及ばないとなっているが，今回の改正でこの原則を修正して，従属の原則を採用した。現在，どのような品種を育成した場合に，従属品種として原品種の権利が及ぶことになるのかについて具体的な基準を作成する検討がなされているが，この基準は今後の育種方針を決定する重要な要素となると予想される。

(4) 従属品種の実施に関する裁定制度

従属品種を生産，販売する行為には，原品種の権利が及び原品種の権利者の承諾がないと実施できない。この為，従属品種者が実施をすることを可能とする裁定制度が導入される見込みである。この場合には，原品種の権利者も従属品種の実施について裁定を請求できる見込みである。

(5) 交雑品種とその親品種の権利関係

現行の種苗法では，親品種の権利は，当該品種を用いて製造した交雑品種について実施権を有するが，この制度は維持されるようである。

《CMC テクニカルライブラリー》発行にあたって

　弊社は、1961年創立以来、多くの技術レポートを発行してまいりました。これらの多くは、その時代の最先端情報を企業や研究機関などの法人に提供することを目的としたもので、価格も一般の理工書に比べて遙かに高価なものでした。

　一方、ある時代に最先端であった技術も、実用化され、応用展開されるにあたって普及期、成熟期を迎えていきます。ところが、最先端の時代に一流の研究者によって書かれたレポートの内容は、時代を経ても当該技術を学ぶ技術書、理工書としていささかも遜色のないことを、多くの方々が指摘されています。

　弊社では過去に発行した技術レポートを個人向けの廉価な普及版《CMC テクニカルライブラリー》として発行することとしました。このシリーズが、21世紀の科学技術の発展にいささかでも貢献できれば幸いです。

2000年12月

株式会社　シーエムシー出版

種苗工場システム　(B671)

1992年　3月　9日　初　版　第1刷発行
2002年 11月 27日　普及版　第1刷発行

監　修　　高山　眞策　　　　　　　Printed in Japan
発行者　　島　健太郎
発行所　　株式会社　シーエムシー出版
　　　　　東京都千代田区内神田1-4-2（コジマビル）
　　　　　電話 03（3293）2061

〔印刷　株式会社ニッケイ印刷〕　　　　©S. Takayama, 2002

定価は表紙に表示してあります。
落丁・乱丁本はお取替えいたします。

ISBN4-88231-778-8　C3061

☆本書の無断転載・複写複製（コピー）による配布は，著者および出版社の権利の侵害になりますので，小社あて事前に承諾を求めて下さい。

CMCテクニカルライブラリー のご案内

ハイブリッド複合材料
監修／植村益次・福田 博
ISBN4-88231-768-0　　　　　　　B661
A5判・334頁　本体 4,300円＋税（〒380円）
初版 1986年5月　普及版 2002年8月

構成および内容：ハイブリッド材の種類／ハイブリッド化の意義とその応用／ハイブリッド基材（強化材・マトリックス）／成形と加工／ハイブリッドの力学／諸特性／応用（宇宙機器・航空機・スポーツ・レジャー）／金属基ハイブリッドとスーパーハイブリッド／軟質軽量心材をもつサンドイッチ材の力学／展望と課題 他
執筆者：植村益次／福田博／金原勲 他10名

光成形シートの製造と応用
著者／赤松 清・藤本健郎
ISBN4-88231-767-2　　　　　　　B660
A5判・199頁　本体 2,900円＋税（〒380円）
初版 1989年10月　普及版 2002年8月

構成および内容：光成形シートの加工機械・作製方法／加工の特徴／高分子フィルム・シートの製造方法（セロファン・ニトロセルロース・硬質塩化ビニル）／製造方法の開発（紫外線硬化キャスティング法）／感光性樹脂（構造・配合・比重と屈折率・開始剤）／特性および応用／関連特許／実験試作法 他

高分子のエネルギービーム加工
監修／田附重夫／長田義仁／嘉悦 勲
ISBN4-88231-764-8　　　　　　　B657
A5判・305頁　本体 3,900円＋税（〒380円）
初版 1986年4月　普及版 2002年7月

構成および内容：反応性エネルギー源としての光・プラズマ・放射線／光による高分子反応・加工（光重合反応・高分子の光崩壊反応・高分子表面の光改質法・光硬化性塗料およびインキ・光硬化接着剤・フォトレジスト材料・光計測 他）プラズマによる高分子反応・加工／放射線による高分子反応・加工（放射線照射装置 他）
執筆者：田附重夫／長田義仁／嘉悦勲 他35名

機能性色素の応用
監修／入江正浩
ISBN4-88231-761-3　　　　　　　B654
A5判・312頁　本体 4,200円＋税（〒380円）
初版 1996年4月　普及版 2002年6月

構成および内容：機能性色素の現状と展望／色素の分子設計理論／情報記録用色素／情報表示用色素（エレクトロクロミック表示用・エレクトロルミネッセンス表示用）／写真用色素／有機非線形光学材料／バイオメディカル用色素／食品・化粧品用色素／環境クロミズム色素 他
執筆者：中村振一郎／里村正人／新willl勲 他22名

コーティング・ポリマーの合成と応用
ISBN4-88231-760-5　　　　　　　B653
A5判・283頁　本体 3,600円＋税（〒380円）
初版 1993年8月　普及版 2002年6月

構成および内容：コーティング材料の設計の基礎と応用／顔料の分散／コーティングポリマーの合成（油性系・セルロース系・アクリル系・ポリエステル系・メラミン・尿素系・ポリウレタン系・シリコン系・フッ素系・無機系）／汎用コーティング／重防食コーティング／自動車・木工・レザー用コーティング
執筆者：桐生春雄／増田初蔵／伊藤義勝 他13名

バイオセンサー
監修／軽部征夫
ISBN4-88231-759-1　　　　　　　B652
A5判・264頁　本体 3,400円＋税（〒380円）
初版 1987年8月　普及版 2002年5月

構成および内容：バイオセンサーの原理／酵素センサー／微生物センサー／免疫センサー／電極センサー／FETセンサー／フォトバイオセンサー／マイクロバイオセンサー／圧電素子バイオセンサー／医療・発酵工業・食品・工業プロセス・環境計測／海外の研究開発・市場 他
執筆者：久保いずみ／鈴木博章／佐野恵一 他16名

カラー写真感光材料用高機能ケミカルス
－写真プロセスにおける役割と構造機能－
ISBN4-88231-758-3　　　　　　　B651
A5判・307頁　本体 3,800円＋税（〒380円）
初版 1986年7月　普及版 2002年5月

構成および内容：写真感光材料工業とファインケミカル／業界情勢・技術開発動向／コンベンショナル写真感光材料／色素拡散転写法／銀色素漂白法／乾式銀塩写真感光材料／写真用機能性ケミカルスの応用展望／増感系・エレクトロニクス系・医薬分野への応用 他
執筆者：新井厚明／安達慶一／藤田眞作 他13名

セラミックスの接着と接合技術
監修／速水諒三
ISBN4-88231-757-5　　　　　　　B650
A5判・179頁　本体 2,800円＋税（〒380円）
初版 1985年4月　普及版 2002年4月

構成および内容：セラミックスの発展／接着剤による接着／有機接着剤・無機接着剤・超音波はんだ／メタライズ／高融点金属法・銅化合物法・銀化合物法・気相成長法・厚膜法／固相液相接着／固相加圧接着／溶融接合／セラミックスの機械的接合法／将来展望 他
執筆者：上野力／稲野光正／門倉秀公 他10名

※ 書籍をご購入の際は、最寄りの書店にご注文いただくか、
㈱シーエムシー出版のホームページ（http://www.cmcbooks.co.jp/）にてお申し込み下さい。

CMCテクニカルライブラリーのご案内

ハニカム構造材料の応用
監修／先端材料技術協会・編集／佐藤 孝
ISBN4-88231-756-7　　　　　　　　　B649
A5判・447頁　本体4,600円＋税（〒380円）
初版 1995年1月　普及版 2002年4月

構成および内容：ハニカムコアの基本・種類・主な機能・製造方法／ハニカムサンドイッチパネルの基本設計・製造・応用／航空機／宇宙機器／自動車における防音材料／鉄道車両／建築マーケットにおける利用／ハニカム溶接構造物の設計と構造解析、およびその実施例　他
執筆者：佐藤孝／野口元／田所真人／中谷隆　他12名

ホスファゼン化学の基礎
著者／梶原鳴雪
ISBN4-88231-755-9　　　　　　　　　B648
A5判・233頁　本体3,200円＋税（〒380円）
初版 1986年4月　普及版 2002年3月

構成および内容：ハロゲンおよび疑ハロゲンを含むホスファゼンの合成／$(NPCl_2)_3$から部分置換体$N_3P_3Cl_{6-n}R_n$の合成／$(NPR_2)_3$の合成／環状ホスファゼン化合物の用途開発／$(NPCl_2)_3$の重合／$(NPCl_2)_n$重合体の構造とその性質／ポリオルガノホスファゼンの性質／ポリオルガノホスファゼンの用途開発　他

二次電池の開発と材料
ISBN4-88231-754-0　　　　　　　　　B647
A5判・257頁　本体3,400円＋税（〒380円）
初版 1994年3月　普及版 2002年3月

構成および内容：電池反応の基本／高性能二次電池設計のポイント／ニッケル-水素電池／リチウム系二次電池／ニカド蓄電池／鉛蓄電池／ナトリウム-硫黄電池／亜鉛-臭素電池／有機電解液系電気二重層コンデンサ／太陽電池システム／二次電池回収システムとリサイクルの現状　他
執筆者：髙村勉／神田基／山木準一　他16名

プロテインエンジニアリングの応用
編集／渡辺公綱・熊谷 泉
ISBN4-88231-753-2　　　　　　　　　B646
A5判・232頁　本体3,200円＋税（〒380円）
初版 1990年3月　普及版 2002年2月

構成および内容：タンパク質改変諸例／酵素の機能改変／抗体とタンパク質工学／キメラ抗体／医薬と合成ワクチン／プロテアーゼ・インヒビター／新しいタンパク質作成技術とアロプロテイン／生体外タンパク質合成の現状／タンパク質工学におけるデータベース　他
執筆者：太田由己／榎本淳／上野川修一　他13名

有機ケイ素ポリマーの新展開
監修／櫻井英樹
ISBN4-88231-752-4　　　　　　　　　B645
A5判・327頁　本体3,800円＋税（〒380円）
初版 1996年1月　普及版 2002年1月

構成および内容：現状と展望／研究動向事例（ポリシラン合成と物性／カルボシラン系分子／ポリシロキサンの合成と応用／ゾルーゲル法とケイ素系高分子／ケイ素系高耐熱性外タ熱性高分子材料／マイクロパターニング／ケイ素感光材料）／ケイ素系高耐熱性材料へのアプローチ　他
執筆者：吉田勝／三治敬信／石川満夫　他19名

水素吸蔵合金の応用技術
監修／大西敬三
ISBN4-88231-751-6　　　　　　　　　B644
A5判・270頁　本体3,800円＋税（〒380円）
初版 1994年1月　普及版 2002年1月

構成および内容：開発の現状と将来展望／標準化の動向／応用事例（余剰電力の貯蔵／冷凍システム／冷暖房／水素の精製・回収システム／Ni・MH二次電池／燃料電池／水素の動力利用技術／アクチュエーター／水素同位体の精製・回収／合成触媒）
執筆者：太田時男／兜森俊樹／田村英雄　他15名

メタロセン触媒と次世代ポリマーの展望
編集／曽我和雄
ISBN4-88231-750-8　　　　　　　　　B643
A5判・256頁　本体3,500円＋税（〒380円）
初版 1993年8月　普及版 2001年12月

構成および内容：メタロセン触媒の展開（発見の経緯／カミンスキー触媒の修飾・担持・特徴）／次世代ポリマーの展望（ポリエチレン／共重合体／ポリプロピレン）／特許からみた各企業の研究開発動向　他
執筆者：柏典夫／潮村哲之助／植木聡　他4名

バイオセパレーションの応用
ISBN4-88231-749-4　　　　　　　　　B642
A5判・296頁　本体4,000円＋税（〒380円）
初版 1988年8月　普及版 2001年12月

構成および内容：食品・化学品分野（サイクロデキストリン／甘味料／アミノ酸／核酸／油脂精製／γ-リノレン酸／フレーバー／果汁濃縮・清澄化　他）／医薬品分野（抗生物質／漢方薬成分／ステロイド発酵の工業化）／生化学・バイオ医薬分野　他
執筆者：中村信之／菊池啓明／宗像豊哲　他26名

※書籍をご購入の際は、最寄りの書店にご注文いただくか、㈱シーエムシー出版のホームページ（http://www.cmcbooks.co.jp/）にてお申し込み下さい。

CMCテクニカルライブラリーのご案内

バイオセパレーションの技術
ISBN4-88231-748-6　　　　　　　B641
A5判・265頁　本体3,600円+税（〒380円）
初版1988年8月　普及版2001年12月

構成および内容：膜分離（総説／精密濾過膜／限外濾過法／イオン交換膜／逆浸透膜）／クロマトグラフィー（高性能液体／タンパク質のHPLC／ゲル濾過／イオン交換／疎水性／分配吸着 他）／電気泳動／遠心分離／真空・加圧濾過／エバポレーション／超臨界流体抽出 他
◆執筆者：仲川勤／水野高志／大野省太郎 他19名

特殊機能塗料の開発
ISBN4-88231-743-5　　　　　　　B636
A5判・381頁　本体3,500円+税（〒380円）
初版1987年8月　普及版2001年11月

構成および内容：機能化のための研究開発／特殊機能塗料（電子・電気機能／光学機能／機械・物理機能／熱機能／生態機能／放射線機能／防食／その他）／高機能コーティングと硬化法（造膜法／硬化法）
◆執筆者：笠松寛、鳥羽山満、桐生春雄
　　　　　田中丈之、荻野芳夫

バイオリアクター技術
ISBN4-88231-745-1　　　　　　　B638
A5判・212頁　本体3,400円+税（〒380円）
初版1988年8月　普及版2001年12月

構成および内容：固定化生体触媒の最新進歩／新しい固定化法（光硬化性樹脂／多孔質セラミックス／絹フィブロイン）／新しいバイオリアクター（酵素固定化分離機能膜／生成物分離／多段式不均一系／固定化植物細胞／固定化ハイブリドーマ）／応用（食品／化学品／その他）
◆執筆者：田中渥夫／飯田高三／牧島亮男　他28名

ファインケミカルプラントFA化技術の新展開
ISBN4-88231-747-8　　　　　　　B640
A5判・321頁　本体3,400円+税（〒380円）
初版1991年2月　普及版2001年11月

構成および内容：総論／コンピュータ統合生産システム／FA導入の経済効果／要素技術（計測・検査／物流／FA用コンピュータ／ロボット）／FA化のソフト（粉体プロセス／多目的バッチプラント／パイプレスプロセス）／応用例（ファインケミカル／食品／薬品／粉体） 他
◆執筆者：高松武一郎／大島榮次／梅田富雄　他24名

生分解性プラスチックの実際技術
ISBN4-88231-746-X　　　　　　　B639
A5判・204頁　本体2,500円+税（〒380円）
初版1992年6月　普及版2001年11月

構成および内容：総論／開発展望（バイオポリエステル／キチン・キトサン／ポリアミノ酸／セルロース／ポリカプロラクトン／アルギン酸／PVA／脂肪族ポリエステル／糖類／ポリエーテル／プラスチック化木材／油脂の崩壊性／界面活性剤）／現状と今後の対策 他
◆執筆者：赤松清／持田晃一／藤井昭治　他12名

環境保全型コーティングの開発
ISBN4-88231-742-7　　　　　　　B635
A5判・222頁　本体3,400円+税（〒380円）
初版1993年5月　普及版2001年9月

構成および内容：現状と展望／規制の動向／技術動向（塗料・接着剤・印刷インキ・原料樹脂）／ユーザー（VOC排出規制への具体策・有機溶剤系塗料から水系塗料への転換・電機・環境保全よりみた木工塗装・金属缶）／環境保全への合理化・省力化ステップ 他
◆執筆者：笠松寛／中村博忠／田邉幸男　他14名

強誘電性液晶ディスプレイと材料
監修／福田敦夫
ISBN4-88231-741-9　　　　　　　B634
A5判・350頁　本体3,500円+税（〒380円）
初版1992年4月　普及版2001年9月

構成および内容：次世代液晶とディスプレイ／高精細・大画面ディスプレイ／テクスチャーチェンジパネルの開発／反強誘電性液晶のディスプレイへの応用／次世代液晶化合物の開発／強誘電性液晶材料／ジキラル型強誘電性液晶化合物／スパッタ法による低抵抗ITO透明導電膜 他
◆執筆者：李継／神辺純一郎／鈴木康　他36名

高機能潤滑剤の開発と応用
ISBN4-88231-740-0　　　　　　　B633
A5判・237頁　本体3,800円+税（〒380円）
初版1988年8月　普及版2001年9月

構成および内容：総論／高機能潤滑剤（合成系潤滑剤・高機能グリース・固体潤滑と摺動材・水溶性加工油剤）／市場動向／応用（転がり軸受用グリース・OA関連機器・自動車・家電・医療・航空機・原子力産業）
◆執筆者：岡部平八郎／功刀俊夫／三嶋優　他11名

※書籍をご購入の際は、最寄りの書店にご注文いただくか、
㈱シーエムシー出版のホームページ(http://www.cmcbooks.co.jp/)にてお申し込み下さい。

CMCテクニカルライブラリー のご案内

有機非線形光学材料の開発と応用
編集／中西八郎・小林孝嘉
中村新男・梅垣真祐
ISBN4-88231-739-7　　　　　B632
A5判・558頁　本体4,900円＋税（〒380円）
初版1991年10月　普及版2001年8月

構成および内容：〈材料編〉現状と展望／有機材料／非線形光学特性／無機系材料／超微粒子系材料／薄膜、バルク、半導体系材料〈基礎編〉理論・設計／測定／機構〈デバイス開発編〉波長変換／EO変調／光ニュートラルネットワーク／光パルス圧縮／光ソリトン伝送／光スイッチ 他
◆執筆者：上宮崇文／野上隆／小谷正博 他88名

超微粒子ポリマーの応用技術
監修／室井宗一
ISBN4-88231-737-0　　　　　B630
A5判・282頁　本体3,800円＋税（〒380円）
初版1991年4月　普及版2001年8月

構成および内容：水系での製造技術／非水系での製造技術／複合化技術〈開発動向〉乳化重合／カプセル化／高吸水性／フッ素系／シリコーン樹脂〈現状と可能性〉一般工業分野／医療分野／生化学分野／化粧品分野／情報分野／ミクロゲル／PP／ラテックス／スペーサ 他
◆執筆者：川口春馬／川瀬進／竹内勉 他25名

炭素応用技術
ISBN4-88231-736-2　　　　　B629
A5判・300頁　本体3,500円＋税（〒380円）
初版1988年10月　普及版2001年7月

構成および内容：炭素繊維／カーボンブラック／導電性付与剤／グラファイト化合物／ダイヤモンド／複合材料／航空機・船舶用CFRP／人工歯根材／導電性インキ・塗料／電池・電極材料／光応答／金属炭化物／炭窒化チタン系複合セラミックス／SiC・SiC-W 他
◆執筆者：嶋崎勝乗／遠藤守信／池上繁 他32名

宇宙環境と材料・バイオ開発
編集／栗林一彦
ISBN4-88231-735-4　　　　　B628
A5判・163頁　本体2,600円＋税（〒380円）
初版1987年5月　普及版2001年8月

構成および内容：宇宙開発と宇宙利用／生命科学／生命工学〈宇宙材料実験〉融液の凝固におよぼす微少重力の影響／単相合金の凝固／多相合金の凝固／高品位半導体単結晶の育成と微少重力の利用／表面張力誘起対流実験〈SL-1の実験結果〉半導体の結晶成長／金属凝固／流体運動 他
◆執筆者：長友信人／佐藤康重／大島泰郎 他7名

機能性食品の開発
編集／亀和田光男
ISBN4-88231-734-6　　　　　B627
A5判・309頁　本体3,800円＋税（〒380円）
初版1988年11月　普及版2001年9月

構成および内容：機能性食品に対する各省庁の方針と対応／学界と民間の動き／機能性食品への発展が予想される素材／フラクトオリゴ糖／大豆オリゴ糖／イノシトール／高機能性健康飲料／ギムネマ・シルベスタ／企業化する問題点と対策／機能性食品に期待するもの 他
◆執筆者：大山超／稲葉博／岩元睦夫／太田明一 他21名

植物工場システム
編集／高辻正基
ISBN4-88231-733-8　　　　　B626
A5判・281頁　本体3,100円＋税（〒380円）
初版1987年11月　普及版2001年6月

構成および内容：栽培作物別工場生産の可能性／野菜／花き／薬草／穀物／養液栽培システム／カネコのシステム／クローン増殖システム／人工種子／馴化装置／キノコ栽培技術／種菌生産／栽培装置とシステム／施設園芸の高度化／コンピュータ利用 他
◆執筆者：阿部芳巳／渡辺光男／中山繁樹 他23名

液晶ポリマーの開発
編集／小出直之
ISBN4-88231-731-1　　　　　B624
A5判・291頁　本体3,800円＋税（〒380円）
初版1987年6月　普及版2001年6月

構成および内容：〈基礎技術〉合成技術／キャラクタリゼーション／構造と物性／レオロジー〈成形加工技術〉射出成形技術／成形機械技術／ホットランナシステム技術〈応用〉光ファイバ用被覆材／高強度繊維／ディスプレイ用材料／強誘電性液晶ポリマー 他
◆執筆者：浅田忠裕／鳥海弥和／茶谷陽三 他16名

イオンビーム技術の開発
編集／イオンビーム応用技術編集委員会
ISBN4-88231-730-3　　　　　B623
A5判・437頁　本体4,700円＋税（〒380円）
初版1989年4月　普及版2001年6月

構成および内容：イオンビームと個体との相互作用／発生と輸送／装置／イオン注入による表面改質技術／イオンミキシングによる表面改質技術／薄膜形成表面被覆技術／表面除去加工技術／分析評価技術／各国の研究状況／日本の公立研究機関での研究状況 他
◆執筆者：藤本文範／石川順三／上條栄治 他27名

※書籍をご購入の際は、最寄りの書店にご注文いただくか、
㈱シーエムシー出版のホームページ (http://www.cmcbooks.co.jp/) にてお申し込み下さい。

CMCテクニカルライブラリーのご案内

エンジニアリングプラスチックの成形・加工技術
監修／大柳 康
ISBN4-88231-729-X　　　　　　　　B622
A5判・410頁　本体4,000円＋税（〒380円）
初版1987年12月　普及版2001年6月

構成および内容：射出成形／成形条件／装置／金型内流動解析／材料特性／熱硬化性樹脂の成形／樹脂の種類／成形加工の特徴／成形加工法の基礎／押出成形／コンパウンディング／フィルム・シート成形／性能データ集／スーパーエンプラの加工に関する最近の話題　他
◆執筆者：高野菊雄／岩橋俊之／塚原 裕 他6名

新薬開発と生薬利用 II
監修／糸川秀治
ISBN4-88231-728-1　　　　　　　　B621
A5判・399頁　本体4,500円＋税（〒380円）
初版1993年4月　普及版2001年9月

構成および内容：新薬開発プロセス／新薬開発の実態と課題／生薬・漢方製剤の薬理・薬効〈抗腫瘍薬・抗炎症・抗アレルギー・抗菌・抗ウイルス〉／天然素材の新食品への応用／生薬の品質評価／民間療法・伝統薬の探索と評価／生薬の流通機構と需給　他
◆執筆者：相山律夫／大島俊幸／岡田稔 他14名

新薬開発と生薬利用 I
監修／糸川秀治
ISBN4-88231-727-3　　　　　　　　B620
A5判・367頁　本体4,200円＋税（〒380円）
初版1988年8月　普及版2001年7月

構成および内容：生薬の薬理・薬効／抗アレルギー／抗菌・抗ウイルス作用／新薬開発のプロセス／スクリーニング／商品の規格と安定性／生薬の品質評価／甘草／生姜／桂皮素材の探索と流通／日本・世界での生薬素材の探索／流通機構と需要／各国の薬用植物の利用と活用　他
◆執筆者：相山律夫／赤須通範／生田安喜良 他19名

ヒット食品の開発手法
監修／太田静行・亀和田光男・中山正夫
ISBN4-88231-726-5　　　　　　　　B619
A5判・278頁　本体3,800円＋税（〒380円）
初版1991年12月　普及版2001年6月

構成および内容：新製品の開発戦略／消費者の嗜好／アイデア開発／食品調味／食品包装／官能検査／開発のためのデータバンク〈ヒット食品の具体例〉果汁グミ／スーパードライ〈ロングヒット食品開発の秘訣〉カップヌードル／エバラ焼き肉のたれ／減塩醤油　他
◆執筆者：小杉直輝／大形／川合信行 他21名

バイオマテリアルの開発
監修／筏 義人
ISBN4-88231-725-8　　　　　　　　B618
A5判・539頁　本体4,900円＋税（〒380円）
初版1989年9月　普及版2001年5月

構成および内容：〈素材〉金属／セラミックス／合成高分子／生体高分子〈特性・機能〉力学特性／細胞接着能／血液適合性／骨組織結合性／光屈折・酸素透過能〈試験・認可〉滅菌法／表面分析法〈応用〉臨床検査系／歯科系／心臓外科系／代謝系　他
◆執筆者：立石哲也／藤沢 章／澄田政哉 他51名

半導体封止技術と材料
著者／英 一太
ISBN4-88231-724-9　　　　　　　　B617
A5判・232頁　本体3,400円＋税（〒380円）
初版1987年4月　普及版2001年7月

構成および内容：〈封止技術の動向〉ICパッケージ／ポストモールドとプレモールド方式／表面実装〈材料〉エポキシ樹脂の変性／硬化／低応力化／高信頼性VLSIセラミックパッケージ〈プラスチックチップキャリヤ〉構造／加工／リード／信頼性試験〈GaAs〉高速論理素子／GaAsダイ／MCV〈接合技術と材料〉TAB技術／ダイアタッチ　他

トランスジェニック動物の開発
著者／結城 惇
ISBN4-88231-723-0　　　　　　　　B616
A5判・264頁　本体3,000円＋税（〒380円）
初版1990年2月　普及版2001年7月

構成および内容：誕生と変遷／利用価値〈開発技術〉マイクロインジェクション法／ウイルスベクター法／ES細胞法／精子ベクター法／トランスジーンの発現／発現制御系〈応用〉遺伝子解析／病態モデル／欠損症動物／遺伝子治療モデル／分泌物利用／組織，臓器利用／家畜／課題〈動向・資料〉研究開発企業／特許／実験ガイドライン　他

水処理剤と水処理技術
監修／吉野善彌
ISBN4-88231-722-2　　　　　　　　B615
A5判・253頁　本体3,500円＋税（〒380円）
初版1988年7月　普及版2001年5月

構成および内容：凝集剤と水処理プロセス／高分子凝集剤／生物学的凝集剤／濾過助剤と水処理プロセス／イオン交換体と水処理プロセス／有機イオン交換体／排水処理プロセス／吸着剤と水処理プロセス／水処理分離膜と水処理プロセス　他
◆執筆者：三上八州家／鹿野武彦／倉根隆一郎 他17名

※書籍をご購入の際は、最寄りの書店にご注文いただくか、
㈱シーエムシー出版のホームページ(http://www.cmcbooks.co.jp/)にてお申し込み下さい。

CMCテクニカルライブラリーのご案内

食品素材の開発
監修／亀和田光男
ISBN4-88231-721-4　　　　B614
A5判・334頁　本体3,900円+税（〒380円）
初版1987年10月　普及版2001年5月

構成および内容：〈タンパク系〉大豆タンパクフィルム／卵タンパク〈デンプン系と畜血液〉プルラン／サイクロデキストリン〈新甘味料〉フラクトオリゴ糖／ステビア〈健食新素材〉EPA／レシチン／ハーブエキス／コラーゲン／キチン・キトサン　他
◆執筆者：中島庸介／花岡讓一／坂井和夫　他22名

老人性痴呆症と治療薬
編集／朝長正徳・齋藤 洋
ISBN4-88231-720-6　　　　B613
A5判・233頁　本体3,000円+税（〒380円）
初版1988年8月　普及版2001年4月

構成および内容：記憶のメカニズム／記憶の神経的機構／老人性痴呆の発症機構／遺伝子・染色体の異常／脳機構に影響を与える生体内物質／神経伝達物質／甲状腺ホルモン／スクリーニング法／脳循環・脳代謝試験／予防・治療へのアプローチ　他
◆執筆者：佐藤昭夫／黒澤美枝子／浅香昭雄　他31名

感光性樹脂の基礎と実用
監修／赤松 清
ISBN4-88231-719-2　　　　B612
A5判・371頁　本体4,500円+税（〒380円）
初版1987年4月　普及版2001年5月

構成および内容：化学構造と合成法／光反応／市販されている感光性樹脂モノマー，オリゴマーの概況／印刷版／感光性樹脂凸版／フレキソ版／塗料／光硬化型塗料／ラジカル重合型塗料／インキ／UV硬化システム／UV硬化型接着剤／歯科衛生材料　他
◆執筆者：吉村 延／岸本芳男／小伊勢雄次　他8名

分離機能膜の開発と応用
編集／仲川 勤
ISBN4-88231-718-4　　　　B611
A5判・335頁　本体3,500円+税（〒380円）
初版1987年12月　普及版2001年3月

構成および内容：〈機能と応用〉気体分離膜／イオン交換膜／透析膜／精密濾過膜〈キャリア輸送膜の開発〉固体電解質／液膜／モザイク荷電膜／機能性カプセル膜〈装置化と応用〉酸素富化膜／水素分離膜／浸透気化法による有機混合物の分離／人工腎臓／人工肺　他
◆執筆者：山田純男／佐田俊勝／西田 治　他20名

プリント配線板の製造技術
著者／英 一太
ISBN4-88231-717-6　　　　B610
A5判・315頁　本体4,000円+税（〒380円）
初版1987年12月　普及版2001年4月

構成および内容：〈プリント配線板の原材料〉〈プリント配線基板の製造技術〉硬質プリント配線板／フレキシブルプリント配線板／プリント回路加工技術〉フォトレジストとフォト印刷／スクリーン印刷〈多層プリント配線板〉構造／製法／多層成型〈廃水処理と災害環境管理〉高濃度有害物質の廃棄処理　他

汎用ポリマーの機能向上とコストダウン
ISBN4-88231-715-X　　　　B608
A5判・319頁　本体3,800円+税（〒380円）
初版1994年8月　普及版2001年2月

構成および内容：〈新しい樹脂の成形法〉射出プレス成形（SPモールド）／プラスチックフィルムの最新製造技術〈材料の高機能化とコストダウン〉超高強度ポリエチレン繊維／耐候性のよい耐衝撃性PVC〈応用〉食品・飲料用プラスチック包装材料／医療材料向けプラスチック材料　他
◆執筆者：浅井治海／五十嵐聡／高木否都志　他32名

クリーンルームと機器・材料
ISBN4-88231-714-1　　　　B607
A5判・284頁　本体3,800円+税（〒380円）
初版1990年12月　普及版2001年2月

構成および内容：〈構造材料〉床材・壁材・天井材／ユニット式〈設備機器〉空気清浄／温湿度制御／空調機器／排気処理機器材料／微生物制御／清浄度測定評価〈応用別〉医薬（GMP）／医療／半導体〈今後の動向〉自動化／防災システムの動向／省エネルギ／清掃（維持管理）　他
◆執筆者：依田行夫／一和田眞次／鈴木正身　他21名

水性コーティングの技術
ISBN4-88231-713-3　　　　B606
A5判・359頁　本体4,700円+税（〒380円）
初版1990年12月　普及版2001年2月

構成および内容：〈水性ポリマー各論〉ポリマー水性化のテクノロジー／水性ウレタン樹脂／水系UV・EB硬化樹脂〈水性コーティング材の製法と処法化〉常温乾燥コーティング／電着コーティング〈水性コーティング材の周辺技術〉廃水処理技術／泡処理技術　他
◆執筆者：桐生春雄／鳥羽山満／池林信彦　他14名

※書籍をご購入の際は、最寄りの書店にご注文いただくか、㈱シーエムシー出版のホームページ(http://www.cmcbooks.co.jp/)にてお申し込み下さい。

CMCテクニカルライブラリーのご案内

レーザ加工技術
監修／川澄博通
ISBN4-88231-712-5　　　　　　　B605
A5判・249頁　本体3,800円+税（〒380円）
初版1989年5月　普及版2001年2月

構成および内容：〈総論〉レーザ加工技術の基礎事項〈加工用レーザ発振器〉CO_2レーザ〈高エネルギービーム加工〉レーザによる材料の表面改質技術〈レーザ化学加工・生物加工〉レーザ光化学反応による有機合成〈レーザ加工周辺技術〉〈レーザ加工の将来〉他
◆執筆者：川澄博通／永井治彦／末永直行　他13名

臨床検査マーカーの開発
監修／茂手木晧喜
ISBN4-88231-711-7　　　　　　　B604
A5判・170頁　本体2,200円+税（〒380円）
初版1993年8月　普及版2001年1月

構成および内容：〈腫瘍マーカー〉肝細胞癌の腫瘍／肺癌／婦人科系腫瘍／乳癌／甲状腺癌／泌尿器腫瘍／造血器腫瘍〈循環器系マーカー〉動脈硬化／虚血性心疾患／高血圧症〈糖尿病マーカー〉糖質／脂質／合併症〈骨代謝マーカー〉〈老化度マーカー〉他
◆執筆者：岡崎伸生／有吉寛／江崎治　他22名

機能性顔料
ISBN4-88231-710-9　　　　　　　B603
A5判・322頁　本体4,000円+税（〒380円）
初版1991年6月　普及版2001年1月

構成および内容：〈無機顔料の研究開発動向〉酸化チタン・チタンイエロー／酸化鉄系顔料〈有機顔料の研究開発動向〉溶性アゾ顔料（アゾレーキ）〈用途展開の現状と将来展望〉印刷インキ／塗料〈最近の顔料分散技術と顔料分散機の進歩〉顔料の処理と分散性　他
◆執筆者：石村安雄／風間孝夫／服部俊雄　他31名

バイオ検査薬と機器・装置
監修／山本重夫
ISBN4-88231-709-5　　　　　　　B602
A5判・322頁　本体4,000円+税（〒380円）
初版1996年10月　普及版2001年1月

構成および内容：〈DNAプローブ法-最近の進歩〉〈生化学検査試薬の液状化-技術的背景〉〈蛍光プローブと細胞内環境の測定〉〈臨床検査用遺伝子組み換え酵素〉〈イムノアッセイ装置の現状と今後〉〈染色体ソーティングとDNA診断〉〈アレルギー検査薬の最新動向〉〈食品の遺伝子検査〉他
◆執筆者：寺岡宏／高橋豊三／小路武彦　他33名

カラーPDP技術
ISBN4-88231-708-7　　　　　　　B601
A5判・208頁　本体3,200円+税（〒380円）
初版1996年7月　普及版2001年1月

構成および内容：〈総論〉電子ディスプレイの現状〈パネル〉AC型カラーPDP／パルスメモリー方式DC型カラーPDP〈部品加工・装置〉パネル製造技術とスクリーン印刷／フォトプロセス／露光装置／PDP用ローラーハース式連続焼成炉〈材料〉ガラス基板／蛍光体／透明電極材料　他
◆執筆者：小島健博／村上宏／大塚晃／山本敏裕　他14名

防菌防黴剤の技術
監修／井上嘉幸
ISBN4-88231-707-9　　　　　　　B600
A5判・234頁　本体3,100円+税（〒380円）
初版1989年5月　普及版2000年12月

構成および内容：〈防菌防黴剤の開発動向〉〈防菌防黴剤の相乗効果と配合技術〉防菌防黴剤の併用効果／相乗効果を示す防菌防黴剤／相乗効果の作用機構〈防菌防黴剤の製剤化技術〉水和剤／可溶化剤／発泡製剤〈防菌防黴剤の応用展開〉繊維用／皮革用／塗料用／接着剤用／医薬品用　他
◆執筆者：井上嘉幸／西村民男／高麗寛記　他23名

快適性新素材の開発と応用
ISBN4-88231-706-0　　　　　　　B599
A5判・179頁　本体2,800円+税（〒380円）
初版1992年1月　普及版2000年12月

構成および内容：〈繊維編〉高風合ポリエステル繊維（ニューシルキー素材）／ピーチスキン素材／ストレッチ素材／太陽光蓄熱保温繊維素材／抗菌・消臭繊維／森林浴効果のある繊維〈住宅編,その他〉セラミック系人造木材／圧電・導電複合材料による制振新素材／調光窓ガラス　他
◆執筆者：吉田敬一／井上裕光／原田隆司　他18名

高純度金属の製造と応用
ISBN4-88231-705-2　　　　　　　B598
A5判・220頁　本体2,600円+税（〒380円）
初版1992年11月　普及版2000年12月

構成および内容：〈金属の高純度化プロセスと物性〉高純度化法の概要／純度表〈高純度金属の成形・加工技術〉高純度金属の複合化／粉体成形による高純度金属の利用／高純度銅の線材化／単結晶化・非晶化／薄膜形成〈応用展開の可能性〉高耐食性鋼材および鉄材／超電導材料／新合金／固体触媒〈高純度金属に関する特許一覧〉他

※書籍をご購入の際は、最寄りの書店にご注文いただくか、㈱シーエムシー出版のホームページ（http://www.cmcbooks.co.jp/）にてお申し込み下さい。

CMCテクニカルライブラリー のご案内

電磁波材料技術とその応用
監修／大森豊明
ISBN4-88231-100-3　　　　　　　　B597
A5判・290頁　本体3,400円+税（〒380円）
初版1992年5月　普及版2000年12月

構成および内容：〈無機系電磁波材料〉マイクロ波誘電体セラミックス／光ファイバ〈有機系電磁波材料〉ゴム／アクリルナイロン繊維〈様々な分野への応用〉医療／食品／コンクリート構造物診断／半導体製造／施設園芸／電磁波接着・シーリング材／電磁波防護服　他
◆執筆者：白崎信一／山田朗／月岡正至　他24名

自動車用塗料の技術

ISBN4-88231-099-6　　　　　　　　B596
A5判・340頁　本体3,800円+税（〒380円）
初版1989年5月　普及版2000年12月

構成および内容：〈総論〉自動車塗装における技術開発〈自動車に対するニーズ〉〈各素材の動向と前処理技術〉〈コーティング材料開発の動向〉防錆対策用コーティング材料〈コーティングエンジニアリング〉塗装装置／乾燥装置〈周辺技術〉コーティング材料管理　他
◆執筆者：桐生春雄／鳥羽山満／井出正／岡襄二　他19名

高機能紙の開発
監修／稲垣　寛
ISBN4-88231-097-X　　　　　　　　B594
A5判・286頁　本体3,400円+税（〒380円）
初版1988年8月　普及版2000年12月

構成および内容：〈機能紙用原料繊維〉天然繊維／化学・合成繊維／金属繊維〈バイオ・メディカル関係機能紙〉動物関連用／食品工業用〈エレクトリックペーパー〉耐熱絶縁紙／導電紙〈情報記録用紙〉電解記録紙〈湿式法フィルターペーパー〉ガラス繊維濾紙／自動車用濾紙　他
◆執筆者：尾鍋史彦／篠木孝典／北村孝雄　他9名

新・導電性高分子材料
監修／雀部博之
ISBN4-88231-096-1　　　　　　　　B593
B5判・245頁　本体3,200円+税（〒380円）
初版1987年2月　普及版2000年11月

構成および内容：〈基礎編〉ソリトン, ポーラロン, バイポーラロン：導電性高分子における非線形励起と荷電状態／イオン注入によるドーピング／超イオン導電体（固体電解質）〈応用編〉高分子バッテリー／透明導電性高分子を用いたデバイス／プラスチックバッテリー　他
◆執筆者：A. J. Heeger／村田恵三／石黒武彦　他11名

導電性高分子材料
監修／雀部博之
ISBN4-88231-095-3　　　　　　　　B592
B5判・318頁　本体3,800円+税（〒380円）
初版1983年11月　普及版2000年11月

構成および内容：〈導電性高分子の技術開発〉〈導電性高分子の基礎理論〉共役系高分子／有機一次元導電体／光伝導性高分子／導電性複合高分子材料／Conduction Polymers〈導電性高分子の応用技術〉導電性フィルム／透明導電性フィルム／導電性ゴム／導電性ペースト　他
◆執筆者：白川英樹／吉野勝美／A. G. MacDiamid　他13名

クロミック材料の開発
監修／市村　國宏
ISBN4-88231-094-5　　　　　　　　B591
A5判・301頁　本体3,000円+税（〒380円）
初版1989年6月　普及版2000年11月

構成および内容：〈材料編〉フォトクロミック材料／エレクトロクロミック材料／サーモクロミック材料／ピエゾクロミック金属錯体〈応用編〉エレクトロクロミックディスプレイ／液晶表示とクロミック材料／フォトクロミックメモリメディア／調光フィルム　他
◆執筆者：市村國宏／入江正浩／川西祐司　他25名

コンポジット材料の製造と応用

ISBN4-88231-093-7　　　　　　　　B590
A5判・278頁　本体3,300円+税（〒380円）
初版1990年5月　普及版2000年10月

構成および内容：〈コンポジットの現状と展望〉〈コンポジットの製造〉微粒子の複合化／マトリックスと強化材の接着／汎用繊維強化プラスチック（FRP）の製造と成形〈コンポジットの応用〉／プラスチック複合材料の自動車への応用／鉄道関係／航空・宇宙関係　他
◆執筆者：浅井治海／小石眞純／中尾富士夫　他21名

機能性エマルジョンの基礎と応用
監修／本山　卓彦
ISBN4-88231-092-9　　　　　　　　B589
A5判・198頁　本体2,400円+税（〒380円）
初版1993年11月　普及版2000年10月

構成および内容：〈業界動向〉国内のエマルジョン工業の動向／海外の技術動向／環境問題とエマルジョン／エマルジョンの試験方法と規格〈新材料開発の動向〉最近の大粒径エマルジョンの製法と用途／超微粒子ポリマーラテックス〈分野別の最近応用動向〉塗料分野／接着剤分野　他
◆執筆者：本山卓彦／葛西壽一／滝沢稔　他11名

※書籍をご購入の際は、最寄りの書店にご注文いただくか、㈱シーエムシー出版のホームページ（http://www.cmcbooks.co.jp/）にてお申し込み下さい。

CMCテクニカルライブラリー のご案内

無機高分子の基礎と応用
監修／梶原 鳴雪
ISBN4-88231-091-0　　　　　　　　B588
A5判・272頁　本体 3,200円＋税　（〒380円）
初版 1993年10月　普及版 2000年11月

構成および内容：〈基礎編〉前駆体オリゴマー、ポリマーから酸素ポリマーの合成／ポリマーから非酸化物ポリマーの合成／無機－有機ハイブリッドポリマーの合成／無機高分子化合物とバイオリアクター〈応用編〉無機高分子繊維およびフィルム／接着剤／光・電子材料 他
◆執筆者：木村良晴／乙咩重男／阿部禾首　他14名

食品加工の新技術
監修／木村 進・亀和田光男
ISBN4-88231-090-2　　　　　　　　B587
A5判・288頁　本体 3,200円＋税　（〒380円）
初版 1990年6月　普及版 2000年11月

構成および内容：'90年代における食品加工技術の課題と展望／バイオテクノロジーの応用とその展望／21世紀に向けてのバイオリアクター関連技術と装置／食品における乾燥技術の動向／マイクロカプセル製造および利用技術／微粉砕技術／高圧による食品の物性と微生物の制御 他
◆執筆者：木村進／貝沼圭二／播磨幹夫　他20名

高分子の光安定化技術
著者／大澤 善次郎
ISBN4-88231-089-9　　　　　　　　B586
A5判・303頁　本体 3,800円＋税　（〒380円）
初版 1986年12月　普及版 2000年10月

構成および内容：序／劣化概論／光化学の基礎／高分子の光劣化／光劣化の試験方法／光劣化の評価方法／高分子の光安定化／劣化防止概説／各論－ポリオレフィン、ポリ塩化ビニル、ポリスチレン、ポリウレタン他／光劣化の応用／光崩壊性高分子／高分子の光機能化／耐放射線高分子 他

ホットメルト接着剤の実際技術
ISBN4-88231-088-0　　　　　　　　B585
A5判・259頁　本体 3,200円＋税　（〒380円）
初版 1991年8月　普及版 2000年8月

構成および内容：〈ホットメルト接着剤の市場動向〉〈HMA材料〉EVA系ホットメルト接着剤／ポリオレフィン系／ポリエステル系〈機能性ホットメルト接着剤〉〈ホットメルト接着剤の応用〉〈ホットメルトアプリケーター〉〈海外におけるHMAの開発動向〉 他
◆執筆者：永田宏二／宮本禮次／佐藤勝亮　他19名

バイオ検査薬の開発
監修／山本 重夫
ISBN4-88231-085-6　　　　　　　　B583
A5判・217頁　本体 3,000円＋税　（〒380円）
初版 1992年4月　普及版 2000年9月

構成および内容：〈総論〉臨床検査薬の技術／臨床検査機器の技術〈検査薬と検査機器〉バイオ検査薬用の素材／測定系の最近の進歩／検出系と機器
◆執筆者：片山善章／星野忠／河野均也／細荘和子／藤巻道男／小栗豊子／猪狩淳／渡辺文夫／磯部和正／中井利昭／髙橋豊三／中島憲一郎／長谷川明／舟橋真一　他9名

紙薬品と紙用機能材料の開発
監修／稲垣 寛
ISBN4-88231-086-4　　　　　　　　B582
A5判・274頁　本体 3,400円＋税　（〒380円）
初版 1988年12月　普及版 2000年9月

構成および内容：〈紙用機能材料と薬品の進歩〉紙用材料と薬品の分類／機能材料と薬品の性能と用途〈抄紙用薬品〉パルプ化から抄紙工程までの添加薬品／パルプ段階での添加薬品〈紙の2次加工薬品〉加工紙の現状と加工薬品／加工用薬品〈加工技術の進歩〉他
◆執筆者：稲垣寛／尾鍋史彦／西尾信之／平岡誠　他20名

機能性ガラスの応用
ISBN4-88231-084-8　　　　　　　　B581
A5判・251頁　本体 2,800円＋税　（〒380円）
初版 1990年2月　普及版 2000年8月

構成および内容：〈光学的機能ガラスの応用〉光集積回路とニューガラス／光ファイバー〈電気・電子的機能ガラスの応用〉電気用ガラス／ホーロー回路基盤〈熱的・機械的機能ガラスの応用〉〈化学的・生体機能ガラスの応用〉〈用途開発展開中のガラス〉
◆執筆者：作花済夫／栖原敏明／髙橋志郎　他26名

超精密洗浄技術の開発
監修／角田 光雄
ISBN4-88231-083-X　　　　　　　　B580
A5判・247頁　本体 3,200円＋税　（〒380円）
初版 1992年3月　普及版 2000年8月

構成および内容：〈精密洗浄の技術動向〉精密洗浄技術／洗浄メカニズム／洗浄評価技術〈超精密洗浄技術〉ウェハ洗浄技術／洗浄用薬品〈CFC-113と1,1,1-トリクロロエタンの規制動向と規制対応状況〉国際法による規制スケジュール／各国国内法による規制スケジュール 他
◆執筆者：角田光雄／斉木篤／山本芳彦／大部一夫他10名

※書籍をご購入の際は、最寄りの書店にご注文いただくか、㈱シーエムシー出版のホームページ(http://www.cmcbooks.co.jp/)にてお申し込み下さい。